線形代数から始める
多変量解析

直交射影と固有値分解によるデータの分解

高 橋 敬 子
Takahashi Keiko

プレアデス出版

まえがき

近年，様々なビッグデータが得られるようになり，その解析手段として多変量解析は研究開発やビジネスの現場で活用されています．さらに大学の卒業研究でも，いろいろもちいられるようになってきました．多変量解析の計算にはパソコンソフトを使用しますが，本書はその理論を大学理工系学部の授業内容を中心として説明したものです．本書で解説する多変量解析は線形モデル（重回帰分析，分散分析），主成分分析，正準相関分析，対応分析で，これらを１章から６章までの線形代数の理論の上に展開します．線形代数の中で重要かつ使用頻度の高いものは，特異値分解と固有ベクトルによる行列の対角化であり，そのベースとして基底変換，行列の相似があります．基底変換と行列の相似は，はじめから簡単に理解が進むことばかりではないと思いますが，本書はこれらを納得しながら読んでいけるように書いたものです．

本書であつかう多変量解析は基本的に空間（ベクトル空間）を直交分解し，データベクトルをそれぞれの空間の成分に分解して解析します．データの分解は重回帰分析，分散分析では直交射影行列をもちい，主成分分析，正準相関分析，対応分析では固有値分解と特異値分解をもちいます．物体を分けるとき，人間の脳は直角に分割されているものを最も心地よく感じるのだそうです．ですから本書であつかう空間やベクトルの分解は，感覚的に受け入れやすい，考えやすいモデルに基づくものと言えると思います．

多変量解析では非常に大きな数の次元の空間が対象になることもありますが，この場合でも少なくとも本書であつかうものに関しては，頭の中でイメージするのは３次元の空間で十分です．またこのとき全体を俯瞰的に眺めるという感覚，一段上から見渡すような感覚が持てれば，理解を進める上でプラスになるのではないかと思います.

本書は慶応義塾大学理工学部山田秀教授にご専門の回帰分析について原稿に目を通して頂き，貴重なご指摘を頂きました．ご指摘を受けて難易度がばらばらの状態を整理し，また７章に簡単にまとめてあった多変量確率分布に大幅に加筆して，回帰分析の二次形式カイ二乗統計量につなげました．山田先生には東京理科大学で卒業研究のご指導を受けて以来，二十数年経ってのあつかましいお願いにもかかわらず，ご多忙の中，貴重なご指摘を頂きましたことを厚くお礼申し上げます．また，近畿大学農学部松野裕教授には水環境学会誌の論文の，主成分分析の例題への引用を許可して頂きました．感謝申し上げます．最後になりましたが，プレアデス出版麻畑仁代表には記号や表記の修正のみならず校正途中での差し替えなど，いろいろお手数をお掛けしお世話になりました．感謝致します.

パソコンからプリントアウトされた結果を見るとき，単に報告書としてではなく，そこに書かれていることがどういう理論に基づいているのか，本書が理解する助けになれば大変嬉しく思います.

2022年２月

高　橋　敬　子

目　次

Chapter 1

ベクトル

1.1　ベクトル

n 個の数値 $x_1, \ldots, x_n$ を 1 列に並べたものをベクトルといい，たてに並べたもの

$$\begin{bmatrix} x_1 \\ \vdots \\ x_n \end{bmatrix} \tag{1.1}$$

を列ベクトル，横に並べたもの

$$\begin{bmatrix} x_1, & \cdots & , x_n \end{bmatrix} \tag{1.2}$$

を行ベクトルという．行と列を入れ替えることを転置といい，右肩に t を付けて表す．行ベクトルと列ベクトルは転置により置き換えられ，(1.1),(1.2) では

$$\begin{bmatrix} x_1, & \cdots & , x_n \end{bmatrix}^t = \begin{bmatrix} x_1 \\ \vdots \\ x_n \end{bmatrix}$$

$$\begin{bmatrix} x_1 \\ \vdots \\ x_n \end{bmatrix}^t = \begin{bmatrix} x_1, & \cdots & , x_n \end{bmatrix}$$

になる．以降，特にことわらない限り，列ベクトルを対象に考える．

(1.1),(1.2) で x_1 から x_n までの n 個の数値をベクトルの成分または要素という．本書では成分という用語を別の意味で使う (1.5 節以降) ので，“要素” をもちいる．要素が n 個のベクトルを n 次元ベクトルという．ベクトルで要素を表記しない場合は，太字で $\boldsymbol{x}$ のように表す．

おなじ次元の 2 つのベクトル

$$\begin{bmatrix} x_1 \\ \vdots \\ x_n \end{bmatrix}, \qquad \begin{bmatrix} y_1 \\ \vdots \\ y_n \end{bmatrix}$$

において，n 個の要素で

$$x_1 = y_1,\ \ldots\ldots,\ x_n = y_n$$

が成り立つとき，ベクトル $\boldsymbol{x}$ とベクトル $\boldsymbol{y}$ は等しいといい，

$$\boldsymbol{x} = \boldsymbol{y}$$

と表す．

1.2　ベクトルの演算

ベクトルではない一つの数値を，ベクトルに対してスカラーと呼ぶ．ベクトルのスカラー倍では個々の要素がスカラー倍される．

ベクトルの間の演算は，次元の同じベクトルの間で足し算引き算と積とが定義される．ベクトルのたし算引き算は，対応する要素の和または差を要素とするベクトルになる．積については

$$\boldsymbol{x} = \begin{bmatrix} x_1 \\ \vdots \\ x_n \end{bmatrix} \text{と} \qquad \boldsymbol{y} = \begin{bmatrix} y_1 \\ \vdots \\ y_n \end{bmatrix}$$

に対して 2 通りの積，内積と外積 ($n = 3$ の場合のみ) が定義される．

内積は $(\boldsymbol{x}, \boldsymbol{y})$ と表し，対応する要素の積の和で

$$\begin{aligned}(\boldsymbol{x}, \boldsymbol{y}) &= \boldsymbol{x}^t \boldsymbol{y} \\ &= \begin{bmatrix} x_1, & \dots & , x_n \end{bmatrix} \begin{bmatrix} y_1 \\ \vdots \\ y_n \end{bmatrix} \\ &= x_1 y_1 + \cdots + x_n y_n \\ &= \sum_{i=1}^{n} x_i y_i \end{aligned} \tag{1.3}$$

で与えられる．(1.3) の計算からわかるように，内積は 1 つの数値である．

外積は

$$\boldsymbol{x} = \begin{bmatrix} x_1 \\ x_2 \\ x_3 \end{bmatrix}, \qquad \boldsymbol{y} = \begin{bmatrix} y_1 \\ y_2 \\ y_3 \end{bmatrix}$$

に対して

$$\boldsymbol{x} \times \boldsymbol{y} = \begin{bmatrix} x_2 y_3 - x_3 y_2 \\ x_3 y_1 - x_1 y_3 \\ x_1 y_2 - x_2 y_1 \end{bmatrix} \tag{1.4}$$

で定義される 3 次元ベクトルである．

1.3　位置ベクトル

2 次元平面上に直交座標を考えると，平面上の点は X_1 座標と X_2 座標によって表される．X_1 座標が x_1，X_2 座標が x_2 の点に 2 次元ベクトル

$$\begin{bmatrix} x_1 \\ x_2 \end{bmatrix}$$

を対応させると，このベクトルは平面上の点の位置を表しているので，これを位置ベクトルという．位置ベクトルは幾何学的には原点を始点とし，この点を終点とする有向線分で表される．

要素がすべて 0 のベクトルをゼロベクトルという．2 次元空間に座標軸をとった場合の原点 $(0, 0)$ は 2 次元ゼロベクトル

$$\mathbf{0} = \begin{bmatrix} 0 \\ 0 \end{bmatrix} \tag{1.5}$$

で表す．

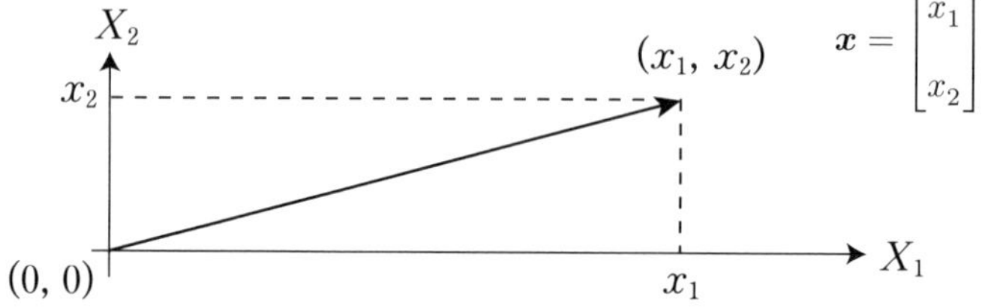

図 1.1　位置ベクトル (2 次元)

以降ベクトルという場合は位置ベクトルを指すものとする．

1.4　内積

1.2 節で 2 本のベクトル $\boldsymbol{x}$ と $\boldsymbol{y}$ の内積は

$$\begin{aligned}(\boldsymbol{x}, \boldsymbol{y}) &= \boldsymbol{x}^t \boldsymbol{y} \\ &= \begin{bmatrix} x_1, & \dots & , x_n \end{bmatrix} \begin{bmatrix} y_1 \\ \vdots \\ y_n \end{bmatrix} \\ &= \sum_{i=1}^{n} x_i y_i \end{aligned} \tag{1.3}$$

であった．内積については次の (1)〜(4) が成り立つ．

(1)$(\boldsymbol{x},\boldsymbol{x}) \geq 0$

$(\boldsymbol{x},\boldsymbol{x}) = 0$ となるのは $\boldsymbol{x} = \boldsymbol{0}$ の場合のみ.

(2)$(\boldsymbol{x},\boldsymbol{y}) = (\boldsymbol{y},\boldsymbol{x})$

(3)$(a\boldsymbol{x},\boldsymbol{y}) = a(\boldsymbol{x},\boldsymbol{y}) = (\boldsymbol{x},a\boldsymbol{y})$

(4)$(\boldsymbol{x}+\boldsymbol{y},\boldsymbol{z}) = (\boldsymbol{x},\boldsymbol{z}) + (\boldsymbol{y},\boldsymbol{z})$

この内積をもちいて，ベクトルの長さと 2 本のベクトルのなす角とが定義される．まずベクトル $\boldsymbol{x}$ の長さを

$$\begin{aligned}\|\boldsymbol{x}\| &= \sqrt{(\boldsymbol{x},\boldsymbol{x})} \\ &= \sqrt{x_1^2 + \cdots + x_n^2}\end{aligned} \tag{1.6}$$

で定義する．$\|\boldsymbol{x}\|$ を $\boldsymbol{x}$ のノルムという．

また $\boldsymbol{x}$ と $\boldsymbol{y}$ のなす角 θ $(0 \leq \theta \leq \pi)$ を

$$\cos\theta = \frac{(\boldsymbol{x},\boldsymbol{y})}{\|\boldsymbol{x}\|\|\boldsymbol{y}\|} \tag{1.7}$$

を満たす θ で定義する．(1.7) から

$$(\boldsymbol{x},\boldsymbol{y}) = \|\boldsymbol{x}\|\|\boldsymbol{y}\|\cos\theta \tag{1.8}$$

が得られる．$\boldsymbol{x}$ と $\boldsymbol{y}$ が直交するとき $\cos\theta = 0$ であり，(1.8) から内積は 0 になるので，2 本のベクトルが直交するか否かを内積によって判断することができる．

データ解析においては，平均偏差ベクトルがもちいられることが多い．平均偏差ベクトルは n 個のデータ $x_1, \ldots, x_n$ において，平均 $\overline{x}$ からの各データの偏差を要素とするベクトルである．

$$\boldsymbol{x} - \overline{x}\boldsymbol{1} = \begin{bmatrix} x_1 - \overline{x} \\ \vdots \\ x_n - \overline{x} \end{bmatrix} \tag{1.9}$$

ただし $\overline{x} = \dfrac{\sum x_i}{n}$

$\sum(x_i - \overline{x}) = 0$ から平均偏差ベクトルと $\mathbf{1}$ ベクトルの内積は 0 になり，平均偏差ベクトルは $\mathbf{1}$ ベクトルと直交する．

1.5　ベクトルの成分　——正射影——

2 本のベクトル $\boldsymbol{a}$ と $\boldsymbol{b}$ において，$\boldsymbol{a}$ の終点から $\boldsymbol{b}$(の延長線上) に下ろした垂線の足を A とするとき，原点から点 A へ向かうベクトル $\overrightarrow{OA}$ を $\boldsymbol{a}$ の $\boldsymbol{b}$ への正射影という．正射影 $\overrightarrow{OA}$ は $\boldsymbol{b}$ の方向の $\boldsymbol{a}$ の成分なので，$\overrightarrow{OA}$ を $\boldsymbol{a_b}$ とおく．以降 $\boldsymbol{a}$ を $\boldsymbol{b}$ に正射影したベクトル $\boldsymbol{a_b}$ を，$\boldsymbol{b}$ の上の $\boldsymbol{a}$ の成分と呼ぶ．

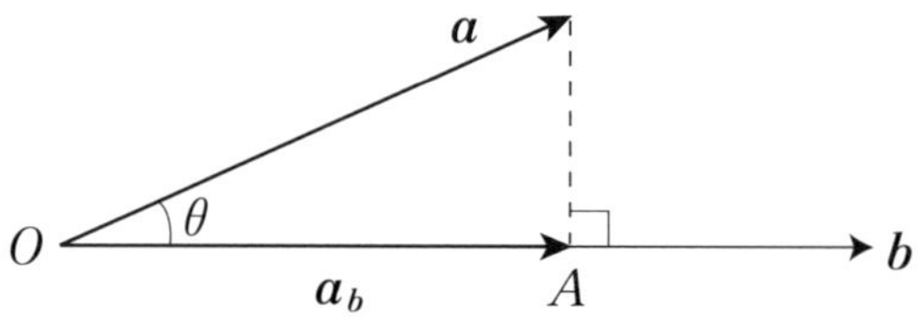

図 1.2　正射影

$\boldsymbol{a}$ と $\boldsymbol{b}$ のなす角を θ とすると，$\dfrac{\|\boldsymbol{a_b}\|}{\|\boldsymbol{a}\|} = \cos\theta$ より，$\boldsymbol{a_b}$ の長さは

$$\|\boldsymbol{a_b}\| = \|\boldsymbol{a}\|\cos\theta \tag{1.10}$$

でもとめられる．$\boldsymbol{a}$ を，$\boldsymbol{a_b}$ と $\boldsymbol{a}$ から $\boldsymbol{a_b}$ を除いた成分とに分けて

$$\boldsymbol{a} = \boldsymbol{a_b} + (\boldsymbol{a} - \boldsymbol{a_b})$$

とすると，$\boldsymbol{a_b}$ と $(\boldsymbol{a} - \boldsymbol{a_b})$ との内積は

$$\begin{aligned}(\boldsymbol{a_b}, (\boldsymbol{a} - \boldsymbol{a_b})) &= (\boldsymbol{a_b}, \boldsymbol{a}) - (\boldsymbol{a_b}, \boldsymbol{a_b}) \\ &= 0\end{aligned}$$

となり[1)]，$\boldsymbol{a_b}$ と $\boldsymbol{a}$ から $\boldsymbol{a_b}$ を除いた成分とは直交していることがわかる．

---

1) $$\begin{aligned}(\boldsymbol{a_b}, \boldsymbol{a}) - (\boldsymbol{a_b}, \boldsymbol{a_b}) &= \|\boldsymbol{a_b}\|\|\boldsymbol{a}\|\cos\theta - \|\boldsymbol{a_b}\|^2 \\ &= \|\boldsymbol{a_b}\|\|\boldsymbol{a_b}\| - \|\boldsymbol{a_b}\|^2\end{aligned}$$

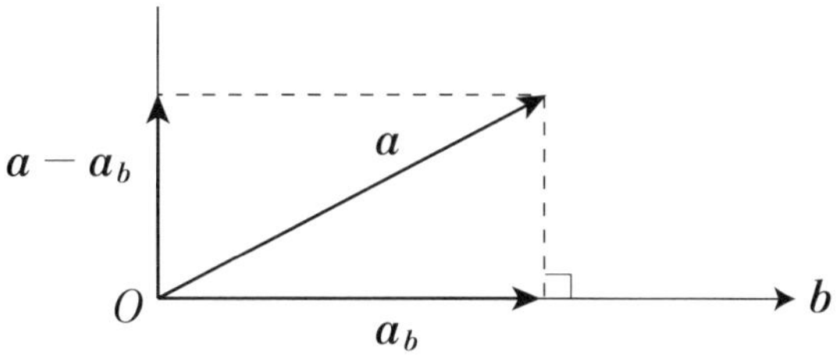

図 1.3　ベクトルの直交分解

以上正射影を考えることで，ベクトルを直交する 2 つの成分に分解することができた．つぎに n 次元空間に直交座標軸をとり，1 本のベクトルを n 本の座標軸上の成分に分解する．

座標軸上にある長さが 1 のベクトルを単位ベクトルという．n 本の座標軸上の単位ベクトルを $\boldsymbol{e}_1, \dots, \boldsymbol{e}_n$ とすると，$\boldsymbol{e}_1, \dots, \boldsymbol{e}_n$ は

$$\boldsymbol{e}_1 = \begin{bmatrix} 1 \\ 0 \\ \vdots \\ 0 \end{bmatrix}, \ \dots\dots \ , \boldsymbol{e}_n = \begin{bmatrix} 0 \\ 0 \\ \vdots \\ 1 \end{bmatrix}$$

と表される．

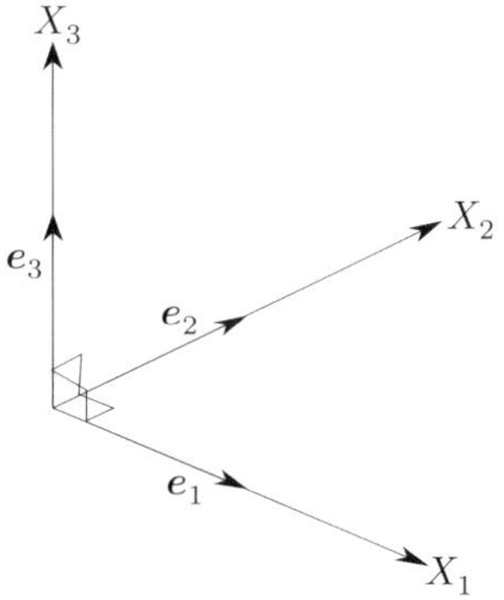

図 1.4　座標軸上の単位ベクトル (3 次元空間)

1 本のベクトルを

$$\boldsymbol{x} = \begin{bmatrix} x_1 \\ \vdots \\ x_n \end{bmatrix}$$

とし，$\boldsymbol{x}$ の終点から X_i 座標軸 (または座標軸上の単位ベクトル $\boldsymbol{e}_i$) に下ろした垂線の足と原点を結んだベクトルを $\boldsymbol{x}_i$ とする．$(i = 1, \ldots, n)$　この $\boldsymbol{x}_i$ は $\boldsymbol{x}$ の $\boldsymbol{e}_i$ への正射影，$\boldsymbol{x}$ の $\boldsymbol{e}_i$ 上の成分である．$\boldsymbol{x}$ は n 個の正射影 $\boldsymbol{x}_1, \ldots, \boldsymbol{x}_n$ の和で

$$\boldsymbol{x} = \boldsymbol{x}_1 + \cdots + \boldsymbol{x}_n$$

と表される．

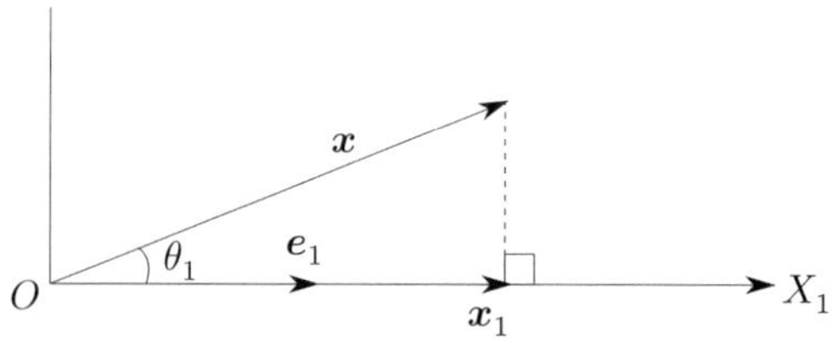

図 1.5　ベクトルの座標軸への正射影

正射影の長さは，第 1 座標軸に注目すると $\boldsymbol{x}_1$ の長さは $\boldsymbol{x}$ と $\boldsymbol{e}_1$ とのなす角を θ_1 として (1.10) から

$$\|\boldsymbol{x}_1\| = \|\boldsymbol{x}\| \cos\theta_1 \tag{1.11}$$

になる．(図 1.5)　これは $\boldsymbol{x}$ と $\boldsymbol{e}_1$ との内積から

$$\begin{aligned} (\boldsymbol{x}, \boldsymbol{e}_1) &= \|\boldsymbol{x}\|\|\boldsymbol{e}_1\| \cos\theta_1 \\ &= \|\boldsymbol{x}\| \cos\theta_1 \end{aligned} \tag{1.12}$$

であり，また

$$(\boldsymbol{x}, \boldsymbol{e}_1) = \begin{bmatrix} x_1, & \cdots & , x_n \end{bmatrix} \begin{bmatrix} 1 \\ 0 \\ \vdots \\ 0 \end{bmatrix}$$

$$= x_1 \tag{1.13}$$

なので，$\boldsymbol{x}$ の 1 つの座標軸上の成分は $\boldsymbol{x}$ のその座標軸への正射影であり，その長さは $\boldsymbol{x}$ と座標軸上の単位ベクトルとの内積で得られる．この値が $\boldsymbol{x}$ の座標の値になる．((1.13) 式)　第 $1, \ldots,$ 第 n 座標の値は

$$x_1 = (\boldsymbol{x}, \boldsymbol{e}_1),\ \ldots,\ x_n = (\boldsymbol{x}, \boldsymbol{e}_n)$$

であり，$\boldsymbol{x}$ の座標軸への分解は

$$\begin{aligned} \boldsymbol{x} &= (\boldsymbol{x}, \boldsymbol{e}_1)\boldsymbol{e}_1 + \cdots + (\boldsymbol{x}, \boldsymbol{e}_n)\boldsymbol{e}_n \\ &= x_1\boldsymbol{e}_1 + \cdots + x_n\boldsymbol{e}_n \end{aligned} \tag{1.14}$$

と表される．

1.6 ベクトルの一次結合

n 本のベクトル $\boldsymbol{x}_1, \ldots, \boldsymbol{x}_n$ をそれぞれスカラー倍したものの和

$$c_1\boldsymbol{x}_1 + \cdots + c_n\boldsymbol{x}_n \tag{1.15}$$

をベクトルの一次結合 (線形結合) という．(1.15) も 1 本のベクトルになる．

(1.14) の

$$\boldsymbol{x} = x_1\boldsymbol{e}_1 + \cdots + x_n\boldsymbol{e}_n$$

は，n 本の直交座標軸上の単位ベクトル $\boldsymbol{e}_1, \ldots, \boldsymbol{e}_n$ の一次結合で 1 本のベクトルを表したものである．

Chapter 2

行列

2.1 行列の要素

行列はアルファベットの大文字で表す．m 行 n 列の行列 A

$$A = \begin{bmatrix} a_{11} & \cdots & \cdots & \cdots & a_{1n} \\ \vdots & \ddots & & & \vdots \\ \vdots & & a_{ij} & & \vdots \\ \vdots & & & \ddots & \vdots \\ a_{m1} & \cdots & \cdots & \cdots & a_{mn} \end{bmatrix}$$

において，第 i 行を $\boldsymbol{a}^{(i)}$, 第 j 列を $\boldsymbol{a}_j$ と表す．上の行列で行数と列数が等しい場合を (n 次) 正方行列といい，対角線上に並ぶ要素 $a_{11}, \dots, a_{nn}$ を対角要素という．

1 つの行列で行と列を入れ替えることを転置といい，行列 A を転置して得られる行列——A の転置行列——を A^t で表す．

$$A = \begin{bmatrix} a_{11} & \cdots & a_{1n} \\ \vdots & \ddots & \vdots \\ a_{m1} & \cdots & a_{mn} \end{bmatrix} \tag{2.1}$$

のとき

$$A^t = \begin{bmatrix} a_{11} & \cdots & a_{m1} \\ \vdots & \ddots & \vdots \\ a_{1n} & \cdots & a_{mn} \end{bmatrix} \tag{2.2}$$

で，A の i 行 $\begin{bmatrix} a_{i1}, & \cdots & , a_{in} \end{bmatrix}$ の要素が転置行列 A^t の第 i 列の要素になっている．A が $m \times n$ 行列のとき A^t は $n \times m$ 行列になる．行と列を再び入れ替えれば元にもどるので

$$(A^t)^t = A$$

が成り立つ．

正方行列において

$$A^t = A$$

である行列，すなわち対角要素に対して要素が対称

$$a_{ij} = a_{ji}$$

となっている行列を対称行列という．また対角要素以外の要素がすべて 0 である正方行列を対角行列という．要素がすべて 1 である対角行列を単位行列といい I (次数を表記する場合はI_n) で表す．

$$I = \begin{bmatrix} 1 & & O \\ & \ddots & \\ O & & 1 \end{bmatrix}$$

2 つの $m \times n$ 行列 A, B において，対応するすべての要素が等しい

$$a_{ij} = b_{ij}$$

$$1 \leq i \leq m, \qquad 1 \leq j \leq n$$

とき，行列 A と B は等しいといい，$A = B$ と表す．

2.2　行列の演算

行列のスカラー倍は個々の要素がスカラー倍される．行列のたし算，引き算はたがいの行数と列数が等しい行列の間で行われ，ベクトルの場合と同様，個々の対応する要素の間でたし算，引き算を行なう．

2 つの行列の積は，左側の行列 (A とする) の行と右側の行列 (B とする) の列とを掛け合わせるので，行列の積は左側の行列の列数と右側の行列の行数が等しいことが前提になる．行列 A と B を掛け合わせた結果の行列を C として，A の列数と B の行数とがともに n のとき，A の第 i 行を行ベクトル $\boldsymbol{a}^{(i)}$，B の第 j 列を列ベクトル $\boldsymbol{b}_j$ と表して，$\boldsymbol{a}^{(i)}$ と $\boldsymbol{b}_j$ の積 (内積) が C の i 行 j 列の要素 c_{ij} になる．

行列の積 AB は片方の行列を行ベクトルまたは列ベクトルで表示して

$$\begin{aligned} AB &= A\begin{bmatrix}\boldsymbol{b}_1, & \cdots & ,\boldsymbol{b}_j, & \cdots & ,\boldsymbol{b}_p\end{bmatrix} \\ &= \begin{bmatrix}A\boldsymbol{b}_1, & \cdots & ,A\boldsymbol{b}_j, & \cdots & ,A\boldsymbol{b}_p\end{bmatrix} \end{aligned} \tag{2.3}$$

また

$$\begin{aligned} AB &= \begin{bmatrix}\boldsymbol{a}^{(1)} \\ \vdots \\ \boldsymbol{a}^{(i)} \\ \vdots \\ \boldsymbol{a}^{(m)}\end{bmatrix} B \\ &= \begin{bmatrix}\boldsymbol{a}^{(1)}B \\ \vdots \\ \boldsymbol{a}^{(i)}B \\ \vdots \\ \boldsymbol{a}^{(m)}B\end{bmatrix} \end{aligned} \tag{2.4}$$

と表すことができる．

1つの行列と1本の列ベクトルの積は

$$A = \begin{bmatrix} \boldsymbol{a}_1, & \cdots & ,\boldsymbol{a}_n \end{bmatrix} \qquad \boldsymbol{b} = \begin{bmatrix} b_1 \\ \vdots \\ b_n \end{bmatrix}$$

として

$$\begin{aligned} A\boldsymbol{b} &= \begin{bmatrix} \boldsymbol{a}_1, & \cdots & ,\boldsymbol{a}_n \end{bmatrix} \begin{bmatrix} b_1 \\ \vdots \\ b_n \end{bmatrix} \\ &= b_1\boldsymbol{a}_1 + \cdots + b_n\boldsymbol{a}_n \end{aligned} \tag{2.5}$$

としてももとめられる．A の行ベクトルと $\boldsymbol{b}$ との内積からもとめるより (2.5) の方が計算が楽なことが多いが，(2.5) の見方をすることは単に計算の問題だけでなく，3 章以降のベクトル空間の基底や線形変換を考える上でも有益である．

行列の積については以下が成り立つ．

- $(AB)C = A(BC)$
- $AI = IA = A$
- $A(B + C) = AB + AC$
- $(A + B)C = AC + BC$
- $(AB)^t = B^tA^t$

2.3 逆行列

n 次正方行列 A に対して

$$AB = BA = I$$

となる n 次正方行列 B が存在するとき，B を A の逆行列といい，A^{-1} で表す．逆行列の存在する行列を正則行列または非特異行列という．対角行列の逆行列は，各対角成分の逆数を要素にもつ対角行列になる．

行列の積の逆行列は，A, B がともに n 次正則行列のとき

$$(AB)^{-1} = B^{-1}A^{-1} \tag{2.6}$$

となる．また

$$(A^{-1})^{-1} = A \qquad (A^t)^{-1} = (A^{-1})^t \tag{2.7}$$

が成り立つ．

逆行列は一般に掃き出し法によりもとめるが，多変量解析では通常コンピューターがもちいられるので逆行列の計算方法は省略する．

2.4 行列式

ここでは固有値の項で必要になる行列式のために，行列式の性質と計算方法を示す．

行列式は正方行列に対して定義される符号のついた数値で，行列の列ベクトルでつくられる n 次元斜方体の体積に相当する．行列 A の行列式を $\det A$ または $|A|$ で表す．2 次の行列

$$A = \begin{bmatrix} a_{11} & a_{12} \\ a_{21} & a_{22} \end{bmatrix}$$

について

$$|A| = a_{11}a_{22} - a_{12}a_{21} \tag{2.8}$$

3 次の行列

$$A = \begin{bmatrix} a_{11} & a_{12} & a_{13} \\ a_{21} & a_{22} & a_{23} \\ a_{31} & a_{32} & a_{33} \end{bmatrix}$$

については

$$\begin{aligned} |A| = & a_{11}a_{22}a_{33} + a_{12}a_{23}a_{31} + a_{13}a_{21}a_{32} \\ & - a_{11}a_{23}a_{32} - a_{22}a_{13}a_{31} - a_{33}a_{12}a_{21} \end{aligned} \tag{2.9}$$

となる．行列式については以下の性質がある．

n 次正方行列 A について

① c を定数として，1 つの行または列を c 倍すると行列式は c 倍になる．

② 行列の c 倍の行列式は c^n 倍になる．$|cA| = c^n|A|$

③ 2 つの行の等しい行列の行列式は 0

2 つの列の等しい行列の行列式は 0

④ 2 つの行を入れ替えると行列式は符号が変わる．列についても同じ．

⑤ 1 つの行を c 倍して他の行に加えても行列式の値は変わらない．列についても同じ．

⑥ 行列を転置しても行列式の値は変わらない．$|A^t| = |A|$

⑦ A と B が n 次正方行列のとき $|AB| = |A| \times |B|$

⑧ 単位行列の行列式の値は 1．$|I| = 1$

⑨ 逆行列の行列式

$|A^{-1}A| = |A^{-1}| \times |A|$

また $|A^{-1}A| = |I| = 1$ より $|A^{-1}| = |A|^{-1}$

行列式の計算 1　掃き出し法による方法

3 次の行列式

$$
\begin{aligned}
|A| =& a_{11}a_{22}a_{33} + a_{12}a_{23}a_{31} + a_{13}a_{21}a_{32} \\
&- a_{11}a_{23}a_{32} - a_{22}a_{13}a_{31} - a_{33}a_{12}a_{21}
\end{aligned}
\tag{2.9}
$$

では第 1 項が 3 つの対角要素の積になっており，それ以外の各項には対角要素に対して上半分の要素と下半分の要素とが含まれている．したがって行列 A を下半分の要素がすべて 0 の行列――上三角行列という．これを $\boldsymbol{\nabla}$ とする――に変形できれば，第 1 項以外の項はすべて 0 になり，$\boldsymbol{\nabla}$ の行列式は対角要素の積になる．1 つの行を c 倍すると行列式は c 倍になり，2 つの行を入れ替えると行列式は符号が変わるので，A から上三角行列が得られるまでに行の入れ替えを k 回行ない，$c_1, \ldots, c_h$ を掛けたとすると，もとの行列 A の行列式は

$$
|A| = (-1)^k(1/c_1)\cdots(1/c_h)|\boldsymbol{\nabla}|
$$

でもとめられる．

行列式の計算 2　余因子展開

n 次正方行列 A の第 i 行第 j 列を除いてできる $(n-1)$ 次正方行列の行列式 $\times(-1)^{(i+j)}$ を A の i,j 要素の余因子 A_{ij} という.

$$A_{ij} = (-1)^{(i+j)} \begin{vmatrix} a_{1\,1} & \cdots & a_{1\;j-1} & a_{1\;j+1} & \cdots & a_{1\,n} \\ \vdots & \ddots & & & & \vdots \\ a_{i-1\,1} & & \ddots & & & a_{i-1\,n} \\ a_{i+1\,1} & & & \ddots & & a_{i+1\,n} \\ \vdots & & & & \ddots & \vdots \\ a_{n\,1} & \cdots & a_{n\;j-1} & a_{n\;j+1} & \cdots & a_{n\,n} \end{vmatrix}$$

n 次正方行列の 1 つの行について，その行の n 個の要素での要素 $\times$ 余因子の和は n 次正方行列の行列式に等しい．列についても同様．これを余因子展開という.

第 i 行による余因子展開　1 つの行 (第 i 行) の第 1 列から第 n 列までの余因子により

$$|A| = a_{i1}A_{i1} + \cdots + a_{in}A_{in}$$

$$A = \begin{bmatrix} 2 & 3 & 1 \\ 1 & 2 & 2 \\ 3 & 1 & 1 \end{bmatrix}$$

について第 1 行による余因子展開

$$A_{11} = (-1)^2 \begin{vmatrix} 2 & 2 \\ 1 & 1 \end{vmatrix} = 0$$

$$A_{12} = (-1)^3 \begin{vmatrix} 1 & 2 \\ 3 & 1 \end{vmatrix} = 5$$

$$A_{13} = (-1)^4 \begin{vmatrix} 1 & 2 \\ 3 & 1 \end{vmatrix} = -5$$

$$\therefore \quad |A| = 2 \times 0 + 3 \times 5 + 1 \times (-5)$$
$$= 10$$

第 j 列による余因子展開　1 つの列 (第 j 列) の第 1 行から第 n 行までの余因子により

$$|A| = a_{1j}A_{1j} + \cdots + a_{nj}A_{nj}$$

上記の行列で第 2 列による余因子展開

$$A_{12} = (-1)^3 \begin{vmatrix} 1 & 2 \\ 3 & 1 \end{vmatrix} = 5$$

$$A_{22} = (-1)^4 \begin{vmatrix} 2 & 1 \\ 3 & 1 \end{vmatrix} = -1$$

$$A_{32} = (-1)^5 \begin{vmatrix} 2 & 1 \\ 1 & 2 \end{vmatrix} = -3$$

$$\therefore \quad |A| = 3 \times 5 + 2 \times (-1) + 1 \times (-3)$$
$$= 10$$

2.5　行列のランク

n 本のベクトル $\boldsymbol{a}_1, \ldots, \boldsymbol{a}_n$ において，この中のどの 1 本も他の $n-1$ 本のベクトルの一次結合で表すことができないとき，$\boldsymbol{a}_1, \ldots, \boldsymbol{a}_n$ は一次独立という．これは

$$c_1\boldsymbol{a}_1 + \cdots + c_n\boldsymbol{a}_n = \boldsymbol{0} \tag{2.10}$$

とおいたとき，(2.10) が成り立つのが

すべての係数$c_1, \ldots, c_n$が0のときに限る場合

$\Rightarrow \boldsymbol{a}_1, \ldots, \boldsymbol{a}_n$は一次独立

$$\text{係数}c_1, \dots, c_n\text{に少なくとも1つは0でないものが含まれる場合}$$
$$\Rightarrow \boldsymbol{a}_1, \dots, \boldsymbol{a}_n\text{は一次従属}$$

とすることができる．

行列においては m 行 n 列の行列 A について，n 本の列ベクトルの中から一度に取り出すことのできる独立なベクトルの最大本数と，m 本の行ベクトルの中から一度に取り出すことのできる独立なベクトルの最大本数とは等しい．この値を行列 A のランク ($\mathrm{rank}\,A$) または階数という．n 次正方行列の行列式の値は列ベクトルでつくられる n 次元斜方体の体積に相当する (2.4 節) が，行列の n 本の列ベクトルが一次独立でない場合，斜方体は 1 つ以上の辺がつぶれていることになり，体積は 0 になる．したがって n 次正方行列の行列式が 0 になることは，n 本の列ベクトルが一次独立ではないことを意味し [3]，ランクは n 未満になる．

行列のランクをもとめるには掃き出し法をもちいる．$n \times n$ 行列が，階数が r の階段行列に変形できた場合，行列のランクは r.

$$A = \begin{bmatrix} 1 & 2 & 2 \\ 2 & 3 & 4 \\ 0 & 1 & 0 \end{bmatrix} \underset{2\text{行}-1\text{行}\times 2}{\longrightarrow} \begin{bmatrix} 1 & 2 & 2 \\ 0 & -1 & 0 \\ 0 & 1 & 0 \end{bmatrix}$$
$$\underset{3\text{行}-2\text{行}\times(-1)}{\longrightarrow} \begin{bmatrix} 1 & 2 & 2 \\ 0 & -1 & 0 \\ 0 & 0 & 0 \end{bmatrix}$$

より独立な行ベクトル (列ベクトルも) は 2 本なので $\mathrm{rank}\,A = 2$

転置行列との積については，行列Aについて

$$\mathrm{rank}\,A = \mathrm{rank}\,A^t = \mathrm{rank}\,A^tA = \mathrm{rank}\,AA^t \tag{2.11}$$

が成り立つ．行列が逆行列を持つのは full rank の場合である．A が $n \times p$ 行列 ($n \geq p$) のとき $\mathrm{rank}\,A = p$ ならば，A^tA ($p \times p$行列) のランクは p で，A^tA は逆行列をもつ．

2.6　直交行列

列ベクトルの長さが 1 でたがいに直交する正方行列を直交行列という．

$$P_{n\times n}=\begin{bmatrix}\boldsymbol{p}_1, & \cdots & ,\boldsymbol{p}_n\end{bmatrix}$$

$$\|\boldsymbol{p}_i\|=1 \qquad \boldsymbol{p}_i^t\boldsymbol{p}_j=0 \quad (i\neq j)$$

直交行列では異なる列ベクトル同士の内積は 0 なので

$$P^tP=I \tag{2.12}$$

となる．直交行列ではさらに

$$PP^t=I \tag{2.13}$$

であり[1)]，この 2 つから

$$P^t=P^{-1} \tag{2.14}$$

が得られる．直交行列は逆行列が転置行列に等しいという非常に有用な性質をもつ．

2.7　行列のトレース

正方行列の対角要素の和をトレースという．$n\times n$ 正方行列 $A\{a_{ij}\}$ について

$$\begin{aligned}\operatorname{tr}A&=\sum_{i=1}^{n}a_{ii}\\&=a_{11}+\cdots+a_{nn}\end{aligned} \tag{2.15}$$

---

1) 複素数にまで範囲を広げ A の共役行列 $\overline{A}$ の転置行列 $\overline{A}^t$ (これを A の随伴行列という) を A^* と表すことにする．

$$A^*A=AA^*=I$$

を満たす正方行列 A をユニタリ行列という．A の要素が実数の場合，上式は

$$A^tA=AA^t=I$$

となる．この行列 A を直交行列という．

トレースについては c をスカラーとして

- $\mathrm{tr}(A \pm B) = \mathrm{tr}\,A \pm \mathrm{tr}\,B$
- $\mathrm{tr}(cA) = c\,\mathrm{tr}\,A$
- $\mathrm{tr}\,A^t = \mathrm{tr}\,A$
- $\mathrm{tr}(AB) = \mathrm{tr}(BA)$

であり，行列の順番を変えてもトレースは変わらない．

3 つの行列の積では

$$\begin{aligned} &\mathrm{tr}(ABC) = \mathrm{tr}\{(AB)C\} = \mathrm{tr}\{C(AB)\} \\ &\mathrm{tr}(ABC) = \mathrm{tr}\{A(BC)\} = \mathrm{tr}\{(BC)A\} \\ &(\mathrm{tr}(ABC) = \mathrm{tr}(CBA)\text{は必ずしも成り立たない}) \end{aligned} \tag{2.16}$$

(4 つ以上の行列の積の場合は [4] 参照)

また A を m 行 n 列の行列とするとき，A^tA は $n \times n$ 行列，AA^t は $m \times m$ 行列になるが，これらのトレースは等しい．

$$\mathrm{tr}(A^tA) = \mathrm{tr}(AA^t) \tag{2.17}$$

(2.17) の値は行列 A の全要素の 2 乗和に等しい．

$$\mathrm{tr}(A^tA) = \mathrm{tr}(AA^t) = \sum\sum a_{ij}^2 \tag{2.18}$$

参考文献

[1] 甘利俊一，金谷健一　1987　理工学者が書いた数学の本「線形代数」講談社

[2] 川久保勝夫　1999　線形代数学　日本評論社

[3] 岩崎学，吉田清隆　2006　統計的データ解析入門「線形代数」東京図書

[4] D．A．ハーヴィル　2012　統計のための行列代数　丸善出版

Chapter 3

ベクトル空間

3.1 ベクトル空間の公理

次の公理を満たすものの集合をベクトル空間，その要素をベクトルと定義する．

ベクトル空間の公理 ある集合Vがあって，Vの任意の要素の

$$\text{和} \qquad \boldsymbol{x}+\boldsymbol{y} \qquad \boldsymbol{x},\boldsymbol{y} \in V$$ [1)]

と

$$\text{スカラー倍} \qquad c\boldsymbol{x} \qquad c\text{はスカラー}$$

もまた集合Vに属し，さらに次の (1)〜(8) を満たすとき，この集合Vをベクトル空間 (線形空間ともいう)，Vの要素をベクトルという．

(1) $(\boldsymbol{x}+\boldsymbol{y})+\boldsymbol{z}=\boldsymbol{x}+(\boldsymbol{y}+\boldsymbol{z})$

(2) $\boldsymbol{x}+\boldsymbol{y}=\boldsymbol{y}+\boldsymbol{x}$

(3) $\boldsymbol{0}$が存在して $\boldsymbol{0}+\boldsymbol{x}=\boldsymbol{x}+\boldsymbol{0}=\boldsymbol{x}$

(4) いかなる $\boldsymbol{x}$ に対しても逆ベクトルが存在して

$$\boldsymbol{x}+(-\boldsymbol{x})=(-\boldsymbol{x})+\boldsymbol{x}=\boldsymbol{0}$$

(5) $(a+b)\boldsymbol{x}=a\boldsymbol{x}+b\boldsymbol{x}$

(6) $a(\boldsymbol{x}+\boldsymbol{y})=a\boldsymbol{x}+a\boldsymbol{y}$

(7) $(ab)\boldsymbol{x}=a(b\boldsymbol{x})$

(8) $1\boldsymbol{x}=\boldsymbol{x}$

[1)] $\in$ は，左辺が右辺に要素として含まれることを示す．

公理の (1) から (4) は要素の和について，(5) から (8) は要素のスカラー倍についてである．集合の要素が和とスカラー倍に関して (1) から (8) を満たし，その演算の結果もまたおなじ集合に属しているとき，この集合をベクトル空間といい，その中の要素をベクトルという．ベクトルとして n 個の数値を並べたもの以外に $m \times n$ 行列，n 次以下の多項式なども (1) から (8) を満たすのでこれらの集合もベクトル空間になる．しかし統計学であつかうデータは実数のみの数値であり，本書では空間を幾何学的に分けて考えるので，位置ベクトルを対象としてベクトル空間を考える．

また 1.4 節から，任意の要素について (1.3) の内積が定義されているベクトル空間では，この空間内のベクトルについて長さや角度を考えることができる．1.4 節に示される内積の定義されているベクトル空間を計量ベクトル空間という．

3.2 ベクトル空間の次元と基底

2.5 節で，行列のランクは行列の列ベクトルの中から一度に取り出すことのできる独立なベクトルの最大本数であった．ベクトル空間 V の次元もこれと同様，V の中から一度に取り出すことのできる独立なベクトルの最大本数を V の次元といい，$\dim V$ と表す．この値が n のとき，V は n 次元ベクトル空間で，右上に添え字を付けて V^n と表す．V の要素は n 次元ベクトルになる．

n 次元ベクトルは n 個の数字の組で

$$\boldsymbol{x} = \begin{bmatrix} x_1 \\ \vdots \\ x_n \end{bmatrix}$$

と表される．これを位置ベクトルとして考えると，$x_1, \dots, x_n$ は n 次元空間[2)] に n 本の直交座標軸 (直交していない座標軸を考える場合もあるが，本書では直交座標軸を考える) を取ったときの $\boldsymbol{x}$ の各座標成分であり，$(x_1, \dots, x_n)$ は n

[2)] ベクトル空間は 3.1 節の公理の (1) から (8) を満たす要素の集合である．要素が位置ベクトルの場合，位置ベクトルを具体的に示すために n 次元空間の中に n 本の直交座標軸を考える．

次元空間中の 1 点の座標である．原点

$$\mathbf{0} = \begin{bmatrix} 0 \\ \vdots \\ 0 \end{bmatrix}$$

からこの点へ向かう有向線分がベクトル $\boldsymbol{x}$ になる．

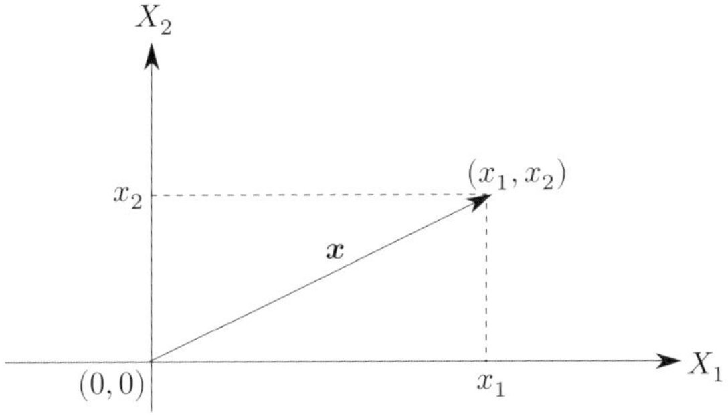

図 3.1　V^2 のベクトル

座標軸上の長さが 1 のベクトルを単位ベクトルといった．n 本の直交座標軸上に単位ベクトルをとり

$$\begin{bmatrix} 1 \\ 0 \\ \vdots \\ 0 \end{bmatrix} \qquad \cdots\cdots \qquad \begin{bmatrix} 0 \\ \vdots \\ 0 \\ 1 \end{bmatrix} \tag{3.1}$$

第 1 座標軸上の単位ベクトル$\boldsymbol{e}_1$　　第 n 座標軸上の単位ベクトル$\boldsymbol{e}_n$

とすると $\boldsymbol{e}_1, \dots, \boldsymbol{e}_n$ はたがいに直交していて一次独立であり，V^n のすべてのベ

クトルは $\boldsymbol{e}_1, \dots, \boldsymbol{e}_n$ の一次結合で表すことができる．１本のベクトル

$$\boldsymbol{x} = \begin{bmatrix} x_1 \\ \vdots \\ x_n \end{bmatrix}$$

を n 本の座標軸上の成分に分け $\boldsymbol{x}_1, \dots, \boldsymbol{x}_n$ とすると，$\boldsymbol{x}_1, \dots, \boldsymbol{x}_n$ は

$$\begin{aligned} \boldsymbol{x} &= \boldsymbol{x}_1 + \cdots + \boldsymbol{x}_n \\ &= x_1\boldsymbol{e}_1 + \cdots + x_n\boldsymbol{e}_n \end{aligned}$$

となって，$\boldsymbol{x}$ は $\boldsymbol{e}_1, \dots, \boldsymbol{e}_n$ の一次結合で表される．(1.5 節)　このようにベクトル空間 V^n から，その次元の数に等しい本数の独立なベクトルを選ぶと，V^n の任意のベクトルはこれらのベクトルの一次結合でただ一通りに表される．この１組のベクトルを V^n の基底という．基底の取り方は無数にあり，n 本の基底で１本のベクトルを表す一次結合の係数は，基底が異なれば当然別のものになる．１本のベクトルにおいて基底の一次結合の係数を n 個並べた１組が，その基底におけるベクトルの成分表示になる．V^2 で基底を

$$\boldsymbol{e}_1 = \begin{bmatrix} 1 \\ 0 \end{bmatrix} \qquad \boldsymbol{e}_2 = \begin{bmatrix} 0 \\ 1 \end{bmatrix}$$

としたとき

$$\boldsymbol{x} = \begin{bmatrix} 1 \\ 3 \end{bmatrix}$$

と表されるベクトルは

$$\boldsymbol{f}_1 = \begin{bmatrix} 1 \\ 1 \end{bmatrix} \qquad \boldsymbol{f}_2 = \begin{bmatrix} 0 \\ 2 \end{bmatrix}$$

を基底とした場合には

$$\boldsymbol{x} = 1 \times \begin{bmatrix} 1 \\ 0 \end{bmatrix} + 3 \times \begin{bmatrix} 0 \\ 1 \end{bmatrix} = 1 \times \begin{bmatrix} 1 \\ 1 \end{bmatrix} + 1 \times \begin{bmatrix} 0 \\ 2 \end{bmatrix}$$

より

$$\boldsymbol{x} = \begin{bmatrix} 1 \\ 1 \end{bmatrix}$$

と表される．ベクトルの長さを 1 にすることを正規化といい，正規化された基底ベクトルが直交している場合，正規直交基底という．また (3.1) の正規直交基底 $\boldsymbol{e}_1, \ldots .\boldsymbol{e}_n$ を標準基底という．

n 次元空間において n 本のベクトルを取ったとき，これらが一次独立かどうか (⇒ この n 本を基底とすることができるかどうか) は，2.5 節のように n 本のベクトルの一次結合で $\mathbf{0}$ をつくったときの係数が "すべてが 0 以外にない" か否かになる．すなわち

$$\boldsymbol{x}_1 = \begin{bmatrix} x_{11} \\ \vdots \\ x_{n1} \end{bmatrix}, \cdots\cdots, \boldsymbol{x}_n = \begin{bmatrix} x_{1n} \\ \vdots \\ x_{nn} \end{bmatrix}$$

の一次結合

$$c_1 \begin{bmatrix} x_{11} \\ \vdots \\ x_{n1} \end{bmatrix} + \cdots + c_n \begin{bmatrix} x_{1n} \\ \vdots \\ x_{nn} \end{bmatrix} = \begin{bmatrix} 0 \\ \vdots \\ 0 \end{bmatrix}$$

が成り立つのが $c_1 = \cdots = c_n = 0$ の場合に限るとき，$\boldsymbol{x}_1, \ldots, \boldsymbol{x}_n$ は一次独立になっている．実際には n 本の連立方程式を解くより，行列のランクをもとめる方が早い．

例 3.1　V^3 において

$$\boldsymbol{x}_1 = \begin{bmatrix} 1 \\ 2 \\ 3 \end{bmatrix}, \quad \boldsymbol{x}_2 = \begin{bmatrix} 2 \\ 0 \\ 1 \end{bmatrix}, \quad \boldsymbol{x}_3 = \begin{bmatrix} 1 \\ 3 \\ 2 \end{bmatrix}$$

は一次独立か．

掃き出し法により行列

$$\begin{bmatrix} 1 & 2 & 1 \\ 2 & 0 & 3 \\ 3 & 1 & 2 \end{bmatrix}$$

は階数 3 の階段行列

$$\begin{bmatrix} 1 & 2 & 1 \\ 0 & -4 & 1 \\ 0 & 0 & -9 \end{bmatrix}$$

に変形できるので，$\boldsymbol{x}_1, \boldsymbol{x}_2, \boldsymbol{x}_3$ は一次独立であり，この 3 本を V^3 の基底にすることができる．

3.3 基底変換 ——おなじベクトル空間内の基底変換——

3 次元のベクトル空間 V^3 で一次独立な $\boldsymbol{a}_1, \boldsymbol{a}_2, \boldsymbol{a}_3$ が基底になっており，ベクトル $\boldsymbol{b}_1, \boldsymbol{b}_2, \boldsymbol{b}_3$ も一次独立で，基底 $\boldsymbol{a}_1, \boldsymbol{a}_2, \boldsymbol{a}_3$ の一次結合で

$$\boldsymbol{b}_1 = p_{11}\boldsymbol{a}_1 + p_{21}\boldsymbol{a}_2 + p_{31}\boldsymbol{a}_3$$
$$\boldsymbol{b}_2 = p_{12}\boldsymbol{a}_1 + p_{22}\boldsymbol{a}_2 + p_{32}\boldsymbol{a}_3$$
$$\boldsymbol{b}_3 = p_{13}\boldsymbol{a}_1 + p_{23}\boldsymbol{a}_2 + p_{33}\boldsymbol{a}_3$$

と表されているとする．これを行列をもちいて表すと

$$\boldsymbol{b}_1 = \begin{bmatrix} \boldsymbol{a}_1, & \boldsymbol{a}_2 & , \boldsymbol{a}_3 \end{bmatrix} \begin{bmatrix} p_{11} \\ p_{21} \\ p_{31} \end{bmatrix}$$

$$\boldsymbol{b}_2 = \begin{bmatrix} \boldsymbol{a}_1, & \boldsymbol{a}_2 & , \boldsymbol{a}_3 \end{bmatrix} \begin{bmatrix} p_{12} \\ p_{22} \\ p_{32} \end{bmatrix} \qquad (3.2)$$

$$\boldsymbol{b}_3 = \begin{bmatrix}\boldsymbol{a}_1, & \boldsymbol{a}_2 & ,\boldsymbol{a}_3\end{bmatrix}\begin{bmatrix}p_{13}\\ p_{23}\\ p_{33}\end{bmatrix}$$

から，3 本の係数ベクトルを行列にまとめて係数行列 P とおくと

$$\begin{bmatrix}\boldsymbol{b}_1, & \boldsymbol{b}_2 & ,\boldsymbol{b}_3\end{bmatrix} = \begin{bmatrix}\boldsymbol{a}_1, & \boldsymbol{a}_2 & ,\boldsymbol{a}_3\end{bmatrix}\underbrace{\begin{bmatrix}p_{11} & p_{12} & p_{13}\\ p_{21} & p_{22} & p_{23}\\ p_{31} & p_{32} & p_{33}\end{bmatrix}}_{P} \tag{3.3}$$

となり[3)]，P は 3 次の正方行列になる．正方行列では列ベクトルがたがいに一次独立のとき行列は正則で逆行列が存在する．(3.3) の係数行列 P の列ベクトルは $\boldsymbol{a}_1, \boldsymbol{a}_2, \boldsymbol{a}_3$ の一次結合で $\boldsymbol{b}_1, \boldsymbol{b}_2, \boldsymbol{b}_3$ を表したときの係数なので，基底 $\{\boldsymbol{a}_1, \boldsymbol{a}_2, \boldsymbol{a}_3\}$ においてベクトル $\boldsymbol{b}_1, \boldsymbol{b}_2, \boldsymbol{b}_3$ の成分を表示したものになっている．$\boldsymbol{b}_1, \boldsymbol{b}_2, \boldsymbol{b}_3$ は一次独立としたので，P の 3 本の列ベクトルは一次独立であり，P は正則で逆行列 P^{-1} が存在する．(3.3) の両辺に右から P^{-1} を掛けると

$$\begin{bmatrix}\boldsymbol{a}_1, & \boldsymbol{a}_2 & ,\boldsymbol{a}_3\end{bmatrix} = \begin{bmatrix}\boldsymbol{b}_1, & \boldsymbol{b}_2 & ,\boldsymbol{b}_3\end{bmatrix} P^{-1} \tag{3.4}$$

---

3) (3.2) は

$$\begin{aligned}&\begin{bmatrix}\boldsymbol{b}_1, & \boldsymbol{b}_2 & ,\boldsymbol{b}_3\end{bmatrix}\\ &= \left[\begin{bmatrix}\boldsymbol{a}_1, & \boldsymbol{a}_2 & ,\boldsymbol{a}_3\end{bmatrix}\begin{bmatrix}p_{11}\\ p_{21}\\ p_{31}\end{bmatrix} \quad \begin{bmatrix}\boldsymbol{a}_1, & \boldsymbol{a}_2 & ,\boldsymbol{a}_3\end{bmatrix}\begin{bmatrix}p_{12}\\ p_{22}\\ p_{32}\end{bmatrix} \quad \begin{bmatrix}\boldsymbol{a}_1, & \boldsymbol{a}_2 & ,\boldsymbol{a}_3\end{bmatrix}\begin{bmatrix}p_{13}\\ p_{23}\\ p_{33}\end{bmatrix}\right]\end{aligned}$$

と書くことができる．(2.3) からこれを (3.3) と表せる．

が得られる．(3.4) ではベクトル $\boldsymbol{a}_1, \boldsymbol{a}_2, \boldsymbol{a}_3$ が $\boldsymbol{b}_1, \boldsymbol{b}_2, \boldsymbol{b}_3$ の一次結合で

$$\boldsymbol{a}_1 = \begin{bmatrix}\boldsymbol{b}_1, & \boldsymbol{b}_2 & ,\boldsymbol{b}_3\end{bmatrix}\begin{bmatrix}P^{-1}\\ \text{の}\\ \text{第}\\ 1\\ \text{列}\end{bmatrix}$$

$$\vdots$$

$$\boldsymbol{a}_3 = \begin{bmatrix}\boldsymbol{b}_1, & \boldsymbol{b}_2 & ,\boldsymbol{b}_3\end{bmatrix}\begin{bmatrix}P^{-1}\\ \text{の}\\ \text{第}\\ 3\\ \text{列}\end{bmatrix}$$

と表されており，$\boldsymbol{b}_1, \boldsymbol{b}_2, \boldsymbol{b}_3$ が V^3 の基底になっていることが示される．

以上から，一般に V^n で 2 組のベクトル $\boldsymbol{a}_1, \dots, \boldsymbol{a}_n$ と $\boldsymbol{b}_1, \dots, \boldsymbol{b}_n$ をとったとき，$\boldsymbol{a}_1, \dots, \boldsymbol{a}_n$ が一次独立，$\boldsymbol{b}_1, \dots, \boldsymbol{b}_n$ も一次独立ならば，この 2 組は V^n の基底になり，$\boldsymbol{a}_1, \dots, \boldsymbol{a}_n$ で $\boldsymbol{b}_1, \dots, \boldsymbol{b}_n$ を表す一次結合の係数行列 P は基底 $\{\boldsymbol{a}_1, \dots, \boldsymbol{a}_n\}$ から基底 $\{\boldsymbol{b}_1, \dots, \boldsymbol{b}_n\}$ への基底変換の行列 ((3.3))，その逆行列 P^{-1} は基底 $\{\boldsymbol{b}_1, \dots, \boldsymbol{b}_n\}$ から基底 $\{\boldsymbol{a}_1, \dots, \boldsymbol{a}_n\}$ への基底変換の行列になる．((3.4))

$$A = \begin{bmatrix}\boldsymbol{a}_1, & \dots & ,\boldsymbol{a}_n\end{bmatrix}, \qquad B = \begin{bmatrix}\boldsymbol{b}_1, & \dots & ,\boldsymbol{b}_n\end{bmatrix}$$

と置くと (3.3)，(3.4) から基底変換の行列は

$$\{\boldsymbol{a}_1, \dots, \boldsymbol{a}_n\} \to \{\boldsymbol{b}_1, \dots, \boldsymbol{b}_n\} \text{では} P = A^{-1}B \tag{3.5}$$

$$\{\boldsymbol{b}_1, \dots, \boldsymbol{b}_n\} \to \{\boldsymbol{a}_1, \dots, \boldsymbol{a}_n\} \text{では} P^{-1} = B^{-1}A \tag{3.6}$$

である．

上では $\boldsymbol{b}_1, \boldsymbol{b}_2, \boldsymbol{b}_3$ ははじめから一次独立な 3 本として考えたが，(3.3) から，1 つの基底の下で一次独立な 3 本のベクトルをつくる，すなわち基底ベクトル

$\boldsymbol{a}_1, \boldsymbol{a}_2, \boldsymbol{a}_3$ を正則行列 (=full rank の行列) で変換すると，できたベクトルの組も V^3 の基底になる．

次に 1 本のベクトル $\boldsymbol{v}$ が

$$\text{基底}\{\boldsymbol{a}_1, \dots, \boldsymbol{a}_n\}\text{で} \begin{bmatrix} x_1 \\ \vdots \\ x_n \end{bmatrix}$$

$$\text{基底}\{\boldsymbol{b}_1, \dots, \boldsymbol{b}_n\}\text{で} \begin{bmatrix} y_1 \\ \vdots \\ y_n \end{bmatrix}$$

と表されているとする．行列をもちいて

基底$\{\boldsymbol{a}_1, \dots, \boldsymbol{a}_n\}$では

$$\boldsymbol{v} = \begin{bmatrix} \boldsymbol{a}_1, & \cdots & , \boldsymbol{a}_n \end{bmatrix} \begin{bmatrix} x_1 \\ \vdots \\ x_n \end{bmatrix}$$

基底$\{\boldsymbol{b}_1, \dots, \boldsymbol{b}_n\}$では

$$\boldsymbol{v} = \begin{bmatrix} \boldsymbol{b}_1, & \cdots & , \boldsymbol{b}_n \end{bmatrix} \begin{bmatrix} y_1 \\ \vdots \\ y_n \end{bmatrix}$$

と表され，おなじベクトルなので

$$\underset{A}{\begin{bmatrix} \boldsymbol{a}_1, & \cdots & , \boldsymbol{a}_n \end{bmatrix}} \begin{bmatrix} x_1 \\ \vdots \\ x_n \end{bmatrix} = \underset{B}{\begin{bmatrix} \boldsymbol{b}_1, & \cdots & , \boldsymbol{b}_n \end{bmatrix}} \begin{bmatrix} y_1 \\ \vdots \\ y_n \end{bmatrix} \tag{3.7}$$

となる．(3.3) から基底 B は基底 A から $B = AP$ によってつくられるので (3.7) は

$$A\begin{bmatrix} x_1 \\ \vdots \\ x_n \end{bmatrix} = AP\begin{bmatrix} y_1 \\ \vdots \\ y_n \end{bmatrix} \tag{3.8}$$

となる．(3.8) の右辺は基底 $\{\boldsymbol{a}_1, \dots, \boldsymbol{a}_n\}$ の一次結合でいったん基底 $\{\boldsymbol{b}_1, \dots, \boldsymbol{b}_n\}$ をつくり，これを y_1 倍 $, \dots, y_n$ 倍してたし合わせたベクトルを表している．左辺は基底 $\{\boldsymbol{a}_1, \dots, \boldsymbol{a}_n\}$ の係数 $x_1, \dots, x_n$ の一次結合でストレートに $\boldsymbol{v}$ を表している．両辺とも基底 A での表現なので，A を省略し，

$$\begin{bmatrix} x_1 \\ \vdots \\ x_n \end{bmatrix} = P\begin{bmatrix} y_1 \\ \vdots \\ y_n \end{bmatrix} \tag{3.9}$$

$\boldsymbol{x} = P\boldsymbol{y}$ となる．

3.4　グラム-シュミットの直交化法

内積の定義されている n 次元ベクトル空間 (計量ベクトル空間) では，直交していない n 本の独立なベクトルから以下のグラム-シュミットの方法によって正規直交基底をつくることができる．

グラム-シュミットの直交化法　n 本の一次独立なベクトルを $\boldsymbol{a}_1, \dots, \boldsymbol{a}_n$ とする．

(1)$\boldsymbol{a}_1$ 上に長さ 1 のベクトル $\boldsymbol{u}_1$ をとる．

$$\boldsymbol{u}_1 = \frac{\boldsymbol{a}_1}{\|\boldsymbol{a}_1\|}$$

(2)$\boldsymbol{a}_2$ の終点から $\boldsymbol{u}_1$(の延長線，以下では「延長線」は省略) 上に垂線を下ろし，原点から垂線の足までのベクトルを $\boldsymbol{a}_{21}$ とする．$\boldsymbol{a}_{21}$ は $\boldsymbol{a}_2$ の $\boldsymbol{u}_1$ 上の成分である．$\boldsymbol{a}_2$ を $\boldsymbol{a}_{21}$ と，これに直交する成分とに分ける．

$\boldsymbol{a}_1$ と $\boldsymbol{a}_2$ の成す角を θ_1 とすると，$\boldsymbol{u}_1$ 上の $\boldsymbol{a}_2$ の成分の長さ

$$\|\boldsymbol{a}_{21}\| = \|\boldsymbol{a}_2\| \cos\theta_1$$

は

$$\begin{aligned}(\boldsymbol{a}_2, \boldsymbol{u}_1) &= \|\boldsymbol{a}_2\|\|\boldsymbol{u}_1\| \cos\theta_1 \\ &= \|\boldsymbol{a}_2\| \cos\theta_1\end{aligned}$$

から

$$\|\boldsymbol{a}_{21}\| = (\boldsymbol{a}_2, \boldsymbol{u}_1)$$

となり，$\boldsymbol{a}_{21}$ は

$$\boldsymbol{a}_{21} = (\boldsymbol{a}_2, \boldsymbol{u}_1)\boldsymbol{u}_1$$

と表される．

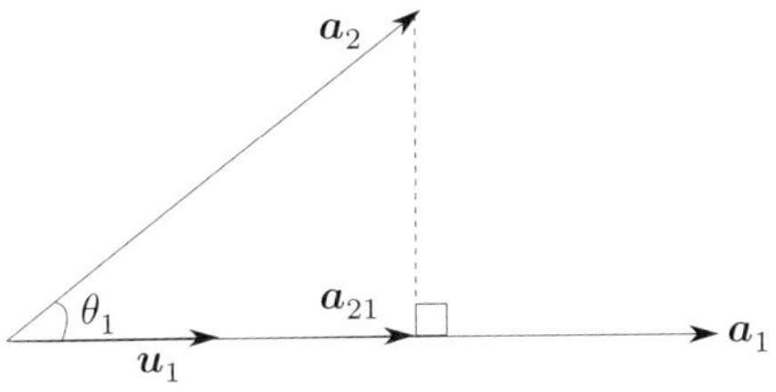

図 3.2　$\boldsymbol{a}_2$ の $\boldsymbol{u}_1$ 上の成分

$\boldsymbol{a}_2$ から $\boldsymbol{a}_{21}$ を除いたベクトル

$$\boldsymbol{a}_2 - \boldsymbol{a}_{21} = \boldsymbol{a}_2 - (\boldsymbol{a}_2, \boldsymbol{u}_1)\boldsymbol{u}_1$$

と $\boldsymbol{u}_1$ との内積は

$$\begin{aligned}&(\boldsymbol{a}_2 - (\boldsymbol{a}_2, \boldsymbol{u}_1)\boldsymbol{u}_1, \boldsymbol{u}_1) \\ &= (\boldsymbol{a}_2, \boldsymbol{u}_1) - ((\boldsymbol{a}_2, \boldsymbol{u}_1)\boldsymbol{u}_1, \boldsymbol{u}_1) \\ &= (\boldsymbol{a}_2, \boldsymbol{u}_1) - (\boldsymbol{a}_2, \boldsymbol{u}_1)(\boldsymbol{u}_1, \boldsymbol{u}_1) \\ &= 0\end{aligned}$$

より，$\boldsymbol{a}_2$ から $\boldsymbol{u}_1$ 上の成分 $(\boldsymbol{a}_2, \boldsymbol{u}_1)\boldsymbol{u}_1$ を除いた $\boldsymbol{a}_2 - (\boldsymbol{a}_2, \boldsymbol{u}_1)\boldsymbol{u}_1$ は $\boldsymbol{u}_1$ と直交する．そこでこの $\boldsymbol{a}_2 - (\boldsymbol{a}_2, \boldsymbol{u}_1)\boldsymbol{u}_1$ を長さ 1 に基準化して $\boldsymbol{u}_2$ とする．

$$\boldsymbol{u}_2 = \frac{\boldsymbol{a}_2 - (\boldsymbol{a}_2, \boldsymbol{u}_1)\boldsymbol{u}_1}{\|\boldsymbol{a}_2 - (\boldsymbol{a}_2, \boldsymbol{u}_1)\boldsymbol{u}_1\|}$$

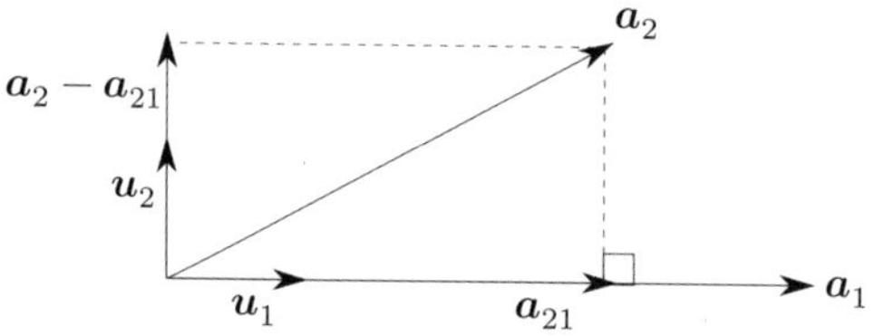

図 3.3　a_2 の直交分解

(3) $\boldsymbol{a}_3$ から $\boldsymbol{u}_1, \boldsymbol{u}_2$ 上の成分を除いたベクトルをもとめ，長さを 1 に基準化して

$$\boldsymbol{u}_3 = \frac{\boldsymbol{a}_3 - (\boldsymbol{a}_3, \boldsymbol{u}_1)\boldsymbol{u}_1 - (\boldsymbol{a}_3, \boldsymbol{u}_2)\boldsymbol{u}_2}{\|\boldsymbol{a}_3 - (\boldsymbol{a}_3, \boldsymbol{u}_1)\boldsymbol{u}_1 - (\boldsymbol{a}_3, \boldsymbol{u}_2)\boldsymbol{u}_2\|}$$

とする．

(4) 以上のように $\boldsymbol{a}_i$ $(i = 2, \dots, n)$ において，$\boldsymbol{u}_1, \dots, \boldsymbol{u}_{i-1}$ 上の $\boldsymbol{a}_i$ の成分をもとめ，$\boldsymbol{a}_i$ からこれらを除いて，長さを 1 に基準化し，$\boldsymbol{u}_i$ をつくる．

$$\boldsymbol{u}_i = \frac{\boldsymbol{a}_i - \sum_{j=1}^{i-1}(\boldsymbol{a}_i, \boldsymbol{u}_j)\boldsymbol{u}_j}{\|\boldsymbol{a}_i - \sum_{j=1}^{i-1}(\boldsymbol{a}_i, \boldsymbol{u}_j)\boldsymbol{u}_j\|}$$

これを $\boldsymbol{a}_n$ まで行なう．

$\boldsymbol{u}_1, \dots, \boldsymbol{u}_n$ は長さが 1 で直交しており，正規直交基底である．

3.5　部分空間

3.1 節の (1) から (8) の条件を満たす集合の，要素の和とスカラー倍が再びおなじ集合に属するとき，この集合をベクトル空間といった．これはベクトル空間の一部の集合に対しても同様に考えることができる．すなわちベクトル空間

Vの一部分 W において，W の要素の和とスカラー倍も W に含まれるとき，W を Vの部分空間という．

$$
\begin{aligned}
&\text{ベクトル空間 } V \text{ の空集合ではない部分集合 } W \text{ において} \\
&\quad \boldsymbol{x}, \boldsymbol{y} \in W \text{について} \\
&\qquad \boldsymbol{x}+\boldsymbol{y} \in W, c\boldsymbol{x} \in W \\
&\text{ならば，} W \text{ は } V \text{ の部分空間である．}
\end{aligned} \tag{3.10}
$$

本書では位置ベクトルを要素とするベクトル空間を考えているが，(3.10) において $c=0$ としたとき $c\boldsymbol{x}=\boldsymbol{0}$ なので，部分空間は原点 O を含む．

いま n 次元ベクトル空間 Vにおいて a 本のベクトル $\boldsymbol{a}_1, \dots, \boldsymbol{a}_a (\boldsymbol{a}_1, \dots, \boldsymbol{a}_a$ は一次独立でなくてよい) を選んだとき，$\boldsymbol{a}_1, \dots, \boldsymbol{a}_a$ の一次結合の全体を $\boldsymbol{a}_1, \dots, \boldsymbol{a}_a$ の張る空間，または $\boldsymbol{a}_1, \dots, \boldsymbol{a}_a$ の生成する空間といい $S(\boldsymbol{a}_1, \dots, \boldsymbol{a}_a)$ と表す．$S(\boldsymbol{a}_1, \dots, \boldsymbol{a}_a)$ で 2 つの要素 $\boldsymbol{x}, \boldsymbol{y}$ を考え，c, k, l をスカラーとして

$$
\boldsymbol{x} = k_1\boldsymbol{a}_1 + \cdots + k_a\boldsymbol{a}_a \qquad \boldsymbol{y} = l_1\boldsymbol{a}_1 + \cdots + l_a\boldsymbol{a}_a
$$

とすると

$$
\begin{aligned}
\boldsymbol{x}+\boldsymbol{y} &= (k_1+l_1)\boldsymbol{a}_1 + \cdots + (k_a+l_a)\boldsymbol{a}_a \in S(\boldsymbol{a}_1, \dots, \boldsymbol{a}_a) \\
c\boldsymbol{x} &= (ck_1)\boldsymbol{a}_1 + \cdots + (ck_a)\boldsymbol{a}_a \in S(\boldsymbol{a}_1, \dots, \boldsymbol{a}_a)
\end{aligned}
$$

となって和とスカラー倍も $\boldsymbol{a}_1, \dots, \boldsymbol{a}_a$ の一次結合で表されるので $S(\boldsymbol{a}_1, \dots, \boldsymbol{a}_a)$ の要素であり，(3.10) から $S(\boldsymbol{a}_1, \dots, \boldsymbol{a}_a)$ は Vの部分空間になっている．そこで $W = S(\boldsymbol{a}_1, \dots, \boldsymbol{a}_a)$ とおく．(S は subspace の頭文字)

$S(\boldsymbol{a}_1, \dots, \boldsymbol{a}_a)$ において $\boldsymbol{a}_1, \dots, \boldsymbol{a}_a$ の中で一次独立なベクトルが最大 r 本 $(r \leq a)$ のとき，$W = S(\boldsymbol{a}_1, \dots, \boldsymbol{a}_a)$ の次元は r で，W は r 次元部分空間である．これを

$$
\dim W = r \tag{3.11}
$$

と表す．(注：W が r 次元部分空間でも，W に含まれるベクトルは n 次元ベクトルである．) この W から一次独立な r 本のベクトル $\boldsymbol{a}_1, \dots, \boldsymbol{a}_r$ を取り出したとすると，$\boldsymbol{a}_1, \dots, \boldsymbol{a}_r$ は W の基底になり，W の任意のベクトルは $\boldsymbol{a}_1, \dots, \boldsymbol{a}_r$ の

一次結合でただ一通りに表される．ベクトル空間の場合と同様，W の中で基底の取り方は無数にある．

つぎに n 次元ベクトル空間で 2 つの部分空間

$$W_1 = S(A) = S(\boldsymbol{a}_1, \dots, \boldsymbol{a}_a)$$
$$W_2 = S(B) = S(\boldsymbol{b}_1, \dots, \boldsymbol{b}_b)$$

を考え，これらの共通部分と和について考える．$\boldsymbol{a}_1, \dots, \boldsymbol{a}_a$ は一次独立，$\boldsymbol{b}_1, \dots, \boldsymbol{b}_b$ も一次独立とすると W_1 は a 次元部分空間，W_2 は b 次元部分空間である．W_1 と W_2 の共通部分のベクトルの集合は「W_1 のベクトルと W_2 のベクトルの両方の性質をもつベクトルの集合」であり，これを

$$W_1 \cap W_2 = \{\boldsymbol{x} | \boldsymbol{x} \in W_1, \boldsymbol{x} \in W_2\} \tag{3.12}$$

と表す．V^3 で W_1 を X_1X_2 平面上のベクトルの集合，W_2 を直線 $x_1 = x_2$ を含み X_1X_2 平面に垂直な平面上のベクトルの集合とすると，$W_1 \cap W_2$ は X_1X_2 平面の直線 $x_1 = x_2$ 上にあるベクトルになる．直線 $x_1 = x_2$ は原点を通るので $W_1 \cap W_2$ は原点を含む．

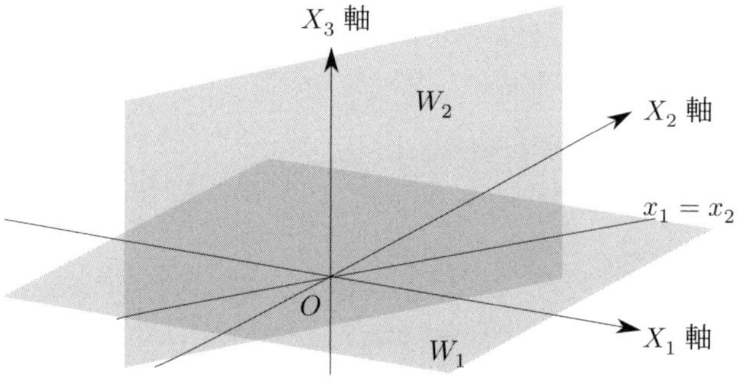

図 3.4　部分空間 W_1, W_2

$W_1 \cap W_2$ が部分空間であることを示すには，その要素の和とスカラー倍が

$W_1 \cap W_2$ に含まれることを示せばよい．$W_1 \cap W_2$ の要素を

$$\boldsymbol{c}_1 = \begin{bmatrix} c_1 \\ c_1 \\ 0 \end{bmatrix} \qquad \boldsymbol{c}_2 = \begin{bmatrix} c_2 \\ c_2 \\ 0 \end{bmatrix}$$

とする．これらの和とスカラー倍は

$$\boldsymbol{c}_1 + \boldsymbol{c}_2 = \begin{bmatrix} c_1 + c_2 \\ c_1 + c_2 \\ 0 \end{bmatrix}$$

$$k\boldsymbol{c}_1 = \begin{bmatrix} kc_1 \\ kc_1 \\ 0 \end{bmatrix}$$

でともに直線 $x_1 = x_2$ 上のベクトルであり，$W_1 \cap W_2$ の要素になっている．したがって W_1 と W_2 の共通部分 $W_1 \cap W_2$ は部分空間である．2つの部分空間の共通部分 $W_1 \cap W_2$ を共通部分空間という．

W_1 と W_2 の和空間は，W_1 の要素と W_2 の要素の和を要素とする集合である．

$$W_1 + W_2 = \{\boldsymbol{x}_1 + \boldsymbol{x}_2 | \boldsymbol{x}_1 \in W_1, \quad \boldsymbol{x}_2 \in W_2\} \tag{3.13}$$

W_1 のベクトル $\boldsymbol{x}_1$ と W_2 のベクトル $\boldsymbol{x}_2$ の和 $\boldsymbol{x}_1 + \boldsymbol{x}_2$ が和空間 $W_1 + W_2$ の要素になる．V^3 において W_1 を X_1 軸上のベクトル，W_2 を X_2 軸上のベクトルとすると，a, b を実数として

$$\boldsymbol{x}_1 = \begin{bmatrix} a \\ 0 \\ 0 \end{bmatrix} \in W_1 \qquad \boldsymbol{x}_2 = \begin{bmatrix} 0 \\ b \\ 0 \end{bmatrix} \in W_2$$

と表され，$W_1 + W_2$ の要素は

$$\boldsymbol{x}_1 + \boldsymbol{x}_2 = \begin{bmatrix} a \\ b \\ 0 \end{bmatrix}$$

になる．X_1 軸，X_2 軸ともに原点を通るので W_1+W_2 は原点を含む．W_1+W_2 の要素の和は

$$\boldsymbol{x}_{11} = \begin{bmatrix} a \\ 0 \\ 0 \end{bmatrix} \qquad \boldsymbol{x}_{21} = \begin{bmatrix} a' \\ 0 \\ 0 \end{bmatrix} \in W_1$$

$$\boldsymbol{x}_{12} = \begin{bmatrix} 0 \\ b \\ 0 \end{bmatrix} \qquad \boldsymbol{x}_{22} = \begin{bmatrix} 0 \\ b' \\ 0 \end{bmatrix} \in W_2$$

として $\boldsymbol{x}_{11} + \boldsymbol{x}_{12} = \begin{bmatrix} a \\ b \\ 0 \end{bmatrix}$ と $\boldsymbol{x}_{21} + \boldsymbol{x}_{22} = \begin{bmatrix} a' \\ b' \\ 0 \end{bmatrix}$ の和は

$$\begin{aligned} &(\boldsymbol{x}_{11} + \boldsymbol{x}_{12}) + (\boldsymbol{x}_{21} + \boldsymbol{x}_{22}) \\ &= \begin{bmatrix} a \\ b \\ 0 \end{bmatrix} + \begin{bmatrix} a' \\ b' \\ 0 \end{bmatrix} \\ &= \begin{bmatrix} a + a' \\ b + b' \\ 0 \end{bmatrix} \end{aligned}$$

$$= \begin{bmatrix} a+a' \\ 0 \\ 0 \end{bmatrix} + \begin{bmatrix} 0 \\ b+b' \\ 0 \end{bmatrix}$$

$W_1 + W_2$ の要素のスカラー倍は

$$k(\boldsymbol{x}_{11} + \boldsymbol{x}_{12}) = k \begin{bmatrix} a \\ b \\ 0 \end{bmatrix}$$

$$= \begin{bmatrix} ka \\ kb \\ 0 \end{bmatrix}$$

$$= \begin{bmatrix} ka \\ 0 \\ 0 \end{bmatrix} + \begin{bmatrix} 0 \\ kb \\ 0 \end{bmatrix}$$

で，和とスカラー倍はともに X_1 軸上のベクトルと X_2 軸上のベクトルの和になっており，W_1 の要素と W_2 の要素の和である．したがって $W_1 + W_2$ は部分空間であり，W_1, W_2 の和空間は X_1X_2 平面上のあらゆるベクトルである．

例 3.2　ベクトル空間を V^3 とする．W_1 を X_1X_2 平面上のベクトル，W_2 を直線 $x_1 = x_2$ を含み X_1X_2 平面に垂直な平面上のベクトルとするとき (図 3.4)，W_1 と W_2 の和空間 $W_1 + W_2$

a, b, c, d を任意の実数として

$$X_1X_2\text{平面上のベクトル}\boldsymbol{x}_1 = \begin{bmatrix} a \\ b \\ 0 \end{bmatrix} \in W_1$$

直線 $x_1 = x_2$ を含み X_1X_2 平面に垂直な平面上のベクトル

$$\boldsymbol{x}_2 = \begin{bmatrix} c \\ c \\ d \end{bmatrix} \in W_2$$

より

$$\begin{aligned}\boldsymbol{x}_1 + \boldsymbol{x}_2 &= \begin{bmatrix} a \\ b \\ 0 \end{bmatrix} + \begin{bmatrix} c \\ c \\ d \end{bmatrix} \\ &= \begin{bmatrix} a+c \\ b+c \\ d \end{bmatrix}\end{aligned}$$

となる．a, b, c, d は任意の実数なので，$\boldsymbol{x}_1 + \boldsymbol{x}_2$ は V^3 のあらゆるベクトルになり，和空間 $W_1 + W_2$ はベクトル空間 V^3 である．

(例終)

(3.13) の和空間は和集合 $W_1 \cup W_2$ とは異なる．W_1 を X_1 軸上のベクトル，W_2 を X_2 軸上のベクトルとするとき，$W_1 \cup W_2$ は X_1 軸上のベクトルと X_2 軸上のベクトルの集合になり，

$$\boldsymbol{x}_1 = \begin{bmatrix} a \\ 0 \\ 0 \end{bmatrix} \in W_1 \qquad \boldsymbol{x}_2 = \begin{bmatrix} 0 \\ b \\ 0 \end{bmatrix} \in W_2$$

の和

$$\boldsymbol{x}_1 + \boldsymbol{x}_2 = \begin{bmatrix} a \\ b \\ 0 \end{bmatrix}$$

は a, b がともに 0 でない $(a \neq 0, b \neq 0)$ 場合，$W_1 \cup W_2$ に含まれない．したがって和集合 $W_1 \cup W_2$ は部分空間にはならない．

つぎに和空間の次元については，W_1 と W_2 それぞれを共通部分 $W_1 \cap W_2$ と，共通部分以外の部分とに分けると

$$W_1 = \{W_1 \cap W_2\} + W_1\text{の中で共通部分以外の部分}$$
$$W_2 = \{W_1 \cap W_2\} + W_2\text{の中で共通部分以外の部分}$$

なので，$W_1 + W_2$ の次元は W_1 の次元と W_2 の次元の和から共通部分の次元を引いたものになる．

$$\dim(W_1 + W_2) = \dim W_1 + \dim W_2 - \dim(W_1 \cap W_2) \tag{3.14}$$

(3.13) の和空間

$$W_1 + W_2 = \{\boldsymbol{x}_1 + \boldsymbol{x}_2 | \boldsymbol{x}_1 \in W_1, \quad \boldsymbol{x}_2 \in W_2\} \tag{3.13}$$

において，共通部分が $\mathbf{0}$ ベクトルのみのとき，すなわち和空間の次元が

$$\dim(W_1 + W_2) = \dim W_1 + \dim W_2 \tag{3.15}$$

となるとき，$W_1 + W_2$ を

$$W_1 \oplus W_2$$

と書き，W_1 と W_2 の直和という．3 個以上の部分空間についても，共通部分が $\mathbf{0}$ ベクトルのみの場合

$$W_1 \oplus \cdots \oplus W_k$$

と表す．これらの部分空間がたがいに直交している場合は直交直和という．V^3 で W_1, W_2, W_3 を 3 本の直交座標軸上のベクトルの集合とすると，V^3 の W_1, W_2, W_3 への分解は直交直和分解になる．

ベクトル空間が 2 つの直交する部分空間の直交直和になっているとき，

$$V^n = W_1 \oplus W_2$$

W_2 を W_1 の直交補空間，また W_1 を W_2 の直交補空間といい $W_1^{\perp}, W_2^{\perp}$ で表す．

$$W_1^{\perp} = W_2$$
$$W_2^{\perp} = W_1$$

ベクトル空間全体がいくつかの直交する部分空間の直交直和になっている場合も

$$V^n = W_1 \oplus \cdots \oplus W_k$$

1つの部分空間，たとえば W_1 に注目した場合，それ以外の部分 $W_2 \oplus \cdots \oplus W_k$ を，V^n の W_1 の直交補空間という．

$$W_1^{\perp} = W_2 \oplus \cdots \oplus W_k$$

($W_1^{\perp}$ に関しては，その内部で $W_2, \ldots, W_k$ はたがいに直交していなくてもよい．)

ベクトル空間 V またはその中の一部分 W がいくつかの部分空間の直和になっているとき，たとえば部分空間 W がさらに k 個の部分空間の直和に分解されているとき

$$W = W_1 \oplus \cdots \oplus W_k \subset V^n$$

V^n のベクトル $\boldsymbol{x}$ の W の成分 $\boldsymbol{x}_W$ は，$W_1, \ldots, W_k$ の成分にただ一通りに分解される．

$$\begin{array}{lllll} \boldsymbol{x}_W = & \boldsymbol{x}_{W_1} + \cdots + & \boldsymbol{x}_{W_k} & & \\ \cap & \cap & \cap & & \\ W & W_1 & W_k & & W = W_1 \oplus \cdots \oplus W_k \end{array} \tag{3.16}$$

参考文献

[1] 甘利俊一，金谷健一　1987　理工学者が書いた数学の本「線形代数」講談社

[2] 村上信吾監修　新開謙三, 丸本嘉彦　1997　線形代数 II　共立出版

[3] 岩崎学，吉田清隆　2006　統計的データ解析入門「線形代数」東京図書

Chapter 4

固有値・固有ベクトルと行列の対角化

4.1 線形写像

2つの集合 W_1 と W_2 について，W_1 の要素に対して W_2 の要素を対応させることを写像といい，f で表す．ここではベクトル空間を対象にして，V^n の要素を V^m の要素に対応させる写像を考える．写像の中で (1)V^n の要素が異なれば対応する V^m の要素も異なるものを「単射」，(2)V^m のすべての要素に対して，V^n の要素が存在するものを「全射」，(3)V^n のすべての要素の写像が，V^m のすべての要素と 1 対 1 に対応するものを「全単射」という．以下では全単射に絞って考える．

$\boldsymbol{x}, \boldsymbol{y}$ を V^n のベクトル，c をスカラーとして，写像 f について

$$f(\boldsymbol{x}+\boldsymbol{y}) = f(\boldsymbol{x}) + f(\boldsymbol{y}) \tag{4.1}$$

$$f(c\boldsymbol{x}) = cf(\boldsymbol{x}) \tag{4.2}$$

が成り立つとき，f を線形写像という．線形写像の中で，写像先の空間がおなじベクトル空間 V^n となっている場合を線形変換という．いま V^n の標準基底を

$$\boldsymbol{e}_1 = \begin{bmatrix} 1 \\ 0 \\ \vdots \\ 0 \end{bmatrix}, \cdots\cdots, \boldsymbol{e}_n = \begin{bmatrix} 0 \\ \vdots \\ 0 \\ 1 \end{bmatrix}$$

とする．V^n のベクトルから V^m のベクトルへの線形写像 f によって $\boldsymbol{e}_1, \ldots, \boldsymbol{e}_n$

が V^m のベクトル $\boldsymbol{a}_1, \dots, \boldsymbol{a}_n$ に写像されるとする．

$$f(\boldsymbol{e}_1) = \boldsymbol{a}_1, \dots, f(\boldsymbol{e}_n) = \boldsymbol{a}_n \tag{4.3}$$

$$\boldsymbol{e}_1, \dots, \boldsymbol{e}_n \in V^n$$

$$\boldsymbol{a}_1, \dots, \boldsymbol{a}_n \in V^m$$

3.2 節から V^n のベクトル $\boldsymbol{x}$ は標準基底 $\boldsymbol{e}_1, \dots, \boldsymbol{e}_n$ の一次結合で

$$\boldsymbol{x} = x_1\boldsymbol{e}_1 + \cdots + x_n\boldsymbol{e}_n$$

と表されるので，$\boldsymbol{x}$ の f による写像は (4.1)，(4.2) から

$$f(\boldsymbol{x}) = f(x_1\boldsymbol{e}_1 + \cdots + x_n\boldsymbol{e}_n) \tag{4.4}$$

$$= x_1 f(\boldsymbol{e}_1) + \cdots + x_n f(\boldsymbol{e}_n)$$

$$= x_1\boldsymbol{a}_1 + \cdots + x_n\boldsymbol{a}_n \tag{4.5}$$

となる．$\boldsymbol{a}_1, \dots, \boldsymbol{a}_n$ は m 次元ベクトルなのでその要素を

$$\boldsymbol{a}_1 = \begin{bmatrix} a_{11} \\ \vdots \\ a_{m1} \end{bmatrix}, \dots\dots, \boldsymbol{a}_n = \begin{bmatrix} a_{1n} \\ \vdots \\ a_{mn} \end{bmatrix}$$

として (4.5) は

$$f(\boldsymbol{x}) = x_1 \begin{bmatrix} a_{11} \\ \vdots \\ a_{m1} \end{bmatrix} + \cdots + x_n \begin{bmatrix} a_{1n} \\ \vdots \\ a_{mn} \end{bmatrix}$$

$$= \begin{bmatrix} a_{11} & \cdots & a_{1n} \\ \vdots & & \vdots \\ a_{m1} & \cdots & a_{mn} \end{bmatrix} \begin{bmatrix} x_1 \\ \vdots \\ x_n \end{bmatrix}$$

という行列とベクトルの積で書き表される．この行列を A として (4.5) は

$$f(\boldsymbol{x}) = A\boldsymbol{x} \tag{4.6}$$

となり，V^n のベクトルから V^m のベクトルへの線形写像 f は $m \times n$ 行列 A によって表される．(4.3) のように A の列ベクトル $\boldsymbol{a}_1, \dots, \boldsymbol{a}_n$ は，V^n の標準基底 $\boldsymbol{e}_1, \dots, \boldsymbol{e}_n$ が線形写像 f により写されたベクトルである．その結果，V^n で $x_1 \dots, x_n$ を係数とする $\boldsymbol{e}_1, \dots, \boldsymbol{e}_n$ の一次結合で表された $\boldsymbol{x}$ は，f による変換でおなじ係数による $\boldsymbol{a}_1, \dots, \boldsymbol{a}_n$ の一次結合で表される．

$$f(\boldsymbol{x}) = x_1\boldsymbol{a}_1 + \cdots + x_n\boldsymbol{a}_n \tag{4.5}$$

8 章以降の多変量解析では分散共分散行列がもちいられ，これは対称行列なので (4.6) の行列Aは正方行列になる．したがって以降は線形変換を考える．

4.2 行列の相似

n 次元空間 V^n に 2 組の基底

$$\{\boldsymbol{a}\} = \{\boldsymbol{a}_1, \dots, \boldsymbol{a}_n\} \qquad \{\boldsymbol{b}\} = \{\boldsymbol{b}_1, \dots, \boldsymbol{b}_n\}$$

をとり，$\boldsymbol{a}_1, \dots, \boldsymbol{a}_n$ を列ベクトルとする行列を A，$\boldsymbol{b}_1, \dots, \boldsymbol{b}_n$ を列ベクトルとする行列を B とする．A と B について，3.3 節の Pを基底変換の行列として

$$B = AP \tag{3.3}$$

$$A = BP^{-1} \tag{3.4}$$

の関係が成り立っているものとする．いま 1 本のベクトルが基底 $\{\boldsymbol{a}\}$ では $\boldsymbol{x}$，基底 $\{\boldsymbol{b}\}$ では $\boldsymbol{y}$ と表され，線形変換 fが基底 $\{\boldsymbol{a}\}$ では行列 T，基底 $\{\boldsymbol{b}\}$ では行列 S で表されているとする．f によって変換されたベクトルを基底 $\{\boldsymbol{a}\}$ では $\boldsymbol{z}$，基底 $\{\boldsymbol{b}\}$ では $\boldsymbol{w}$ として，これらの関係を図 4.1 の模式図で示す．

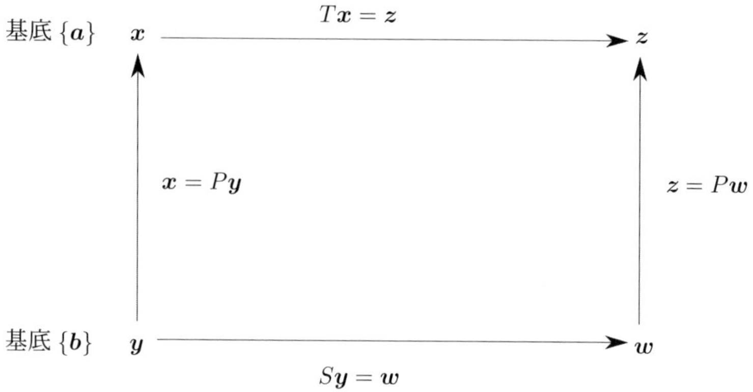

図 4.1　2 組の基底における線形変換の関係

ベクトル $\boldsymbol{y}$ は，基底 $\{\boldsymbol{b}\}$ の基底ベクトル $\boldsymbol{b}_1, \dots, \boldsymbol{b}_n$ の一次結合で

$$\begin{aligned} \boldsymbol{y} &= y_1\boldsymbol{b}_1 + \cdots + y_n\boldsymbol{b}_n \\ &= \begin{bmatrix} \boldsymbol{b}_1, & \cdots & ,\boldsymbol{b}_n \end{bmatrix} \begin{bmatrix} y_1 \\ \vdots \\ y_n \end{bmatrix} \end{aligned} \tag{4.7}$$

と表されるが，これを基底 $\{\boldsymbol{a}\}$ で表すには基底 $\{\boldsymbol{a}\}$ の基底ベクトル $\boldsymbol{a}_1, \dots, \boldsymbol{a}_n$ の一次結合でいったん $\boldsymbol{b}_1, \dots, \boldsymbol{b}_n$ をつくり，その係数 $y_1, \dots, y_n$ の一次結合で $\boldsymbol{y}$ をつくる．(3.3) から，$\boldsymbol{a}_1, \dots, \boldsymbol{a}_n$ で $\boldsymbol{b}_1, \dots, \boldsymbol{b}_n$ をつくる一次結合の係数行列を P として

$$\begin{bmatrix} \boldsymbol{b}_1, & \cdots & ,\boldsymbol{b}_n \end{bmatrix} = \begin{bmatrix} \boldsymbol{a}_1, & \cdots & ,\boldsymbol{a}_n \end{bmatrix} P \tag{3.3}$$

から (4.7) の右辺は

$$\begin{bmatrix} \boldsymbol{a}_1, & \cdots & ,\boldsymbol{a}_n \end{bmatrix} P \begin{bmatrix} y_1 \\ \vdots \\ y_n \end{bmatrix}$$

となる．これは基底 $\{\boldsymbol{a}\}$ で表されており，基底 $\{\boldsymbol{a}\}$ ではこのベクトルは $\boldsymbol{x}$ なので，($\boldsymbol{x}$ についても基底ベクトルを表示すると)

$$\begin{bmatrix}\boldsymbol{a}_1, & \cdots & ,\boldsymbol{a}_n\end{bmatrix} P \begin{bmatrix} y_1 \\ \vdots \\ y_n \end{bmatrix} = \begin{bmatrix}\boldsymbol{a}_1, & \cdots & ,\boldsymbol{a}_n\end{bmatrix} \boldsymbol{x} \tag{4.8}$$

である．(4.8) の $\boldsymbol{a}_1, \ldots, \boldsymbol{a}_n$ を省略し，(4.7) のベクトルは基底 $\{\boldsymbol{a}\}$ で

$$\boldsymbol{x} = P\boldsymbol{y} \tag{4.9}$$

と表される．

基底 A での線形変換 f

$$T\boldsymbol{x} = \boldsymbol{z} \tag{4.10}$$

において, (4.9) から $\boldsymbol{x}$ は $\boldsymbol{b}_1, \ldots, \boldsymbol{b}_n$ の一次結合を経由して $\boldsymbol{x} = P\boldsymbol{y}$ と表される．同様に $\boldsymbol{z}$ は基底 $\boldsymbol{b}$ では $\boldsymbol{w}$ と表されるので

$$\boldsymbol{z} = P\boldsymbol{w} \tag{4.11}$$

となる．(4.9)，(4.11) から基底 $\{\boldsymbol{a}\}$ における線形変換 (4.10) は，$\boldsymbol{a}_1, \ldots, \boldsymbol{a}_n$ で基底 $\{\boldsymbol{b}\}$ の基底ベクトルをつくって表すと

$$TP\boldsymbol{y} = P\boldsymbol{w} \tag{4.12}$$

となり，$\boldsymbol{y}$ から $\boldsymbol{w}$ への線形変換

$$P^{-1}TP\boldsymbol{y} = \boldsymbol{w} \tag{4.13}$$

が得られる．

一方，図 4.1 の下の行のように，基底 $\{\boldsymbol{b}\}$ でベクトル $\boldsymbol{y}$ は行列 S により

$$S\boldsymbol{y} = \boldsymbol{w} \tag{4.14}$$

と変換される．(4.13)，(4.14) はともに $\boldsymbol{y}$ から $\boldsymbol{w}$ への線形変換であり，これを表す 2 つの表現行列の関係

$$S = P^{-1}TP \tag{4.15}$$

が得られる．(4.15) の行列 S と行列 T のように，異なる基底においておなじ線形変換を表す行列をたがいに相似な行列という．おなじ線形変換を表すので，2 つの行列のランク，行列式，固有値，トレースは等しい．T から $P^{-1}TP$ への変換を相似変換という．

4.3 固有方程式

行列 A による線形変換 $A\boldsymbol{x}$ において，A を

$$A = \begin{bmatrix} 2 & 3 \\ 1 & 4 \end{bmatrix}$$

とすると，$\boldsymbol{x} = \begin{bmatrix} 2 \\ 1 \end{bmatrix}$ に対して

$$A\boldsymbol{x} = \begin{bmatrix} 2 & 3 \\ 1 & 4 \end{bmatrix} \begin{bmatrix} 2 \\ 1 \end{bmatrix} = \begin{bmatrix} 7 \\ 6 \end{bmatrix}$$

となって，$\boldsymbol{x} = \begin{bmatrix} 2 \\ 1 \end{bmatrix}$ はベクトル $\begin{bmatrix} 7 \\ 6 \end{bmatrix}$ に変換される．つぎにベクトル $\boldsymbol{x} = \begin{bmatrix} 1 \\ 1 \end{bmatrix}$ に対しては

$$A \begin{bmatrix} 1 \\ 1 \end{bmatrix} = \begin{bmatrix} 5 \\ 5 \end{bmatrix} = 5 \begin{bmatrix} 1 \\ 1 \end{bmatrix}$$

となって，A による変換の結果は，方向が変わらず長さが 5 倍になっている．このようにひとつの行列を作用させるとき，いくつかのベクトルではその方向は変わらず，長さだけが伸縮される．このようなベクトルを，その行列の固有ベクトル，伸縮される倍率を固有値という．上の例では行列

$$A = \begin{bmatrix} 2 & 3 \\ 1 & 4 \end{bmatrix}$$

に対してベクトル $\begin{bmatrix}1\\1\end{bmatrix}$ が固有ベクトル，倍率 5 が固有値である．この行列 $\begin{bmatrix}2 & 3\\1 & 4\end{bmatrix}$ にはもう 1 組固有値，固有ベクトルが存在する．

固有値を考える場合，行列は正方行列が対象になる．正方行列を A とし，その固有値を λ とすると，固有ベクトル $\boldsymbol{x}$ では

$$A\boldsymbol{x} = \lambda\boldsymbol{x} \tag{4.16}$$

が成り立つ．A を 2×2 行列，$\boldsymbol{x}$ を 2 次元ベクトルとすると (4.16) は

$$\begin{bmatrix}a_{11} & a_{12}\\a_{21} & a_{22}\end{bmatrix}\begin{bmatrix}x_1\\x_2\end{bmatrix} = \lambda\begin{bmatrix}x_1\\x_2\end{bmatrix} \tag{4.17}$$

となる．これを解いて $\boldsymbol{x}$ をもとめるには，(4.17) の両辺に左から単位行列 I をかけ

$$\begin{bmatrix}1 & 0\\0 & 1\end{bmatrix}\begin{bmatrix}a_{11} & a_{12}\\a_{21} & a_{22}\end{bmatrix}\begin{bmatrix}x_1\\x_2\end{bmatrix} = \lambda\begin{bmatrix}1 & 0\\0 & 1\end{bmatrix}\begin{bmatrix}x_1\\x_2\end{bmatrix} \tag{4.18}$$

右辺を左辺に移項して

$$\underbrace{\begin{bmatrix}a_{11}-\lambda & a_{12}\\a_{21} & a_{22}-\lambda\end{bmatrix}}_{A-\lambda I}\underbrace{\begin{bmatrix}x_1\\x_2\end{bmatrix}}_{\boldsymbol{x}} = \mathbf{0} \tag{4.19}$$

となる．(4.19) は

$$x_1\begin{bmatrix}a_{11}-\lambda\\a_{21}\end{bmatrix} + x_2\begin{bmatrix}a_{12}\\a_{22}-\lambda\end{bmatrix} = \mathbf{0}$$

であり，$A - \lambda I$ の 2 本の列ベクトル $\begin{bmatrix}a_{11}-\lambda\\a_{21}\end{bmatrix}$ と $\begin{bmatrix}a_{12}\\a_{22}-\lambda\end{bmatrix}$ の係数 x_1 と x_2 の一次結合が $\mathbf{0}$ になっている．2.5 節よりベクトル $\boldsymbol{a}_1, \ldots, \boldsymbol{a}_n$ の一次結合

$$c_1\boldsymbol{a}_1 + \cdots + c_n\boldsymbol{a}_n = \mathbf{0} \tag{2.10}$$

がすべては 0 でない係数 $c_1, \dots, c_n$ で成り立つとき，ベクトル $\boldsymbol{a}_1, \dots, \boldsymbol{a}_n$ は一次従属なので，(4.19) で x_1, x_2 が $x_1 = x_2 = 0$ の自明な解以外の解をもつためには行列 $A - \lambda I$ の 2 本の列ベクトルは一次従属でなければならない．このとき $A - \lambda I$ の行列式は 0 になるので

$$|A - \lambda I| = 0 \tag{4.20}$$

が得られる．(4.20) を行列 A の固有方程式という．(4.19) における自明な解を除くため，固有ベクトルは $\mathbf{0}$ ベクトルを含まないものとする．はじめにあげた行列では固有方程式は

$$|A - \lambda I| = \begin{vmatrix} 2-\lambda & 3 \\ 1 & 4-\lambda \end{vmatrix}$$

より

$$(2-\lambda)(4-\lambda) - 3 = 0$$

で，$\lambda = 1, \lambda = 5$ が得られる．固有ベクトルは $A\boldsymbol{x} = \lambda\boldsymbol{x}$ を解いて $\lambda = 1$ に対応する固有ベクトルは

$$\begin{bmatrix} 2 & 3 \\ 1 & 4 \end{bmatrix} \begin{bmatrix} x_1 \\ x_2 \end{bmatrix} = \begin{bmatrix} x_1 \\ x_2 \end{bmatrix}$$
$$\Rightarrow \quad x_1 = -3x_2$$

より

$$\boldsymbol{x}_1 = \begin{bmatrix} -3 \\ 1 \end{bmatrix}$$

となる．$\begin{bmatrix} 2 & 3 \\ 1 & 4 \end{bmatrix}$ の固有値は 1 と 5 で単根[1)]なので $\lambda = 1$ に対応する固有ベク

[1)] n 次正方行列の固有値 $\lambda_1, \dots, \lambda_n$ がすべて異なる場合，$\lambda_1, \dots, \lambda_n$ を単根という．また同じ値の固有値が含まれる場合，重根という．

トルは 1 本で $\begin{bmatrix}-3\\1\end{bmatrix}$ の方向にあるベクトルであり，c を任意の実数として

$$\boldsymbol{x}_1 = c\begin{bmatrix}-3\\1\end{bmatrix}$$

となる．以下 c は省略する．
$\lambda = 5$ に対応する固有ベクトル

$$x_1 = x_2 \text{ より } \boldsymbol{x}_2 = \begin{bmatrix}1\\1\end{bmatrix}$$

3 次の行列の場合

$$A = \begin{bmatrix}2 & -1 & 2\\-1 & 2 & -2\\2 & -2 & 5\end{bmatrix}$$

(行列出典：数学ハンドブック　森北出版)

固有方程式は余因子展開をもちいて解く．

$$|A - \lambda I| = \begin{vmatrix}2-\lambda & -1 & 2\\-1 & 2-\lambda & -2\\2 & -2 & 5-\lambda\end{vmatrix} = 0$$

第 1 行について余因子展開
見やすいように行列 $A - \lambda I$ を A と表す

$$A_{11} = \begin{vmatrix}2-\lambda & -2\\-2 & 5-\lambda\end{vmatrix} = (\lambda-2)(\lambda-5) - 4 = \lambda^2 - 7\lambda + 6$$

$$A_{12} = -\begin{vmatrix}-1 & -2\\2 & 5-\lambda\end{vmatrix} = -\lambda + 1$$

$$A_{13} = \begin{vmatrix} -1 & 2-\lambda \\ 2 & -2 \end{vmatrix} = 2\lambda - 2$$

$$\begin{aligned} \therefore |A - \lambda I| &= (2-\lambda)(\lambda^2 - 7\lambda + 6) + \lambda - 1 + 4\lambda - 4 \\ &= -(\lambda - 7)(\lambda - 1)(\lambda - 1) \end{aligned}$$

$-(\lambda - 7)(\lambda - 1)(\lambda - 1) = 0$ より

$$\lambda = 7, \lambda = 1 \ (\text{重根})$$

4.4　対称行列の固有値，固有ベクトル

統計学であつかうデータは実数であり，また行列としては対称行列がもちいられるので，4.4 節では実対称行列 (実数を要素とする対称行列) の固有値，固有ベクトルについて考える．

一般に実数を要素とする行列では固有方程式に必ず実数解が存在するとは限らないが，対称行列の場合は，n 次対称行列にはすべて n 個の実数の固有値が存在する．固有値が 0 の場合も，それに対応する固有ベクトルが存在する．固有ベクトルについては

(1)n 個の固有値がすべて異なる場合，対称行列の異なる固有値に対応する固有ベクトルは直交する[2)]．

---

2) 2 つの固有値 λ_i, λ_j に対応する固有ベクトルを $\boldsymbol{x}_i, \boldsymbol{x}_j$ とすると $A\boldsymbol{x}_i = \lambda_i \boldsymbol{x}_i$，$A\boldsymbol{x}_j = \lambda_j \boldsymbol{x}_j$ である．$\boldsymbol{x}_i, \boldsymbol{x}_j$ の内積について

$$\begin{aligned} \lambda_i(\boldsymbol{x}_i, \boldsymbol{x}_j) &= (\lambda_i \boldsymbol{x}_i, \boldsymbol{x}_j) = (A\boldsymbol{x}_i, \boldsymbol{x}_j) \\ &= (\boldsymbol{x}_i, A^t \boldsymbol{x}_j) = (\boldsymbol{x}_i, A\boldsymbol{x}_j) \\ &= (\boldsymbol{x}_i, \lambda_j \boldsymbol{x}_j) = \lambda_j(\boldsymbol{x}_i, \boldsymbol{x}_j) \end{aligned}$$

$$\therefore (\lambda_i - \lambda_j)(\boldsymbol{x}_i, \boldsymbol{x}_j) = 0 \tag{4.21}$$

固有値 $\lambda_1, \ldots, \lambda_n$ は固有方程式の単根としたので，$\lambda_i \neq \lambda_j$ であり，(4.21) で等号が成り立つためには $(\boldsymbol{x}_i, \boldsymbol{x}_j) = 0$ でなければならず，対称行列の異なる固有値に対応する固有ベクトル $\boldsymbol{x}_i$ と $\boldsymbol{x}_j$ は直交する．

(2)固有値が固有方程式の重根 (m 重根) として得られている場合，対応する固有空間は m 次元空間である．

(2) の場合，1 つの固有値λに対応する m 本の固有ベクトルの和とスカラー倍もまた，λ に対応する固有ベクトルになるので，1 つの固有値 λ に対応する固有ベクトルの全体に $\mathbf{0}$ を加えたもの ($\because$ 4.3 節から固有ベクトルは $\mathbf{0}$ を含まない) は 1 つの部分空間になる．これを固有値 λ に対応する固有空間という．1 つの固有値が m 重根の場合，m 次元の固有空間には m 本の直交するベクトルをとることができる．m 重根の λ に対応する m 本の固有ベクトルをもとめるには，まず単根の場合と同様，$A\boldsymbol{x} = \lambda\boldsymbol{x}$ を満たすように 1 本目のベクトルをもとめる．2 本目以降は $A\boldsymbol{x} = \lambda\boldsymbol{x}$ を満たし，かつ既にもとめたベクトルと直交するようにもとめていく．

4.5　固有ベクトルによる対称行列の対角化

A を n 次対称行列とし，その固有値を重根も含めて $\lambda_1, \dots, \lambda_n$，対応する固有ベクトルを $\boldsymbol{x}_1, \dots, \boldsymbol{x}_n$ とする．重根の固有値に対応する固有ベクトルはたがいに直交するように取られているものとする．n 本の固有ベクトルについて

$$A\boldsymbol{x}_1 = \lambda_1\boldsymbol{x}_1, \dots\dots, A\boldsymbol{x}_n = \lambda_n\boldsymbol{x}_n$$

である．Ax_i と $\lambda_i x_i$ をそれぞれ行列にまとめて

$$\begin{bmatrix} A\boldsymbol{x}_1, & \cdots & , A\boldsymbol{x}_n \end{bmatrix} = \begin{bmatrix} \lambda_1\boldsymbol{x}_1, & \cdots & , \lambda_n\boldsymbol{x}_n \end{bmatrix} \tag{4.22}$$

と表す．(4.22) の左辺は固有ベクトル $\boldsymbol{x}_1, \dots, \boldsymbol{x}_n$ を列ベクトルとする n 次正方行列を $P_{\boldsymbol{x}}$ として，(2.3) より，$AP_{\boldsymbol{x}}$ と表される．右辺は (2.5) および (2.3) から

$$\begin{bmatrix} \lambda_1\boldsymbol{x}_1, & \cdots & , \lambda_n\boldsymbol{x}_n \end{bmatrix} = \left[P_{\boldsymbol{x}} \begin{bmatrix} \lambda_1 \\ 0 \\ \vdots \\ 0 \end{bmatrix}, \quad \cdots \quad , P_{\boldsymbol{x}} \begin{bmatrix} 0 \\ \vdots \\ 0 \\ \lambda_n \end{bmatrix} \right]$$

$$= P_{\boldsymbol{x}} \begin{bmatrix} \lambda_1 & 0 & \cdots & 0 \\ 0 & \lambda_2 & \ddots & 0 \\ \vdots & \ddots & \ddots & \vdots \\ 0 & \dots & 0 & \lambda_n \end{bmatrix} \tag{4.23}$$

と表される．この対角行列を Λ として (4.22) は

$$AP_{\boldsymbol{x}} = P_{\boldsymbol{x}}\Lambda \tag{4.24}$$

となり

$$P_{\boldsymbol{x}}^{-1}AP_{\boldsymbol{x}} = \Lambda \tag{4.25}$$

という固有値を要素とする対角行列が得られる．(4.25) は異なる基底でおなじ線形変換を表す 4.2 節の相似変換

$$S = P^{-1}TP \tag{4.15}$$

に相当し，対角行列 Λ は線形変換の行列 A を A の固有ベクトルの基底で表したものになっている．

P_x の列ベクトルは A の固有ベクトル $\boldsymbol{x}_1, \dots, \boldsymbol{x}_n$ であったが，この n 本を長さ 1 に正規化した行列を P とすると，P は列ベクトルが長さ 1 でたがいに直交しているので直交行列になる．2.6 節から直交行列では $P^{-1} = P^t$ なので，(4.25) の対角化は

$$P^tAP = \Lambda \tag{4.26}$$

となる．(4.26) から

$$A = P\Lambda P^t \tag{4.27}$$

となるので A のトレースは

$$\begin{aligned} \operatorname{tr} A &= \operatorname{tr}(P\Lambda P^t) = \operatorname{tr}\{(\Lambda P^t)P\} \\ &= \operatorname{tr}\{(\Lambda P^{-1})P\} = \operatorname{tr}\Lambda = \sum \lambda_i \end{aligned} \tag{4.28}$$

となり，行列のトレースは固有値の和に等しい．また Λ について，0 でない固有値が r 個，すなわち

$$\Lambda = \begin{bmatrix} \lambda_1 & & & & & \\ & \ddots & & & \text{\huge$O$} & \\ & & \lambda_r & & & \\ & & & 0 & & \\ & \text{\huge$O$} & & & \ddots & \\ & & & & & 0 \end{bmatrix}$$

である場合，Λ のランクは **0** でない列ベクトルの本数 r である．Λ と A は相似の関係にあっておなじ線形変換を表しており

$$\begin{aligned} \operatorname{rank} A &= \operatorname{rank} \Lambda \\ &= 0\text{でない固有値の個数} \end{aligned}$$

になる．

4.6　二次形式の標準形

変数 $x_1, \dots, x_n$ についての多項式で，各項の変数部分の次数が 2 であるものを二次形式という．$x_i x_j$ の項の係数を a_{ij} とすると 2 次の項は

	x_1	x_2	$\cdots\cdots$	x_n
x_1	$a_{11}x_1^2$	$a_{12}x_1x_2$	$\cdots\cdots$	$a_{1n}x_1x_n$
x_2	$a_{21}x_2x_1$	$a_{22}x_2^2$	$\cdots\cdots$	$a_{2n}x_2x_n$
$\vdots$	$\vdots$	$\vdots$		$\vdots$
x_n	$a_{n1}x_nx_1$	$a_{n2}x_nx_2$	$\cdots\cdots$	$a_{nn}x_n^2$

(4.29)

となり，二次形式はこの n^2 個の和で

$$f(x_1, \dots, x_n) = a_{11}x_1^2 + a_{12}x_1x_2 + \cdots + a_{ij}x_ix_j + \cdots + a_{nn}x_n^2 \tag{4.30}$$

になる．x_i と x_j $(i \neq j)$ の積は $x_i x_j = x_j x_i$ なので $a_{ij} x_i x_j$ と $a_{ji} x_j x_i$ の和は

$$\begin{aligned} & a_{ij} x_i x_j + a_{ji} x_j x_i \\ &\qquad = (a_{ij} + a_{ji}) x_i x_j \\ &\qquad = \{(a_{ij} + a_{ji})/2\} x_i x_j + \{(a_{ij} + a_{ji}/2)\} x_j x_i \end{aligned}$$

であり，a_{ij} と a_{ji} を

$$a_{ij} = a_{ji} = \{(a_{ij} + a_{ji})/2\}$$

に置き換えてもこの 2 項の和は変わらない．そこで (4.29) の係数をこのように改めて，係数部分を要素とする行列を A とおくと

$$\underset{A}{\begin{bmatrix} a_{11} & a_{12} & \cdots\cdots & a_{1n} \\ a_{21} & a_{22} & \cdots\cdots & a_{2n} \\ \vdots & \vdots & \ddots & \vdots \\ a_{n1} & a_{n2} & \cdots\cdots & a_{nn} \end{bmatrix}} \tag{4.31}$$

A は対称行列である．(4.30) は (4.31) の係数行列と変数ベクトル $\boldsymbol{x} = [x_1, \cdots, x_n]^t$ の積で

$$\begin{aligned} f(x_1, \dots, x_n) &= [x_1, \ \cdots \ , x_n] \begin{bmatrix} a_{11} & \cdots\cdots & a_{1n} \\ \vdots & & \vdots \\ a_{n1} & \cdots\cdots & a_{nn} \end{bmatrix} \begin{bmatrix} x_1 \\ \vdots \\ x_n \end{bmatrix} \\ &= \boldsymbol{x}^t A \boldsymbol{x} \end{aligned} \tag{4.32}$$

と表される．

(4.30) の二次形式が二乗の項の和だけで表される場合，式は非常に簡単なものになる．このとき (4.31) の係数行列 A は対角行列になっているので，係数行列 A を対角行列に変えることができれば，二次形式は二乗の項だけで構成されるものになる．上記のように A は対称行列なので，4.5 節のように直交対角化することができる．すなわち A の正規化固有ベクトルを列ベクトルとする

直交行列を P とすると，P は変数 $x_1, \dots, x_n$ の表されている標準基底から A の固有ベクトルの基底への基底変換の行列である．$\boldsymbol{x}$ が A の固有ベクトルの基底で $\boldsymbol{y}$ と表されるとすると，4.2 節から $\boldsymbol{x} = P\boldsymbol{y}$ なので[3] (4.32) の二次形式は

$$\begin{aligned} \boldsymbol{x}^t A\boldsymbol{x} &= (P\boldsymbol{y})^t A(P\boldsymbol{y}) \\ &= \boldsymbol{y}^t P^t AP\boldsymbol{y} \\ &= \boldsymbol{y}^t \Lambda \boldsymbol{y} \\ &= \lambda_1 y_1^2 + \cdots + \lambda_n y_n^2 \end{aligned} \tag{4.33}$$

と表される．(4.33) を二次形式の標準形という．A の n 本の固有ベクトルはたがいに直交しているので，それぞれの方向の成分は独立であり，(4.33) によって (4.30) の二次形式を独立な n 変数の二乗和で表すことができた．

二次形式の統計学への応用は，まず二次形式の最大値，最小値が挙げられる．$\boldsymbol{x}^t A\boldsymbol{x}$ の値はベクトル $\boldsymbol{x}$ の長さによって異なるので，$\boldsymbol{x}$ の長さを 1 として考える．(4.33) の標準形において $\boldsymbol{x} = P\boldsymbol{y}$ で，P は直交行列であり回転の行列なので，$\boldsymbol{y}$ の長さは $\boldsymbol{x}$ とおなじ 1 である．(4.33) 第 4 式から，n 個の固有値 $\lambda_1, \dots, \lambda_n$ のうち最大のものを $\lambda_{\max}$，最小のものを $\lambda_{\min}$ とすると

$$\begin{aligned} \boldsymbol{x}^t A\boldsymbol{x} = \lambda_1 y_1^2 + \cdots + \lambda_n y_n^2 \leq \lambda_{\max}(y_1^2 + \cdots + y_n^2) \\ \boldsymbol{x}^t A\boldsymbol{x} = \lambda_1 y_1^2 + \cdots + \lambda_n y_n^2 \geq \lambda_{\min}(y_1^2 + \cdots + y_n^2) \end{aligned}$$

となる．$\|\boldsymbol{y}\| = 1$ なので $y_1^2 + \cdots + y_n^2 = 1$ であり

$$\lambda_{\min} \leq \boldsymbol{x}^t A\boldsymbol{x} \leq \lambda_{\max} \tag{4.34}$$

が得られる．すなわち $\boldsymbol{x}$ の長さを 1 としたとき，二次形式 $\boldsymbol{x}^t A\boldsymbol{x}$ は行列 A の最小固有値と最大固有値の間の値をとることがわかる．以上ははじめから $\boldsymbol{x}$ の長さを 1 として考えたが，$\boldsymbol{x}$ の長さについて条件を付けず $\boldsymbol{x}^t A\boldsymbol{x}$ で $\boldsymbol{x}$ の長さを 1 に基準化すると，$\|\boldsymbol{x}\|$ は数値なので

$$\left(\frac{\boldsymbol{x}}{\|\boldsymbol{x}\|}\right)^t A \left(\frac{\boldsymbol{x}}{\|\boldsymbol{x}\|}\right)$$

---

[3] A の正規化固有ベクトル $\boldsymbol{p}_1, \dots, \boldsymbol{p}_n$ の，係数 $y_1, \dots, y_n$ の一次結合で $\boldsymbol{x}$ を表している．$\boldsymbol{x} = P\boldsymbol{y}$ は両辺とも，$\boldsymbol{x}$ の表されている標準基底での表現．右辺は標準基底で $\boldsymbol{p}_1, \dots, \boldsymbol{p}_n$ を作り，その一次結合で $\boldsymbol{x}$ を表す．A の固有ベクトルの基底では，$\boldsymbol{x}$ は $\boldsymbol{y} = \begin{bmatrix} y_1, & \dots & , y_n \end{bmatrix}^t$ と表される．

$$
\begin{aligned}
&= \frac{\boldsymbol{x}^t A\boldsymbol{x}}{\|\boldsymbol{x}\|^2} \\
&= \frac{\boldsymbol{x}^t A\boldsymbol{x}}{\boldsymbol{x}^t\boldsymbol{x}} \qquad (4.35)
\end{aligned}
$$

となり，(4.34) は

$$
\lambda_{\min} \leq \frac{\boldsymbol{x}^t A\boldsymbol{x}}{\boldsymbol{x}^t\boldsymbol{x}} \leq \lambda_{\max} \qquad (4.36)
$$

となる．二次形式の範囲は一般的に (4.36) で表される．$\boldsymbol{x}$ として最小固有値に対応する固有ベクトルをとったとき，二次形式の値 (4.35) は最小値 $\lambda_{\min}$ をとり，最大固有値に対応する固有ベクトルをとったとき，(4.35) の値は最大値 $\lambda_{\max}$ をとる．

二次形式の統計学への応用の 2 番目として，行列の定値性の判定がある．(4.32) において，$\mathbf{0}$ でない $\boldsymbol{x}$ に対して $\boldsymbol{x}^t A\boldsymbol{x}$ が正となる場合に行列 A を正定値行列，$\boldsymbol{x}^t A\boldsymbol{x}$ が 0 以上 (非負) となる場合に行列 A を非負定値行列という．

$$
\begin{aligned}
&\boldsymbol{x}^t A\boldsymbol{x} > 0 \quad \Rightarrow A\text{は正定値行列} \\
&\boldsymbol{x}^t A\boldsymbol{x} \geq 0 \quad \Rightarrow A\text{は非負定値行列 (半正定値行列ともいう)}
\end{aligned}
$$

これは (4.33) の標準形で見ると

$$
\boldsymbol{x}^t A\boldsymbol{x} = \lambda_1 y_1^2 + \cdots + \lambda_n y_n^2
$$

がすべては 0 でない $y_1, \ldots, y_n$ のいかなる値に対しても正の値をとるのは，1 つの y，たとえば y_1 のみが 0 でなく他が 0 である場合，λ_1 は正でなければならない．これをすべての y について考えると，(4.33) が正の値をとるのは，すべての固有値 $\lambda_1, \ldots, \lambda_n$ が正の場合に限られる．また $\boldsymbol{x}^t A\boldsymbol{x}$ がすべては 0 でないいかなる $y_1, \ldots, y_n$ の値に対しても 0 以上となるのは，同様にして固有値 $\lambda_1, \ldots, \lambda_n$ が 0 以上の場合である [3]．したがって行列 A は固有値の符号により，正定値行列，非負定値行列，(その他に負定値行列，不定値行列) に分類される．このうち多変量解析では正定値行列が重要になる．

例) 4.3 節でもちいた行列

$$
A = \begin{bmatrix} 2 & -1 & 2 \\ -1 & 2 & -2 \\ 2 & -2 & 5 \end{bmatrix}
$$

を係数行列とする二次形式は

$$f(x) = 2x_1^2 - x_1x_2 + 2x_1x_3 - x_2x_1 + 2x_2^2 - 2x_2x_3 + 2x_3x_1 - 2x_3x_2 + 5x_3^2$$

となる．A を直交対角化すると

$$P^tAP = \Lambda = \begin{bmatrix} 7 & 0 & 0 \\ 0 & 1 & 0 \\ 0 & 0 & 1 \end{bmatrix}$$

なので $f(x)$ の標準形は

$$\boldsymbol{y}^t \Lambda \boldsymbol{y} = 7y_1^2 + y_2^2 + y_3^2$$

となる．固有値は 3 つとも正の値なので，A は正定値行列である．

参考文献

[1] 川久保勝夫　1999　線形代数学　日本評論社
[2] 皆本晃弥　2011　スッキリわかる線形代数　近代科学社
[3] 金谷健一　2003　これなら分かる応用数学教室　共立出版

Chapter 5 直交射影行列

5.1 部分空間のベクトル成分

直交射影行列は，空間を直交する部分に分けてデータベクトルをそれぞれの成分に分解する際の重要なツールである．空間の分割とベクトルの分解については3.5節から

i)ベクトル空間 V^n が k 個の部分空間 $W_1, \dots, W_k$ の直和に分解されている場合，V^n の１本のベクトル $\boldsymbol{x}$ は $W_1, \dots, W_k$ の成分 $\boldsymbol{x}_1, \dots, \boldsymbol{x}_k$ に一意に分解される．

$$\begin{aligned} V^n = & W_1 \oplus \cdots \oplus W_k \text{のとき} \\ & \boldsymbol{x} = \boldsymbol{x}_1 + \cdots + \boldsymbol{x}_k \\ & \text{ただし} \quad \boldsymbol{x} \in V^n, \quad \boldsymbol{x}_1 \in W_1, \dots, \boldsymbol{x}_k \in W_k \end{aligned} \tag{5.1}$$

また，

ii)V^n の一部分 W が $W_1, \dots, W_r$ の直和に分解される場合も，W のベクトル $\boldsymbol{x}_W$ は $W_1, \dots, W_r$ の成分 $\boldsymbol{x}_1, \dots, \boldsymbol{x}_r$ に一意に分解される．

$$\begin{aligned} W = & W_1 \oplus \cdots \oplus W_r \text{のとき} \\ & \boldsymbol{x}_W = \boldsymbol{x}_1 + \cdots + \boldsymbol{x}_r \\ & \text{ただし} \boldsymbol{x}_W \in W, \quad \boldsymbol{x}_1 \in W_1, \dots, \boldsymbol{x}_r \in W_r \end{aligned} \tag{5.2}$$

が成り立つ．(5.1)，(5.2) の分解は直交分解には限っていないが，分解された部分空間がたがいに直交している場合，これらは直交直和分解になる．以降は

直交直和分解を考える.

5.2　直交射影行列

V^n の 2 本のベクトル $\boldsymbol{a}$ と $\boldsymbol{b}$ について，$\boldsymbol{a}$ の $\boldsymbol{b}$ への正射影は「$\boldsymbol{a}$ の終点から $\boldsymbol{b}$(の延長線上) に下ろした垂線の足と原点とを結んだベクトル」であり，1.5 節でこれを $\boldsymbol{b}$ の上の $\boldsymbol{a}$ の成分とした.

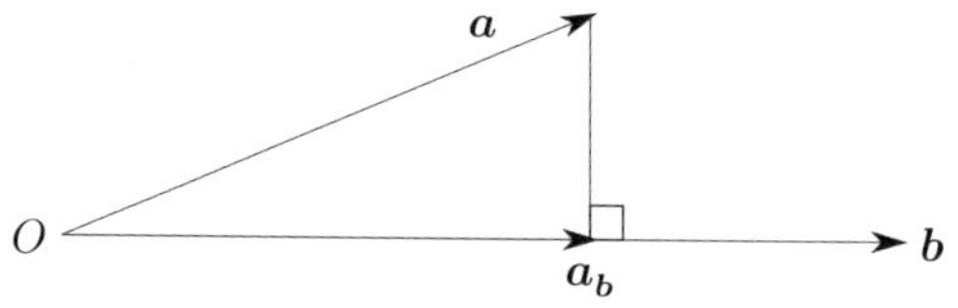

図 5.1　a の b への正射影

5 章以降ではこれを広げて V^n の 1 本のベクトルをある空間に正射影したベクトルを，そのベクトルの射影先の空間の成分とよぶ．ベクトルの部分空間の成分とは，部分空間へのベクトルの正射影を指す．直交射影行列は V^n の 1 本のベクトルから部分空間の成分を取り出すオペレーターになる．(5.1) で k 個の部分空間 $W_1, \ldots, W_k$ がたがいに直交する場合，すなわち，V^n が直交する k 個の部分空間の直和に分解されている場合，V^n の任意のベクトル $\boldsymbol{x}$ もそれぞれの部分空間の成分に一意に分解される.

$$V^n = W_1 \oplus \cdots \oplus W_k \text{で} \quad W_i \perp W_j \quad (i \neq j)\text{のとき}$$
$$\boldsymbol{x} = \boldsymbol{x}_1 + \cdots + \boldsymbol{x}_k \text{ ただし} \quad \boldsymbol{x}_i \in W_i, \quad \boldsymbol{x}_i \perp \boldsymbol{x}_j \quad (i \neq j)$$

上記において部分空間 W_1 を一次独立な $\boldsymbol{a}_1, \ldots, \boldsymbol{a}_p$ で張る p 次元空間とし，$\boldsymbol{x}$ の W_1 の成分，すなわち $\boldsymbol{x}$ の W_1 への正射影を $\boldsymbol{x}_1$ とする．$\boldsymbol{a}_1, \ldots, \boldsymbol{a}_p$ は W_1 の基底になるので，$\boldsymbol{x}_1$ は $\boldsymbol{a}_1, \ldots, \boldsymbol{a}_p$ の一次結合で表すことができ，これを

$$\boldsymbol{x}_1 = \alpha_1 \boldsymbol{a}_1 + \cdots + \alpha_p \boldsymbol{a}_p \tag{5.3}$$

とする．$\boldsymbol{x}$ を $\boldsymbol{x}_1$ と $\boldsymbol{x}_1$ に直交する成分 $\boldsymbol{x} - \boldsymbol{x}_1$ とに分けると，$\boldsymbol{x} - \boldsymbol{x}_1$ は W_1 と直交するので，W_1 の基底 $\boldsymbol{a}_1, \ldots, \boldsymbol{a}_p$ と直交する．したがって

$$\boldsymbol{a}_1^t(\boldsymbol{x} - \boldsymbol{x}_1) = 0$$

$$\vdots \tag{5.4}$$

$$\boldsymbol{a}_p^t(\boldsymbol{x}-\boldsymbol{x}_1)=0$$

となる．$\boldsymbol{a}_1,\dots,\boldsymbol{a}_p$ を列ベクトルとする $n\times p$ 行列を A とおくと

$$A=\begin{bmatrix}\boldsymbol{a}_1, & \dots & ,\boldsymbol{a}_p\end{bmatrix}$$

$\boldsymbol{x}_1$ は (5.3) から

$$\begin{aligned}\boldsymbol{x}_1&=\begin{bmatrix}\boldsymbol{a}_1, & \cdots & ,\boldsymbol{a}_p\end{bmatrix}\begin{bmatrix}\alpha_1\\ \vdots\\ \alpha_p\end{bmatrix}\\&=A\boldsymbol{\alpha}\end{aligned}\tag{5.5}$$

と表され，(5.4) は

$$\begin{aligned}A^t(\boldsymbol{x}-\boldsymbol{x}_1)&=A^t(\boldsymbol{x}-A\boldsymbol{\alpha})\\&=\boldsymbol{0}\end{aligned}$$

と書けるので，

$$A^t\boldsymbol{x}=A^tA\boldsymbol{\alpha}\tag{5.6}$$

となる．(5.6) を正規方程式とよぶ．$\boldsymbol{x}_1$ を表す W_1 の基底の一次結合の係数 $\boldsymbol{\alpha}$ は (5.6) から

$$\boldsymbol{\alpha}=(A^tA)^{-1}A^t\boldsymbol{x}\tag{5.7}$$

となる．A^tA は p 次正方行列で，A の p 本の列ベクトルは一次独立としたので，$\mathrm{rank}(A^tA)=\mathrm{rank}\,A=p$ であり，$(A^tA)^{-1}$ が存在する．したがって $\boldsymbol{\alpha}$ は (5.7) によってもとめられ，W_1 の $\boldsymbol{x}$ の成分 $\boldsymbol{x}_1$ は

$$\begin{aligned}\boldsymbol{x}_1&=A\boldsymbol{\alpha}\\&=A(A^tA)^{-1}A^t\boldsymbol{x}\end{aligned}\tag{5.8}$$

により与えられる．

(5.8) の第 2 式は，V^n のベクトル $\boldsymbol{x}$ に $A(A^tA)^{-1}A^t$ を作用させた結果が $\boldsymbol{x}_1$ であることを示している．すなわち

$$\{A(A^tA)^{-1}A^t\}\boldsymbol{x} = \boldsymbol{x}_1$$

であり，(5.4) から (5.6) までの展開は V^n の分解が直交分解であることに基づいているので，(5.8) は $A(A^tA)^{-1}A^t$ が A の列ベクトルで張る部分空間に V^n のベクトル $\boldsymbol{x}$ を正射影していることを示している．この $A(A^tA)^{-1}A^t$ は直交射影行列とばれ，射影 projection の頭文字をとって P で表される．n 次元ベクトル空間における直交射影行列 P は

1)べき等 $P^2 = P$
2)対称行列 $P^t = P$

の性質をもつ $n \times n$ 行列で，1),2) が直交射影行列であるための必要十分条件である．すなわち $n \times n$ 行列がべき等な対称行列ならばそれは直交射影行列であり，また直交射影行列ならばべき等な対称行列になっている．直交射影行列のランクは射影先の部分空間の次元に等しい．すなわち P を W への直交射影行列とするとき

$$\operatorname{rank} P = \dim W$$

になる．(5.3 節)

直交射影行列は数学的には「V^n のベクトル $\boldsymbol{x}$ に 1 つの部分空間の成分 $\boldsymbol{x}_1$ を対応させる写像」と表現されるが，統計学ではデータベクトルをいくつかの部分空間の成分に分解するので，本書では「1 本のベクトルから部分空間の成分を取り出すオペレーター」の意味でもちいる．

例 5.1　3 次元ベクトル空間が

- W_1 : X_1軸 − X_2軸で張る2次元空間
- W_2 : X_3軸

の直交直和に分解されているとき，W_1 への直交射影行列

$$X = \begin{bmatrix} 1 & 0 \\ 0 & 1 \\ 0 & 0 \end{bmatrix}$$

として W_1 への直交射影行列は

$$X(X^tX)^{-1}X^t = \begin{bmatrix} 1 & 0 & 0 \\ 0 & 1 & 0 \\ 0 & 0 & 0 \end{bmatrix}$$

V^3 のベクトル $[a\ b\ c]^t$ の W_1 の成分は

$$X(X^tX)^{-1}X^t \begin{bmatrix} a \\ b \\ c \end{bmatrix} = \begin{bmatrix} 1 & 0 & 0 \\ 0 & 1 & 0 \\ 0 & 0 & 0 \end{bmatrix} \begin{bmatrix} a \\ b \\ c \end{bmatrix}$$

$$= \begin{bmatrix} a \\ b \\ 0 \end{bmatrix}$$

となる.

5.3 直交射影行列のランク

V^n で r 本 $(r < n)$ の一次独立なベクトル $\boldsymbol{a}_1, \dots, \boldsymbol{a}_r$ の張る r 次元部分空間を W とする. $\boldsymbol{a}_1, \dots, \boldsymbol{a}_r$ を列ベクトルとする $n \times r$ 行列を A, W への直交射影行列を Pとすると, 5.2 節から Pは

$$P = A(A^tA)^{-1}A^t \tag{5.9}$$

で与えられる $n \times n$ 行列で, べき等な対称行列である.

Pは対称行列なので n 本の固有ベクトルがもとめられ, この n 本を正規化して列ベクトルとした行列を T とすると T は直交行列で, 4.5 節から P は T に

より

$$T^t P T = \Lambda \tag{5.10}$$

と直交対角化される．標準基底で (5.9) により表された P は，P の固有ベクトルによる基底で Λ と表され，P と Λ は相似なのでそのランクとトレースは等しく

$$\operatorname{rank} P = \operatorname{rank} \Lambda \tag{5.11}$$

$$\operatorname{tr} P = \operatorname{tr} \Lambda \tag{5.12}$$

となる．

(5.11)，(5.12) をもちいて直交射影行列のランクをもとめる．(5.10) から P は

$$P = T\Lambda T^t \tag{5.13}$$

と表され，P はべき等なので $P^2 = P$ より

$$(T\Lambda T^t)(T\Lambda T^t) = T\Lambda T^t$$

が成り立つ．T は直交行列なので $T^t = T^{-1}$ から左辺は $T\Lambda\Lambda T^t$ で，これが $T\Lambda T^t$ に等しいので

$$\Lambda\Lambda = \Lambda \tag{5.14}$$

となる．Λ は P の固有値 $\lambda_1, \ldots, \lambda_n$ を要素とする対角行列で，(5.14) から $\lambda_1, \ldots, \lambda_n$ について

$$\lambda_1^2 = \lambda_1, \ldots\ldots, \lambda_n^2 = \lambda_n \tag{5.15}$$

であり，(5.15) を満たす $\lambda_1, \ldots, \lambda_n$ は 1 または 0 である．要素が 1 と 0 の対角行列については独立な列ベクトルの本数は 1 の対角要素の個数に等しいので

$$\operatorname{rank} \Lambda = \operatorname{tr} \Lambda \tag{5.16}$$

が成り立つ．(5.11)，(5.12)，(5.16) から

$$\operatorname{rank} P = \operatorname{tr} P \tag{5.17}$$

となる．また (5.9) の直交射影行列 P のトレースは

$$\begin{aligned}\mathrm{tr}\,P &= \mathrm{tr}\{A(A^tA)^{-1}A^t\}\\ &\qquad\text{トレースは行列の順番を入れ替えても変わらないので}\\ &= \mathrm{tr}\{(A^tA)^{-1}A^tA\}\\ &\qquad A^tA\text{は}r\text{次正方行列なので}\\ &= \mathrm{tr}\,I_r\\ &= r\end{aligned}$$

より (5.17) から

$$\mathrm{rank}\,P = r \tag{5.18}$$

となる．一方，A の r 本の列ベクトルは一次独立としたので $\mathrm{rank}\,A = r$．したがって

$$\begin{aligned}\mathrm{rank}\,P &= \mathrm{rank}\,A\\ &= \dim W\end{aligned} \tag{5.19}$$

となり，直交射影行列のランクは射影先の部分空間の次元に等しいことがわかる．

5.4　ベクトル空間の分解と直交射影行列

ベクトル空間のいろいろな直交分解に対して，対応する直交射影行列を示す．

1)ベクトル空間 V^n が W と W の直交補空間 $W^\perp$ に直和分解される場合
W への直交射影行列を P とすると，$W^\perp$ への直交射影行列は $I_n - P$ で与えられる．$V^n = W \oplus W^\perp$ のとき

Wへの直交射影行列：P　　$W^\perp$への直交射影行列：$I_n - P$

$$\mathrm{rank}\,P + \mathrm{rank}(I_n - P) = n$$

2)V^n の 2 つの部分空間 W_1 と W_2 が直交するとき，W_1, W_2 への直交射影行列をそれぞれ P_1, P_2 とすると

①$P_1P_2 = P_2P_1 = O$

②$W_1 \oplus W_2$ への直交射影行列は $P_1 + P_2$ で与えられる．

3)V^n が直交する k 個の部分空間の直和に分解されているとき

$$V^n = W_1 \oplus \cdots \oplus W_k$$

それぞれの部分空間への直交射影行列 $P_1, \dots, P_k$ について，$P_1 + \cdots + P_k = I_n$ であり

①$P_iP_j = O$ ($n \times n$行列)　　$i \neq j$

②$P_i^2 = P_i$

③$\mathrm{rank}\, P_1 + \cdots + \mathrm{rank}\, P_k = n$

が成り立つ．(①,②,③のいずれかを満たせば他も成り立つ．)

4)V^n の 1 つの部分空間 W の中に包含関係が存在する場合

$$W = W_1 \oplus W_1^{\perp} \Rightarrow W \supset W_1$$

W への直交射影行列を P_W，W_1 への直交射影行列を P_{W_1} とすると

$$P_{W_1}P_W = P_{W_1}$$

が成り立つ．V^n のベクトル $\boldsymbol{x}$ に W への直交射影行列を作用させ，つぎに W_1 への直交射影行列を作用させた結果は，はじめから $\boldsymbol{x}$ に W_1 への直交射影行列を作用させた結果とおなじ．

5)V^n が部分空間 W_1, W_2, W_3 に分けられており，W_1 と W_2 には共通部分があって，W_3 が W_1, W_2 と直交する場合．

$$V^n = W_1 + W_2 + W_3$$

W_1 と W_2 の共通部分を $W_1 \cap W_2$ とし，W_1 と W_2 をそれぞれ共通部分とそれに直交する部分に分ける．

$$W_1 = (W_1 \cap W_2) + {W_1}^{\perp}{}_{1\cap 2}$$

${W_1}^{\perp}{}_{1\cap 2}$ は W_1 の中で $(W_1 \cap W_2)$ に直交する部分

$$W_2 = (W_1 \cap W_2) + {W_2}^{\perp}{}_{1\cap 2}$$

とすると V^n は

$$V^n = (W_1 \cap W_2) \oplus {W_1}^{\perp}{}_{1\cap 2} \oplus {W_2}^{\perp}{}_{1\cap 2} \oplus W_3$$

のたがいに直交する 4 つの部分に分けられる．このとき W_1 への直交射影行列を P_1，W_2 への直交射影行列を P_2，$W_1 + W_2$ への直交射影行列を P_{1+2} とすると

$$P_{1+2} = P_1 + P_2 - P_1 P_2$$

が成り立つ．

5.5　行列のスペクトル分解

A を n 行 n 列の対称行列とする．A の固有値を重根の場合も含めて $\lambda_1, \dots, \lambda_n$ とし，$\lambda_1, \dots, \lambda_n$ に対応する固有ベクトルを $\boldsymbol{x}_1, \dots, \boldsymbol{x}_n$ とする．4.5 節より

$$A\boldsymbol{x}_1 = \lambda_1 \boldsymbol{x}_1,\ \dots,\ A\boldsymbol{x}_n = \lambda_n \boldsymbol{x}_n$$

であり，固有ベクトルの方向にあるベクトルでは A の作用は方向を変えない伸縮だけになる．そこで V^n の任意のベクトル $\boldsymbol{y}$ を A によって変換する場合，$\boldsymbol{y}$ を A の n 本の固有ベクトル上の成分 $\boldsymbol{y}_1, \dots, \boldsymbol{y}_n$ に分解し

$$\boldsymbol{y} = \boldsymbol{y}_1 + \cdots + \boldsymbol{y}_n \tag{5.20}$$

として，それぞれの成分に A を作用させてたし合わせれば，A による変換は各成分の伸縮 $\rightarrow$ 合成として得られる．

$$\begin{aligned} A\boldsymbol{y} &= A(\boldsymbol{y}_1 + \cdots + \boldsymbol{y}_n) \\ &= \lambda_1 \boldsymbol{y}_1 + \cdots + \lambda_n \boldsymbol{y}_n \end{aligned} \tag{5.21}$$

(5.20) の $\boldsymbol{y}$ の分解は A の正規化固有ベクトルへの直交射影行列を $P_1, \dots, P_n$ として

$$\boldsymbol{y}_1 = P_1 \boldsymbol{y},\ \dots\dots,\ \boldsymbol{y}_n = P_n \boldsymbol{y}$$

で得られ，$\boldsymbol{y}$ は A の固有ベクトルの上の成分の和で

$$\boldsymbol{y} = P_1\boldsymbol{y} + \cdots + P_n\boldsymbol{y}$$

と表される．A による変換は

$$\begin{aligned} A\boldsymbol{y} &= A(P_1\boldsymbol{y} + \cdots + P_n\boldsymbol{y}) \\ &= AP_1\boldsymbol{y} + \cdots + AP_n\boldsymbol{y} \\ &= \lambda_1 P_1\boldsymbol{y} + \cdots + \lambda_n P_n\boldsymbol{y} \qquad (\because P_i\boldsymbol{y} = \boldsymbol{y}_i) \\ &= (\lambda_1 P_1 + \cdots + \lambda_n P_n)\boldsymbol{y} \end{aligned} \tag{5.22}$$

となり行列 A は，正規化固有ベクトルへの直交射影行列を固有値倍してたし合わせたものとして表わされる．

$$A = \lambda_1 P_1 + \cdots + \lambda_n P_n \tag{5.23}$$

固有値 λ_i に対応する正規化固有ベクトルは $\dfrac{\boldsymbol{x}_i}{\|\boldsymbol{x}_i\|}$ なので

$$P_i = \left(\frac{\boldsymbol{x}_i}{\|\boldsymbol{x}_i\|}\right)\left\{\left(\frac{\boldsymbol{x}_i}{\|\boldsymbol{x}_i\|}\right)^t\left(\frac{\boldsymbol{x}_i}{\|\boldsymbol{x}_i\|}\right)\right\}^{-1}\left(\frac{\boldsymbol{x}_i}{\|\boldsymbol{x}_i\|}\right)^t$$

ここで $(\boldsymbol{x}_i/\|\boldsymbol{x}_i\|)^t(\boldsymbol{x}_i/\|\boldsymbol{x}_i\|)$ は $\boldsymbol{x}_i/\|\boldsymbol{x}_i\|$ の長さの 2 乗なので 1 になり

$$P_i = \left(\frac{\boldsymbol{x}_i}{\|\boldsymbol{x}_i\|}\right)\left(\frac{\boldsymbol{x}_i}{\|\boldsymbol{x}_i\|}\right)^t$$

より，(5.23) は

$$A = \lambda_1\left(\frac{\boldsymbol{x}_1}{\|\boldsymbol{x}_1\|}\right)\left(\frac{\boldsymbol{x}_1}{\|\boldsymbol{x}_1\|}\right)^t + \cdots + \lambda_n\left(\frac{\boldsymbol{x}_n}{\|\boldsymbol{x}_n\|}\right)\left(\frac{\boldsymbol{x}_n}{\|\boldsymbol{x}_n\|}\right)^t \tag{5.24}$$

と表される．(5.24) を行列 A のスペクトル分解という．

以上は固有値，固有ベクトルの性質から (5.24) を導出したが，(5.24) は A の対角化

$$P^t AP = \Lambda \tag{4.26}$$

を式変形することでももとめられる．(4.26) から

$$A = P\Lambda P^t \tag{4.27}$$

であり，$\boldsymbol{p}_i = \dfrac{\boldsymbol{x}_i}{\|\boldsymbol{x}_i\|}$ として

$$A = \begin{bmatrix} \boldsymbol{p}_1 & \cdots & \boldsymbol{p}_n \end{bmatrix} \begin{bmatrix} \lambda_1 & & O \\ & \ddots & \\ O & & \lambda_n \end{bmatrix} \begin{bmatrix} \boldsymbol{p}_1^t \\ \vdots \\ \boldsymbol{p}_n^t \end{bmatrix}$$

$$= \lambda_1 \boldsymbol{p}_1 \boldsymbol{p}_1^t + \cdots + \lambda_n \boldsymbol{p}_n \boldsymbol{p}_n^t$$

$$= \lambda_1 \left(\frac{\boldsymbol{x}_1}{\|\boldsymbol{x}_1\|} \right) \left(\frac{\boldsymbol{x}_1}{\|\boldsymbol{x}_1\|} \right)^t + \cdots + \lambda_n \left(\frac{\boldsymbol{x}_n}{\|\boldsymbol{x}_n\|} \right) \left(\frac{\boldsymbol{x}_n}{\|\boldsymbol{x}_n\|} \right)^t$$

となって，(5.24) と一致する．

参考文献

[1] 柳井晴夫，竹内啓　1983　ＵＰ応用数学選書「射影行列・一般逆行列・特異値分解」 東京大学出版会

[2] 岩崎学，吉田清隆　2006　統計的データ解析入門「線形代数」東京図書

Chapter 6

特異値分解

6.1　行列の特異値分解

4 章，5 章から正方行列，特に対称行列については固有値，固有ベクトルが必ずもとめられ，これらをもちいて行列をスペクトル分解することができた．すなわち n 次対称行列 A について，$\lambda_1, \dots, \lambda_n$ を固有値，$\boldsymbol{p}_1, \dots, \boldsymbol{p}_n$ を正規化固有ベクトルとして A は

$$A = \lambda_1 \boldsymbol{p}_1 \boldsymbol{p}_1^t + \cdots + \lambda_n \boldsymbol{p}_n \boldsymbol{p}_n^t \tag{5.24'}$$

$$= P\Lambda P^t \tag{4.27}$$

Pは$\boldsymbol{p}_1, \dots, \boldsymbol{p}_n$を列ベクトルとする直交行列

Λは$\lambda_1, \dots, \lambda_n$を要素とする対角行列

の形に分解された．

6 章では正方行列ではない行列の分解を取り上げる．m 行 n 列で階数が r の行列 A は

$$\underset{m\times n}{A} = \underset{m\times r}{U_r}\ \underset{r\times r}{\Sigma_r}\ \underset{r\times n}{V_r^t} \qquad (r \leq \min(m, n)) \tag{6.1}$$

と分解することができる．ここで U_r の列ベクトル $\boldsymbol{u}_1, \dots, \boldsymbol{u}_r$ と V_r の列ベクトル $\boldsymbol{v}_1, \dots, \boldsymbol{v}_r$ はそれぞれ正規直交ベクトル，$\sum_r$ は正の値 $\sigma_1, \cdots, \sigma_r$ を要素にも

つ r 次対角行列である．(6.1) はベクトル成分により

$$A = \begin{bmatrix} \boldsymbol{u}_1, & \cdots & , \boldsymbol{u}_r \end{bmatrix} \begin{bmatrix} \sigma_1 & & O \\ & \ddots & \\ O & & \sigma_r \end{bmatrix} \begin{bmatrix} \boldsymbol{v}_1^t \\ \vdots \\ \boldsymbol{v}_r^t \end{bmatrix}$$

$$= \sigma_1 \boldsymbol{u}_1 \boldsymbol{v}_1^t + \cdots + \sigma_r \boldsymbol{u}_r \boldsymbol{v}_r^t \tag{6.2}$$

とも表される．(6.2) は (5.24') に対応している．(6.1) を A の特異値分解，$\sigma_1, \dots, \sigma_r$ を特異値，$\boldsymbol{u}_1, \dots, \boldsymbol{u}_r$ を左特異ベクトル，$\boldsymbol{v}_1, \dots, \boldsymbol{v}_r$ を右特異ベクトルという．

(6.1) で U を $m \times m$ 直交行列，Σ を $m \times n$ 行列，V を $n \times n$ 直交行列とすると，A は

$$A = \underset{\substack{U \\ m\times m}}{\begin{bmatrix} \boldsymbol{u}_1, & \cdots & , \boldsymbol{u}_r, & \boldsymbol{u}_{r+1}, & \cdots & , \boldsymbol{u}_m \end{bmatrix}} \underset{\substack{\Sigma \\ m\times n}}{\begin{bmatrix} \sigma_1 & & & \\ & \ddots & & O \\ & & \sigma_r & \\ & O & & O \end{bmatrix}} \underset{\substack{V^t \\ n\times n}}{\begin{bmatrix} \boldsymbol{v}_1^t \\ \vdots \\ \boldsymbol{v}_r^t \\ \boldsymbol{v}_{r+1}^t \\ \vdots \\ \boldsymbol{v}_n^t \end{bmatrix}} \tag{6.3}$$

と表される．A は n 次元空間から m 次元空間への線形写像 (線形写像については 4.1 節参照) の，n 次元空間，m 次元空間それぞれの標準基底での表現行列とする [1]．すなわち V の列ベクトル $\boldsymbol{v}_1, \dots, \boldsymbol{v}_n$ は n 次元空間の標準基底で表されたベクトル，U の列ベクトル $\boldsymbol{u}_1, \dots, \boldsymbol{u}_m$ も m 次元空間の標準基底で表されたベクトルとする．n 次元空間のベクトルは，A による写像が m 次元空間で $\boldsymbol{0}$ になるベクトルと，m 次元空間の像になるベクトルとに分けられる．A による写像が $\boldsymbol{0}$ になるベクトル $\{\boldsymbol{x} | A\boldsymbol{x} = \boldsymbol{0}\}$ の全体を $\mathrm{Ker}\, A$ (Aの核) といい，A により m 次元空間に写像されるベクトル $\{\boldsymbol{x} | A\boldsymbol{x} = \boldsymbol{y}\}$ の全体は n 次元空間の $\mathrm{Ker}\, A$ の直交補空間になる．m 次元空間も，n 次元空間のベクトルの A による像の全体——$\mathrm{Im}\, A$ (Aの像空間)——と，$\mathrm{Im}\, A$ の直交補空間とに分けられる．

n 次元空間		m 次元空間	
$\mathrm{Ker}\,A$	$n-r$ 次元	$(\mathrm{Im}\,A)^{\perp}$	$m-r$ 次元
$(\mathrm{Ker}\,A)^{\perp}$	r 次元	$\mathrm{Im}\,A$	r 次元

(6.3) において，$\boldsymbol{v}_1, \dots, \boldsymbol{v}_r$ は $\mathrm{Ker}\,A$ の直交補空間のベクトル，$\boldsymbol{u}_1, \dots, \boldsymbol{u}_r$ は $\mathrm{Im}\,A$ のベクトルで定まったベクトルであるが，$\mathrm{Ker}\,A$ のベクトル $\boldsymbol{v}_{r+1}, \dots, \boldsymbol{v}_n$ と $\mathrm{Im}\,A$ の直交補空間のベクトル $\boldsymbol{u}_{r+1}, \dots, \boldsymbol{u}_m$ については長さが 1 でたがいに直交し，$U^tU = UU^t = I_m$ [1)]，$V^tV = VV^t = I_n$ の制約があるだけなので一意には定まらない．しかし Σ の $r+1$ 行 $r+1$ 列以下の要素は 0 なので，V と U の $r+1$ 列以下のベクトルは Σ と掛け合わせた結果がすべて 0 になる．以上から実際に行列を特異値分解する際には (6.1) により計算を行い，6.2 節以降は (6.1)，(6.2) で考えて添え字の r は省略する．

(6.3) において U と V は直交行列で回転の行列であり，対角行列 Σ は座標軸方向の伸縮を行う．したがって A の特異値分解 $A = U_r\Sigma_rV_r^t$ は，A による n 次元空間のベクトル $\boldsymbol{x}$ の m 次元空間への写像が

① V_rによる回転　② Σ_rによる伸縮　③ U_rによる回転

という 3 つの作用で構成されることを示している．①と③は回転による n 次元空間，m 次元空間の基底変換である．上記①，②，③は

① n 次元空間の $\mathrm{Ker}\,A$ の直交補空間の基底を $\boldsymbol{v}_1, \dots, \boldsymbol{v}_r$ とする．n 次元空間の標準基底で表されている $\boldsymbol{x}$ をこの基底で表すと，第 1 座標は $\boldsymbol{x}$ の $\boldsymbol{v}_1$ への正射影，...，第 r 座標は $\boldsymbol{x}$ の $\boldsymbol{v}_r$ への正射影になる．$\boldsymbol{v}_1$ と $\boldsymbol{x}$ との内積は $\boldsymbol{v}_1$ と $\boldsymbol{x}$ のなす角度を θ_1 として $\boldsymbol{v}_1^t\boldsymbol{x} = \|\boldsymbol{v}_1\|\|\boldsymbol{x}\|\cos\theta_1 = \|\boldsymbol{x}\|\cos\theta_1$ で $\boldsymbol{x}$ の $\boldsymbol{v}_1$ への正射影の長さであり，$\boldsymbol{x}$ の第 1 座標の値は $\boldsymbol{v}_1^t\boldsymbol{x}$ になる．(1.5 節参照)

V の n 本の列ベクトルを基底とした場合，$\boldsymbol{x}$ は

$$\boldsymbol{x}' = \left[\boldsymbol{v}_1^t\boldsymbol{x}, \quad \cdots \quad, \boldsymbol{v}_r^t\boldsymbol{x}, \quad \boldsymbol{v}_{r+1}^t\boldsymbol{x}, \quad \cdots \quad, \boldsymbol{v}_n^t\boldsymbol{x}\right]^t$$

$| \leftarrow \boldsymbol{x}$の $\mathrm{Ker}\,A$の成分 $\rightarrow |$

---

1) I_m は m 次単位行列．像空間 Im と混同しないように注意．

で表される[2)]

② $\boldsymbol{x}'$ が Σ 倍，すなわち $\boldsymbol{x}'$ の第 1 要素が σ_1 倍 ,..., 第 r 要素が σ_r 倍され，$\boldsymbol{x}'$ の第 $r+1,\ldots,$ 第 n 要素 ($\boldsymbol{x}$ の Ker A の成分) は $0,\ldots,0$ になる．

$$\Sigma\boldsymbol{x}' = \begin{bmatrix}\sigma_1\boldsymbol{v}_1^t\boldsymbol{x}, & \cdots & ,\sigma_r\boldsymbol{v}_r^t\boldsymbol{x}, & 0, & \cdots & ,0\end{bmatrix}^t$$

m 次元空間の Im A (r次元) の基底 $\boldsymbol{u}_1,\ldots,\boldsymbol{u}_r$ を

$$\boldsymbol{u}_i = \frac{1}{\sigma_i}A\boldsymbol{v}_i \qquad (i=1,\ldots,r)$$

により定める [1]．これは 4.1 節の線形写像 ($f: V^n \to V^m$)

$$\boldsymbol{a} = f(\boldsymbol{e}) \qquad ただし\boldsymbol{a} \in V^m, \qquad \boldsymbol{e} \in V^n \tag{4.3}$$

に相当するものであり，m 次元空間の Im A の基底ベクトル $\boldsymbol{u}_i$ を，n 次元空間の Ker A の直交補空間の基底ベクトル $\boldsymbol{v}_i$ が A によって写像されたものとする．(A により σ_i 倍されるので σ_i で割って修正する．) これにより，$\boldsymbol{v}_i$ と $\boldsymbol{u}_i$ は 1 対 1 に対応する．$A\boldsymbol{x}$ の Im A の成分は基底 $\boldsymbol{u}_1,\ldots,\boldsymbol{u}_r$ で

$$\boldsymbol{y}' = \begin{bmatrix}\sigma_1\boldsymbol{v}_1^t\boldsymbol{x}, & \cdots & ,\sigma_r\boldsymbol{v}_r^t\boldsymbol{x}\end{bmatrix}^t$$

と表される．

③ この $\boldsymbol{y}'$ を m 次元空間の標準基底で表すには，①の逆で $\boldsymbol{y}' = \begin{bmatrix}\boldsymbol{u}_1^t\boldsymbol{y}\\ \vdots \\ \boldsymbol{u}_r^t\boldsymbol{y}\end{bmatrix} = U_r^t\boldsymbol{y}$

より

$$\begin{aligned}\boldsymbol{y} &= (U_r^t)^{-1}\boldsymbol{y}'\\ &= U_r\boldsymbol{y}'\\ &= \begin{bmatrix}\boldsymbol{u}_1, & \cdots & ,\boldsymbol{u}_r\end{bmatrix}\begin{bmatrix}\sigma_1\boldsymbol{v}_1^t\boldsymbol{x}\\ \vdots \\ \sigma_r\boldsymbol{v}_r^t\boldsymbol{x}\end{bmatrix}\end{aligned}$$

[2)] 77 ページのように Ker A の基底 $\boldsymbol{v}_{r+1},\ldots,\boldsymbol{v}_n$ は一意には定まらないが，②で $\boldsymbol{v}_{r+1}^t\boldsymbol{x},\ldots,\boldsymbol{v}_n^t\boldsymbol{x}$ は 0 になる．

$$= (\sigma_1 \boldsymbol{v}_1^t \boldsymbol{x})\boldsymbol{u}_1 + \cdots + (\sigma_r \boldsymbol{v}_r^t \boldsymbol{x})\boldsymbol{u}_r \tag{6.4}$$

(③では$\boldsymbol{u}_1, \dots, \boldsymbol{u}_r$は②の $\mathrm{Im}\,A$ の基底が m 次元空間の標準基底で成分表示されたもの.)

以上，①，②，③ が線形写像 A による n 次元空間のベクトル $\boldsymbol{x}$ の m 次元空間への写像 $\boldsymbol{y} = A\boldsymbol{x}$ の内訳である.

A が対称行列の場合，A はその固有ベクトルにより

$$P^t AP = \Lambda \tag{4.26}$$

PはAの正規化固有ベクトル$\boldsymbol{p}_1, \dots, \boldsymbol{p}_n$を列とする行列

と対角化される.(4.26) は一つの n 次元空間の中で，A の表されている標準基底から A の固有ベクトル $\boldsymbol{p}_1, \dots, \boldsymbol{p}_n$ の基底への基底変換であり，行列 P は基底変換の行列であった.(4.26) は異なる基底でおなじ線形変換を表す相似変換に相当し，$\boldsymbol{p}_1, \dots, \boldsymbol{p}_n$ の基底では A による変換は対角行列 Λ で表される.特異値分解において，(6.3) の行列 V は $\boldsymbol{x}$ の表されている n 次元空間の標準基底から $\mathrm{Ker}\,A$ の直交補空間の基底への基底変換の行列，U は m 次元空間の標準基底から A の像空間 $\mathrm{Im}\,A$ の基底への基底変換の行列になっている.(6.3) から

$$U^t AV = \Sigma \tag{6.5}$$

となる.(4.26) と対応させて，n 次元空間の基底を $\boldsymbol{v}_1, \dots, \boldsymbol{v}_n$，$m$ 次元空間の基底を $\boldsymbol{u}_1, \dots, \boldsymbol{u}_m$ とした場合，線形写像 A は Σ で表される.

6.2 特異値，特異ベクトル

正方ではない行列の場合，自身の転置行列との積をとると正方行列が得られ，かつ，この行列は対称行列である.$m \times n$ 行列 A について AA^t は $m \times m$，$A^t A$ は $n \times n$ の対称行列になるので，これらについては固有値，固有ベクトルをもとめることができる.6.2 節では AA^t，$A^t A$ の固有値，固有ベクトルから行列 A の特異値，特異ベクトルを考える.$\mathrm{rank}\,A = r$ のとき $\mathrm{rank}\,AA^t = \mathrm{rank}\,A^t A = r$ である.

$AA^t, A^t A$ を (6.3) の行列をもちいて特異値分解の積で表すと AA^t ($m \times m$行列) については

$$
\begin{aligned}
AA^t &= (U\Sigma V^t)(U\Sigma V^t)^t \\
&= U\Sigma V^t V \Sigma^t U^t \\
&= U\Sigma\Sigma^t U^t \\
&= \underset{U}{[\boldsymbol{u}_1, \ \cdots \ , \ \boldsymbol{u}_r, \ \boldsymbol{u}_{r+1}, \ \cdots \ , \ \boldsymbol{u}_m]} \underset{\Sigma^2}{\begin{bmatrix} \sigma_1^2 & & & & & \\ & \ddots & & & O & \\ & & \sigma_r^2 & & & \\ & & & 0 & & \\ & O & & & \ddots & \\ & & & & & 0 \end{bmatrix}} \underset{U^t}{\begin{bmatrix} \boldsymbol{u}_1^t \\ \vdots \\ \boldsymbol{u}_r^t \\ \boldsymbol{u}_{r+1}^t \\ \vdots \\ \boldsymbol{u}_m^t \end{bmatrix}}
\end{aligned} \tag{6.6}
$$

同様に A^tA ($n \times n$行列) については

$$
\begin{aligned}
A^tA &= (U\Sigma V^t)^t(U\Sigma V^t) \\
&= V\Sigma^t\Sigma V^t \\
&= \underset{V}{[\boldsymbol{v}_1, \ \cdots \ , \ \boldsymbol{v}_r, \ \boldsymbol{v}_{r+1}, \ \cdots \ , \ \boldsymbol{v}_m]} \underset{\Sigma^2}{\begin{bmatrix} \sigma_1^2 & & & & & \\ & \ddots & & & O & \\ & & \sigma_r^2 & & & \\ & & & 0 & & \\ & O & & & \ddots & \\ & & & & & 0 \end{bmatrix}} \underset{V^t}{\begin{bmatrix} \boldsymbol{v}_1^t \\ \vdots \\ \boldsymbol{v}_r^t \\ \boldsymbol{v}_{r+1}^t \\ \vdots \\ \boldsymbol{v}_m^t \end{bmatrix}}
\end{aligned} \tag{6.7}
$$

である．

(6.6) で AA^t に右から $\boldsymbol{u}_1$ を掛ける．Σ^2 の $r+1$ 列以降は $\boldsymbol{0}$ ベクトルなので，U, Σ^2 の $r+1$ 列以下を省略して

$$AA^t\boldsymbol{u}_1 = \begin{bmatrix}\boldsymbol{u}_1, & \cdots & ,\boldsymbol{u}_r\end{bmatrix}\begin{bmatrix}\sigma_1^2 & & O \\ & \ddots & \\ O & & \sigma_r^2\end{bmatrix}\begin{bmatrix}\boldsymbol{u}_1^t \\ \vdots \\ \boldsymbol{u}_r^t\end{bmatrix}\boldsymbol{u}_1$$

$$= \sigma_1^2\boldsymbol{u}_1 \tag{6.8}$$

となる．$\boldsymbol{u}_2, \dots, \boldsymbol{u}_r$ についても同様に計算できるので，σ_i^2 は AA^t の固有値，$\boldsymbol{u}_i$ は σ_i^2 に対応する正規化固有ベクトルになっている．A^tA についても

$$A^tA\boldsymbol{v}_i = \sigma_i^2\boldsymbol{v}_i \tag{6.9}$$

となっており，σ_i^2 は A^tA の固有値，$\boldsymbol{v}_i$ は σ_i^2 に対応する正規化固有ベクトルである．

以上 (6.8)，(6.9) から，A の特異値分解

$$A = U\Sigma V^t \tag{6.1}$$

における U の列ベクトル $\boldsymbol{u}_1, \dots, \boldsymbol{u}_r$ は AA^t の正規化固有ベクトル，V の列ベクトル $\boldsymbol{v}_1, \dots, \boldsymbol{v}_r$ は A^tA の正規化固有ベクトルであり，特異値 σ_i は AA^t および A^tA の固有値の平方根である．

また上記の過程で，AA^t と A^tA の固有値はともに特異値の 2 乗 $\sigma_1^2, \dots, \sigma_r^2$ なので，AA^t と A^tA の固有値は等しい．

つぎに行列 A の特異値について，AA^t および A^tA を係数行列とする二次形式の値は

$$\begin{aligned}\boldsymbol{x}^t(AA^t)\boldsymbol{x} &= \boldsymbol{x}^tA(A^t\boldsymbol{x}) \\ &= (A^t\boldsymbol{x})^t(A^t\boldsymbol{x}) \\ &= \|A^t\boldsymbol{x}\|^2 \\ \boldsymbol{x}^t(A^tA)\boldsymbol{x} &= \boldsymbol{x}^tA^t(A\boldsymbol{x}) \\ &= (A\boldsymbol{x})^t(A\boldsymbol{x})\end{aligned}$$

$$= \|A\boldsymbol{x}\|^2$$

となって[3]，$\mathbf{0}$ でない $\boldsymbol{x}$ に対して二次形式の値はつねに 0 以上の値をとる．したがって 4.6 節から AA^t と A^tA は半正定値行列で，これらの固有値を $\lambda_1, \ldots, \lambda_r$ とすると $\lambda_1, \ldots, \lambda_r$ は 0 以上の値である．行列 A の特異値は AA^t または A^tA の固有値の平方根になっていたが，これを

$$\sigma_1 = \sqrt{\lambda_1}, \ldots, \sigma_r = \sqrt{\lambda_r} \qquad \text{ただし} \sigma_i > 0 \tag{6.10}$$

すなわち AA^t または A^tA の 0 より大きい固有値の正の平方根とする．(AA^t および A^tA の固有値 λ は 0 を含むが，σ は 0 を含まないものとする．)

6.3　特異ベクトルの互換性

左特異ベクトルと右特異ベクトルについては相互に変換できる関係がある．以下では (6.10) から AA^t と A^tA の固有値について $\lambda_i = \sigma_i^2$ とする．右特異ベクトル，すなわち A^tA の固有値 σ_1^2 に対応する固有ベクトル $\boldsymbol{v}_1$ では

$$A^tA\boldsymbol{v}_1 = \sigma_1^2\boldsymbol{v}_1 \tag{6.9}$$

が成り立つ．この式に左から A をかけると

$$AA^tA\boldsymbol{v}_1 = \sigma_1^2 A\boldsymbol{v}_1$$

となるが，$A\boldsymbol{v}_1$ は 1 本のベクトルなので

$$AA^t(A\boldsymbol{v}_1) = \sigma_1^2(A\boldsymbol{v}_1) \tag{6.11}$$

より，$A\boldsymbol{v}_1$ は AA^t の固有値 σ_1^2 に対応する固有ベクトルになっている．一方，(6.8) から AA^t の σ_1^2 に対応する固有ベクトルは $\boldsymbol{u}_1$ で

$$AA^t\boldsymbol{u}_1 = \sigma_1^2\boldsymbol{u}_1 \tag{6.8}$$

が成り立つ．(6.11)，(6.8) から $A\boldsymbol{v}_1$ は $\boldsymbol{u}_1$(の延長線) 上のベクトルで，k を実数として

$$kA\boldsymbol{v}_1 = \boldsymbol{u}_1 \tag{6.12}$$

---

[3] $\boldsymbol{x}^t(AA^t)\boldsymbol{x}$ の $\boldsymbol{x}$ は m 次元ベクトル，$\boldsymbol{x}^t(A^tA)\boldsymbol{x}$ の $\boldsymbol{x}$ は n 次元ベクトル．

と表すことができる．$\boldsymbol{u}_1, \boldsymbol{v}_1$ は AA^t, A^tA の正規化固有ベクトルなので長さは 1 で，$\boldsymbol{u}_1^t\boldsymbol{u}_1 = 1, \boldsymbol{v}_1^t\boldsymbol{v}_1 = 1$ である．したがって $kA\boldsymbol{v}_1$ の長さについて

$$\begin{aligned}
\|kA\boldsymbol{v}_1\|^2 &= (kA\boldsymbol{v}_1, kA\boldsymbol{v}_1) \\
&= k^2(A\boldsymbol{v}_1, A\boldsymbol{v}_1) \\
&= k^2(\boldsymbol{v}_1, A^tA\boldsymbol{v}_1) \\
&= k^2(\boldsymbol{v}_1, \sigma_1^2\boldsymbol{v}_1) \\
&= k^2\sigma_1^2(\boldsymbol{v}_1, \boldsymbol{v}_1) \\
&= k^2\sigma_1^2
\end{aligned}$$

$kA\boldsymbol{v}_1 = \boldsymbol{u}_1$ とおいたので

$$k^2\sigma_1^2 = \|\boldsymbol{u}_1\|^2 = 1 \tag{6.13}$$

$$\therefore k^2 = \frac{1}{\sigma_1^2}$$

$\sigma_1 > 0$ なので $k = \pm\frac{1}{\sigma_1}$ になり (6.12) は

$$\boldsymbol{u}_1 = \pm\frac{1}{\sigma_1}A\boldsymbol{v}_1 \tag{6.14}$$

となる．(6.11)，(6.8) から $A\boldsymbol{v}_1$ は $\boldsymbol{u}_1$(の延長線) 上のベクトルとして考えているので，(6.14) の符号については $+$ のみを考える[4]．

$$\boldsymbol{u} = \frac{1}{\sigma}A\boldsymbol{v} \tag{6.15}$$

$\boldsymbol{v}$ についても同様にして

$$\boldsymbol{v} = \frac{1}{\sigma}A^t\boldsymbol{u} \tag{6.16}$$

が得られる．(6.15)，(6.16) により，AA^t と A^tA のどちらかの正規化固有ベクトルをもとめれば，他方の特異ベクトルももとめることができる．

以上から特異値分解は AA^t と A^tA の固有値，正規化固有ベクトルをもとめ

- AA^t と A^tA の 0 でない固有値の正の平方根により，特異値 $\sigma_1, \ldots, \sigma_r$ をもとめる．$\Rightarrow \Sigma$ (Σの対角要素は大きい順に並べる.)

[4] マイナス方向のベクトル $-\boldsymbol{u}, -\boldsymbol{v}$ も AA^t, A^tA の正規化固有ベクトルになる．

- AA^t の正規化固有ベクトルから U を，A^tA の正規化固有ベクトルから V をつくる．$\Rightarrow A = U\Sigma V^t$

固有値は AA^t, A^tA のどちらでもとめてもよく，右特異ベクトル，左特異ベクトルについては，どちらか一方がもとまれば (6.15)，(6.16) から他方も計算できるので，AA^t と A^tA の次数の小さい方の固有値，固有ベクトルをもとめればよい．

例)　2 行 3 列の行列

$$A = \begin{bmatrix} 2 & 1 & 0 \\ 3 & 0 & 1 \end{bmatrix}$$

の特異値分解を行う．

第 1 列 = 第 2 列 ×2+ 第 3 列 ×3 となっているので rank $A = 2$.

$$AA^t = \begin{bmatrix} 2 & 1 & 0 \\ 3 & 0 & 1 \end{bmatrix} \begin{bmatrix} 2 & 3 \\ 1 & 0 \\ 0 & 1 \end{bmatrix} = \begin{bmatrix} 5 & 6 \\ 6 & 10 \end{bmatrix}$$

$\lambda = \sigma^2$ として

$$|AA^t - \lambda I| = (\lambda - 1)(\lambda - 14)$$

$$\lambda = 1, 14$$

Σ の対角要素，U, V の列ベクトルは σ の大きい順に並べるので $\lambda = 14$ に対応する固有ベクトル

$$\boldsymbol{x}_1 = \begin{bmatrix} 2 \\ 3 \end{bmatrix} \Rightarrow \quad \boldsymbol{u}_1 = \begin{bmatrix} \frac{2}{\sqrt{13}} \\ \frac{3}{\sqrt{13}} \end{bmatrix}$$

$\lambda = 1$ に対応する固有ベクトル

$$\boldsymbol{x}_2 = \begin{bmatrix} -3 \\ 2 \end{bmatrix} \Rightarrow \quad \boldsymbol{u}_2 = \begin{bmatrix} -\frac{3}{\sqrt{13}} \\ \frac{2}{\sqrt{13}} \end{bmatrix}$$

$$A^tA = \begin{bmatrix} 2 & 3 \\ 1 & 0 \\ 0 & 1 \end{bmatrix} \begin{bmatrix} 2 & 1 & 0 \\ 3 & 0 & 1 \end{bmatrix} = \begin{bmatrix} 13 & 2 & 3 \\ 2 & 1 & 0 \\ 3 & 0 & 1 \end{bmatrix}$$

$$|A^tA - \lambda I| = -\lambda(\lambda - 1)(\lambda - 14)$$

$\lambda > 0$ なので，$\lambda = 1, 14$

$\lambda = 14$ に対応する固有ベクトル

(6.16) に $\lambda = 14, \boldsymbol{u}_1 = \begin{bmatrix} \frac{2}{\sqrt{13}} \\ \frac{3}{\sqrt{13}} \end{bmatrix}$ を代入

$$\boldsymbol{v}_1 = \frac{1}{\sqrt{14}} \begin{bmatrix} \sqrt{13} \\ \frac{2}{\sqrt{13}} \\ \frac{3}{\sqrt{13}} \end{bmatrix}$$

$\lambda = 1$ に対応する固有ベクトル

(6.16) に $\lambda = 1, \boldsymbol{u}_2 = \begin{bmatrix} -\frac{3}{\sqrt{13}} \\ \frac{2}{\sqrt{13}} \end{bmatrix}$ を代入

$$\boldsymbol{v}_2 = \begin{bmatrix} 0 \\ -\frac{3}{\sqrt{13}} \\ \frac{2}{\sqrt{13}} \end{bmatrix}$$

したがって

$$\Sigma = \begin{bmatrix} \sqrt{14} & 0 \\ 0 & 1 \end{bmatrix}$$

$$U = \begin{bmatrix} \frac{2}{\sqrt{13}} & -\frac{3}{\sqrt{13}} \\ \frac{3}{\sqrt{13}} & \frac{2}{\sqrt{13}} \end{bmatrix}$$

$$V^t = \begin{bmatrix} \sqrt{\frac{13}{14}} & \frac{2}{\sqrt{182}} & \frac{3}{\sqrt{182}} \\ 0 & -\frac{3}{\sqrt{13}} & \frac{2}{\sqrt{13}} \end{bmatrix}$$

となり特異値分解は

$$U\Sigma V^t = \begin{bmatrix} \frac{2}{\sqrt{13}} & -\frac{3}{\sqrt{13}} \\ \frac{3}{\sqrt{13}} & \frac{2}{\sqrt{13}} \end{bmatrix} \begin{bmatrix} \sqrt{14} & 0 \\ 0 & 1 \end{bmatrix} \begin{bmatrix} \sqrt{\frac{13}{14}} & \frac{2}{\sqrt{182}} & \frac{3}{\sqrt{182}} \\ 0 & -\frac{3}{\sqrt{13}} & \frac{2}{\sqrt{13}} \end{bmatrix}$$

より (6.2) から

$$\begin{aligned} A &= \sqrt{14}\boldsymbol{u}_1\boldsymbol{v}_1^t + \boldsymbol{u}_2\boldsymbol{v}_2^t \\ &= \sqrt{14}\begin{bmatrix} \frac{2}{\sqrt{13}} \\ \frac{3}{\sqrt{13}} \end{bmatrix} \begin{bmatrix} \sqrt{\frac{13}{14}} & \frac{2}{\sqrt{182}} & \frac{3}{\sqrt{182}} \end{bmatrix} + \begin{bmatrix} -\frac{3}{\sqrt{13}} \\ \frac{2}{\sqrt{13}} \end{bmatrix} \begin{bmatrix} 0 & -\frac{3}{\sqrt{13}} & \frac{2}{\sqrt{13}} \end{bmatrix} \\ &= \begin{bmatrix} 2 & \frac{4}{13} & \frac{6}{13} \\ 3 & \frac{6}{13} & \frac{9}{13} \end{bmatrix} + \begin{bmatrix} 0 & \frac{9}{13} & -\frac{6}{13} \\ 0 & -\frac{6}{13} & \frac{4}{13} \end{bmatrix} \end{aligned}$$

6.4　特異値分解の利用

主成分分析をはじめとする多変量解析のいくつかの手法では，データから得られる分散共分散行列の固有値，固有ベクトルが必要になる．分散共分散行列は S で表され，個体数 n，項目数 p のデータ (平均偏差) 行列を

$$\underset{n\times p}{X} = \begin{bmatrix} x_{11} & \cdots & x_{1p} \\ \vdots & & \vdots \\ x_{n1} & \cdots & x_{np} \end{bmatrix} \tag{6.17}$$

として

$$S = \frac{1}{n}X^tX \tag{6.18}$$

で定義される $p \times p$ 行列である．

分散共分散行列の固有値，固有ベクトルについては，データ行列 X を

$$X = U\Sigma V^t \tag{6.19}$$

と特異値分解すると，6.2 節から X の特異値 $\sigma_1, \ldots, \sigma_p$ の 2 乗が $X^t X$ の固有値 $\lambda_1, \ldots, \lambda_p$，右特異ベクトル $\boldsymbol{v}_1, \ldots, \boldsymbol{v}_p$ が $X^t X$ の正規化固有ベクトルであり，データ行列Xの特異値分解から分散共分散行列の固有値，固有ベクトルがもとめられる[5)].

また正方行列でない行列や正方行列でもｆｕｌｌ ｒａｎｋでない場合，2.3 節の逆行列はもとめられないが，この場合も特異値分解により逆行列 (ムーア-ペンローズ型一般化逆行列) をもとめることができる．$m \times n$ 行列 A の特異値分解を $A = U\Sigma V^t$ とし，Σ が

$$\Sigma = \begin{bmatrix} \Sigma_r & O \\ O & O \end{bmatrix}$$

であるとき，

$$\Sigma^+ = \begin{bmatrix} \Sigma_r^{-1} & O \\ O & O \end{bmatrix}$$

として，ムーア-ペンローズ型一般化逆行列は

$$A^+ = V\Sigma^+ U^t \tag{6.20}$$

により得られる．

[5)] 9.8 節 (9.49) 式参照.

参考文献

[1] 伊理正夫，児玉慎三，須田信英　1982　計測と制御 21-8「特異値分解とそのシステム制御への応用」 計測自動制御学会
[2] 岩崎学，吉田清隆　2006　統計的データ解析入門「線形代数」東京図書

Chapter

7

統計学の基本事項

7 章では 8 章以降の多変量解析に必要となる統計学の基本的な事柄と，そのベースである確率変数，確率分布，統計量などについて簡単にまとめる．

7.1 確率変数

サイコロを 1 回振ったとき，1 から 6 までの目の出る確率はそれぞれ $\frac{1}{6}$ に定まっている．これを

$$P(X=1)=\frac{1}{6},\ \dots\ ,P(X=6)=\frac{1}{6}$$

と表す．この例のように，とる値が固定されてはいないが，とる値の確率が定まっている変数を確率変数という．確率変数には個数やサイコロの目のように不連続な値をとる離散確率変数と，長さや重さのような連続確率変数とがある．確率変数は “X” などの大文字で表し，サイコロを振って出た目のような確率変数の実現値は “x” などの小文字で表す．

$$P(X=x)=\frac{1}{6}\qquad (x=1,2,3,4,5,6)$$

2 つの確率変数 X_1 と X_2 が独立であることは

$$P(X_1\cap X_2)=P(X_1)P(X_2) \tag{7.1}$$

で定義される．$P(X_1\cap X_2)$ は X_1 と X_2 が同時に起きる確率を表す．2 つの確率変数が独立であるとは，2 つが同時に起きる確率がそれぞれの確率の積になっていることである．

確率変数の値にその確率を対応させたものを確率分布という．

確率変数の期待値と分散について．

期待値　確率変数 X を最もよく表す値を期待値といい，$E(X)$ で表す．

- 離散確率変数では X が $x_1, \ldots, x_n$ の値をとる確率を $p_1, \ldots, p_n$ として

$$E(X) = \sum_{i=1}^{n} x_i p_i \tag{7.2}$$

- 連続確率変数では X のとる値の確率密度関数が $f(x)$ のとき

$$E(X) = \int_{-\infty}^{\infty} x f(x) dx \tag{7.3}$$

で定義される．

期待値 $E(X)$ は平均ともいい，μ で表されることが多い．

分散　確率変数Xのばらつきを表す分散は

$$V(X) = E[\{X - E(X)\}^2] \tag{7.4}$$

と定義され，σ^2 で表す．(7.4) を書き換えて

$$V(X) = E(X^2) - \{E(X)\}^2 \tag{7.5}$$

とも表される．

- 離散確率変数では

$$V(X) = \sum_{i=1}^{n} (x_i - \mu)^2 p_i \tag{7.6}$$

- 連続確率変数では

$$V(X) = \int_{-\infty}^{\infty} (x - \mu)^2 f(x) dx \tag{7.7}$$

である．

分散の正の平方根を標準偏差 σ といい

$$D(X) = \sqrt{V(X)} \tag{7.8}$$

で表す．

分散は 2 乗数であるが，標準偏差は X とおなじ次数で表される．

確率変数 X_1 と X_2 について，a, b, c を定数として

$$
\begin{aligned}
\text{期待値：}\quad & E(c) = c \\
& E(aX_1) = aE(X_1) \\
& E(aX_1 \pm bX_2) = aE(X_1) \pm bE(X_2) \\
\text{分散：}\quad & V(c) = 0 \\
& V(aX) = a^2V(X)^{1)} \\
& V(aX_1 + bX_2) = a^2V(X_1) + b^2V(X_2) + 2ab\,\mathrm{Cov}(X_1, X_2)
\end{aligned}
\tag{7.9}
$$

が成り立つ．$V(aX_1 + bX_2)$ の第 3 項 $\mathrm{Cov}(X_1, X_2)$ を共分散といい，

$$
\begin{aligned}
\mathrm{Cov}(X_1, X_2) &= E[\{X_1 - E(X_1)\}\{X_2 - E(X_2)\}] \\
&= E(X_1X_2) - E(X_1)E(X_2)
\end{aligned}
\tag{7.10}
$$

で定義される．独立な 2 つの確率変数の共分散は 0 になるので，X_1 と X_2 が独立の場合，$aX_1 \pm bX_2$ の分散は

$$
V(aX_1 \pm bX_2) = a^2V(X_1) + b^2V(X_2)
$$

になる．

(7.10) の共分散は 2 つの確率変数 X_1 と X_2 の関連の程度を表すが，X_1 と X_2 の単位を変えれば $\mathrm{Cov}(X_1, X_2)$ の値も変わるので，共分散をそれぞれの変数の標準偏差で割ったものを相関係数と定義し，ρ で表す．

$$
\rho = \frac{\mathrm{Cov}(X_1, X_2)}{\sqrt{V(X_1)V(X_2)}} \tag{7.11}
$$

---

[1] $V(aX)$ について
aX が 1 つの確率変数 X の a 倍である場合は，その分散は $a^2V(X)$ になる．aX が独立な確率変数 $X_1, \dots, X_a$ の和である場合は $V(X_1 + \cdots + X_a) = V(X_1) + \cdots + V(X_a) = aV(X)$ になる．

n 個の確率変数がベクトル $\boldsymbol{X} = \begin{bmatrix} X_1 \\ \vdots \\ X_n \end{bmatrix}$ で表されている場合

$$E(\boldsymbol{X}) = E\left(\begin{bmatrix} X_1 \\ \vdots \\ X_n \end{bmatrix}\right) = \begin{bmatrix} E(X_1) \\ \vdots \\ E(X_n) \end{bmatrix}$$

$$\begin{aligned} V(\boldsymbol{X}) &= E[\{\boldsymbol{X} - E(\boldsymbol{X})\}\{\boldsymbol{X} - E(\boldsymbol{X})\}^t] \\ &= E\begin{bmatrix} \{X_1 - E(X_1)\}^2 & \cdots & \{X_1 - E(X_1)\}\{X_n - E(X_n)\} \\ \vdots & \ddots & \vdots \\ \{X_n - E(X_n)\}\{X_1 - E(X_1)\} & \cdots & \{X_n - E(X_n)\}^2 \end{bmatrix} \\ &= \begin{bmatrix} V(X_1) & \cdots & \mathrm{Cov}(X_1, X_n) \\ \vdots & \ddots & \vdots \\ \mathrm{Cov}(X_n, X_1) & \cdots & V(X_n) \end{bmatrix} \end{aligned} \tag{7.12}$$

(7.12) を分散共分散行列 $V(\boldsymbol{X})$ という，A を $m \times n$ 行列として

$$\begin{aligned} E(A\boldsymbol{X}) &= AE(\boldsymbol{X}) \\ V(A\boldsymbol{X}) &= E[\{A\boldsymbol{X} - E(A\boldsymbol{X})\}\{A\boldsymbol{X} - E(A\boldsymbol{X})\}^t] \\ &= AE[\{\boldsymbol{X} - E(\boldsymbol{X})\}\{\boldsymbol{X} - E(\boldsymbol{X})\}^t]A^t \\ &= AV(\boldsymbol{X})A^t \end{aligned} \tag{7.13}$$

7.2　確率分布

離散確率変数の場合，X が $x_1, \ldots, x_n$ の値をとる確率を $p_1, \ldots, p_n$ として，$x_1, \ldots, x_n$ と $p_1, \ldots, p_n$ との対応を確率分布という．

X	x_1 $\cdots$ x_n
$P(X=x_i)$	p_1 $\cdots$ p_n

$(p_i \geq 0, \quad \sum p_i = 1)$

表 7.1　離散確率変数の確率分布

X がある値 x 以下の値をとる確率を表す関数を累積分布関数 $F(x)$ といい，離散確率変数では

$$F(x) = P(X \leq x) = \sum_{x_i \leq x} p_i \qquad (p_i \text{は} X = x_i \text{における確率}) \tag{7.14}$$

で定義される．

連続確率変数では確率密度関数 $f(x)$ は，簡単にいえば X のある値 x における確率を表す x の関数で

$$f(x) \geq 0 \qquad \int_{-\infty}^{\infty} f(x)dx = 1 \tag{7.15}$$

であり，図 7.1 のようなグラフになる．

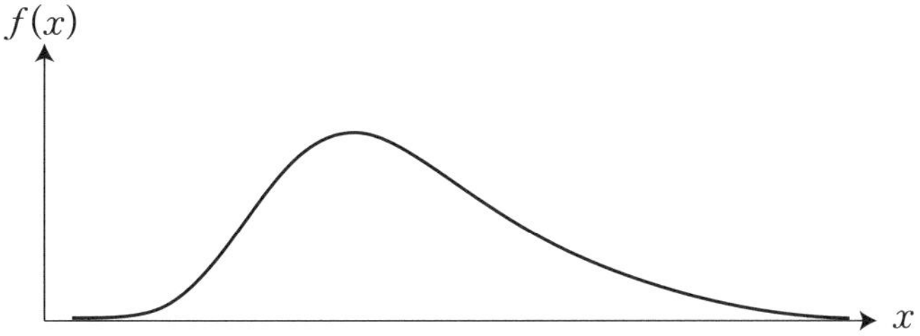

図 7.1　連続確率密度関数

X がある値 x 以下の値をとる確率，累積分布関数 $F(x)$ は

$$F(x) = P(X \leq x) = \int_{-\infty}^{x} f(x)dx \tag{7.16}$$

で定義される．これは $X = x$ における下側確率であり，x までのグラフの下側の面積である．

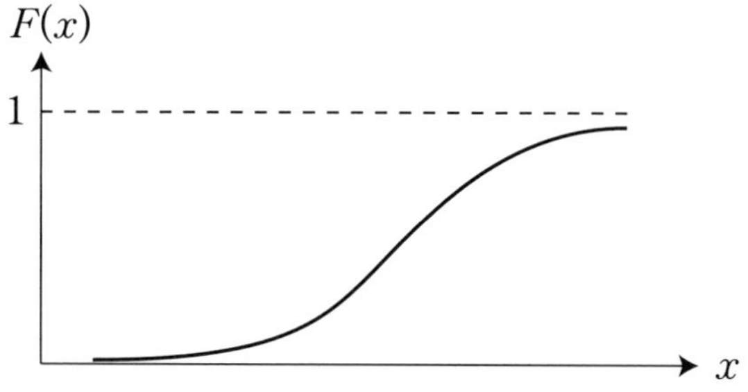

図 7.2　連続確率変数の累積分布関数

(7.15) から確率密度関数のグラフの下側の面積は 1 なので $X = x$ における上側確率は

$$P(X \geq x) = 1 - F(x) \tag{7.17}$$

となる．図 7.1 のグラフにおいて，X が a から b までの値 ($a < b$ とする) をとる確率は

$$\begin{aligned} P(a \leq X \leq b) &= \int_a^b f(x)dx \\ &= F(b) - F(a) \end{aligned} \tag{7.18}$$

でもとめられる．また，$f(x)$ のグラフで上側確率 α に対応する X の値を上側確率 $100 \times \alpha\%$ 点という．

7.3　正規分布

確率分布には二項分布，ポアソン分布，超幾何分布，指数分布などがあるが，もっとも重要な分布は正規分布である．それは正規分布とは異なる分布にしたがう確率変数でも，その平均をとると平均値はほぼ正規分布にしたがう (個数がある程度大きい場合) という事実による．さいころの場合では 1 回振ったときに出る目は確率 $\frac{1}{6}$ の離散一様分布にしたがうが，何回か振って平均をとると，この平均値ははじめの一様分布ではなく正規分布にしたがっている．

確率変数 X が平均 μ，分散 σ^2 の分布にしたがうとき，独立に取られた n 個のデータ $x_1, \dots, x_n$ の平均は，平均 μ，分散 $\frac{\sigma^2}{n}$ の正規分布 $N\left(\mu, \frac{\sigma^2}{n}\right)$ に近似的にしたがう．(n が大きい場合)

$$\overline{x} \sim N\left(\mu, \frac{\sigma^2}{n}\right) \qquad \text{ただし}, \overline{x} = \frac{\sum x_i}{n} \tag{7.19}$$

$\overline{x} \sim N\left(\mu, \dfrac{\sigma^2}{n}\right)$ は $\overline{x}$ が正規分布 $N\left(\mu, \dfrac{\sigma^2}{n}\right)$ にしたがうことを表す

これは中心極限定理といわれる非常に重要な定理で，確率変数の分布状態——確率密度関数——がわからない場合でも，この定理によってもとの分布にかかわらずデータの平均値が正規分布にしたがうことにより，正規分布をもちいて母平均の検定，推定を行うことができる．正規分布は

$$f(x) = \frac{1}{\sqrt{2\pi}\sigma} \exp\left\{-\frac{(x-\mu)^2}{2\sigma^2}\right\} \tag{7.20}$$

の確率密度関数で表され，平均 μ を中心に左右対称の釣鐘形の形状をしている．(7.20) から，正規分布は平均 μ と分散 σ^2 の 2 つのパラメータ (母数) を持ち，$N(\mu, \sigma^2)$ と表す．$\mu - \sigma$，$\mu + \sigma$ が変曲点になっており，$\mu \pm \sigma$ の間に全体の $\frac{2}{3}$ が，$\mu \pm 2\sigma$ の間に全体の約 95% が含まれる．

μ と σ の組み合わせにより正規分布は無数にできるが,

$$u = \frac{x - \mu}{\sigma} \tag{7.21}$$

という変換を行うと，u は平均 0，分散 1(標準偏差も 1) の正規分布にしたがう．この分布 $N(0, 1^2)$ を標準正規分布といい，(7.21) の変換を標準化という．標準正規分布の確率密度関数は (7.20) で $\sigma = 1$，$\dfrac{x-\mu}{\sigma} = u$ なので

$$f(u) = \frac{1}{\sqrt{2\pi}} \exp\left(-\frac{u^2}{2}\right) \tag{7.22}$$

になる．標準化は確率変数の値 x の平均 μ からの距離を標準偏差で割ったもので，平均からの隔たり具合を標準偏差 σ を単位として表したものといえる．したがって $N(\mu, \sigma^2)$ の分布上の x の位置は，$N(0, 1^2)$ の分布上の u の位置に対応しており，x における上側確率は標準正規分布の u における上側確率とし

てもとめることができる．すなわち (7.20)，(7.22) の $f(x), f(u)$ により

$$
\begin{aligned}
P(X \geq x) &= 1 - \int_{-\infty}^{x} f(x)dx \\
&= 1 - \int_{-\infty}^{u} f(u)du = P\left(U \geq u\right)
\end{aligned}
$$

である．u の値における上側確率 $P\left(U \geq u\right)$ は標準正規分布表として多くの統計学のテキストで巻末に添えられている．

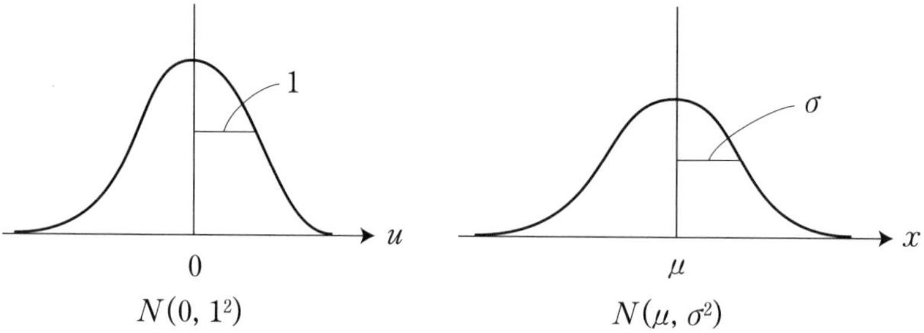

図 7.3　正規分布

7.4　統計量

測定や観測などにより得られたデータは，背後にある母集団から取り出された 1 組の値と考えることができる．母集団の構成要素はその母集団固有の確率にしたがって分布しており，この分布を母集団分布という．母集団分布の特徴を表す平均，分散を母平均，母分散といい，これらを母数という．母数は未知なのでその値はデータから推測され，データから計算される母数の推定量を統計量という．母平均，母分散に対する統計量は標本平均，不偏分散，標本分散になる．

7 章以降でもちいる母数と統計量は表 7.2 のとおり．

	母数		統計量	
平均	母平均	μ	平均値	$\overline{x} = \frac{\sum x_i}{n}$
分散	母分散	σ^2	標本分散	$s_{xx} = \frac{\sum(x_i-\overline{x})^2}{n}$
			不偏分散	$V = \frac{\sum(x_i-\overline{x})^2}{n-1}$
標準偏差	母標準偏差	σ	標本標準偏差	$s_x = \sqrt{\frac{\sum(x_i-\overline{x})^2}{n}}$
			不偏分散の平方根	$\sqrt{V} = \sqrt{\frac{\sum(x_i-\overline{x})^2}{n-1}}$
共分散	母共分散	σ_{xy}	標本共分散	$s_{xy} = \frac{\sum(x_i-\overline{x})(y_i-\overline{y})}{n}$
相関係数	母相関係数	ρ_{xy}	標本相関係数	$r_{xy} = \frac{s_{xy}}{s_x s_y}$

表 7.2　母数と統計量

データから計算される分散の推定量について，本書では仮説検定などで母分散の推定値としてもちいる場合は不偏分散 V を使用し，主成分分析のように分析対象としている n 個のデータのばらつきとしてもちいる場合は標本分散 s_{xx} を使用する．

7.5　母平均についての仮説検定

7.3 節の中心極限定理から，平均 μ，分散 σ^2 の母集団から独立に取られた n 個のデータの平均値 $\overline{x}$ は，n が大きい場合には母集団分布にかかわらず，平均 μ，分散 $\frac{\sigma^2}{n}$ の正規分布 $N\left(\mu, \frac{\sigma^2}{n}\right)$ に近似的にしたがっていた．

$$\overline{x} \sim N\left(\mu, \frac{\sigma^2}{n}\right) \tag{7.19}$$

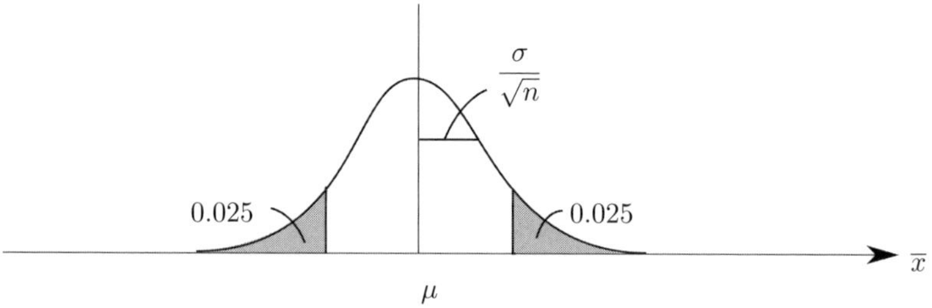

図 7.4　平均値の分布 $N\left(\mu, \frac{\sigma^2}{n}\right)$

図 7.4 は平均が μ，分散が σ^2 であることがわかっている母集団[1)]から取った n 個のデータの平均値 $\overline{x}$ の分布 $N\left(\mu, \frac{\sigma^2}{n}\right)$ である．$\overline{x}$ が $N\left(\mu, \frac{\sigma^2}{n}\right)$ にしたがっているとき，$\overline{x}$ の値の 95% は図 7.4 の分布の下側 2.5% 点から上側 2.5% 点までの間に入っている．母平均 μ が変わったとき，新しい $\overline{x}$ の分布は図 7.4 の位置から数直線上で左右どちらかに移動しているので，新たに得た $\overline{x}$ は従来の分布 $N\left(\mu, \frac{\sigma^2}{n}\right)$ の下側 2.5% 点より下側，または上側 2.5% 点より上側のどちらかにこれまでより多数が入ると予想される．

そこで，新たに取った $\overline{x}$ が従来の分布 $N\left(\mu, \frac{\sigma^2}{n}\right)$ の μ を中心とする 95% の範囲内に入っているときは，新しい $\overline{x}$ は従来の分布にしたがっていて母平均は変化していないとする．新たに取った $\overline{x}$ がこの 95% の範囲内になく，$N\left(\mu, \frac{\sigma^2}{n}\right)$ の下側 2.5% 点または上側 2.5% 点より外側にあるときは，$\overline{x}$ は従来の分布にはしたがっていないとして，母平均は変わったと結論づける．

以上の考え方を定式化して母平均の検定を行う．

母平均の検定

1.仮説を立てる

仮説検定では，まず証明したい仮説と反対の仮説を立て，これが棄却された場合に証明したい仮説を受け入れる．

証明したい仮説と反対の仮説を帰無仮説 H_0，証明したい仮説を帰無仮説と対立しているので対立仮説 H_1 という．

$$H_0 : \mu = \mu_0 \qquad (\mu_0 \text{は実際の数値})$$

$$H_1 : \mu \neq \mu_0 \qquad \text{両側検定}$$

1) この母集団の分布は正規分布である必要はない．

$$\mu > \mu_0 \qquad \text{右片側検定}$$

$$\mu < \mu_0 \qquad \text{左片側検定}$$

2.検定統計量を計算する

検定にもちいる統計量を検定統計量という．H_0 の下で $\overline{x}$ のしたがう分布から，検定統計量の値を計算する．

H_0 の下で $\overline{x}$ は $N\left(\mu_0, \frac{\sigma^2}{n}\right)$ にしたがうので，$N\left(\mu_0, \frac{\sigma^2}{n}\right)$ における $\overline{x}$ の u 値をもとめる．

$$u_0 = \frac{\overline{x} - \mu_0}{\sigma/\sqrt{n}} \tag{7.23}$$

u_0 が検定統計量になる．

〜〜

(7.23) は σ^2 が既知の場合であるが，σ^2 はほとんどの場合未知であり，この場合は σ^2 の代わりに 7.4 節の不偏分散をもちいる．

$$V = \frac{\sum(x_i - \overline{x})^2}{n-1} \tag{7.24}$$

(7.23) で σ の代わりに不偏分散の平方根 $\sqrt{V}$ をもちいて t_0 とおくと

$$t_0 = \frac{\overline{x} - \mu_0}{\sqrt{V}/\sqrt{n}} \tag{7.25}$$

t_0 は H_0 の下で自由度 $n-1$ の t 分布にしたがう．

H_0 の下で

$$\frac{\overline{x} - \mu_0}{\sqrt{V}/\sqrt{n}} \sim t(n-1) \tag{7.26}$$

この t_0 が検定統計量になる．

3.判定

2 で計算した検定統計量の値が，H_0 の下で検定統計量のしたがう分布のどこに位置するかによって H_0 を棄却するか，受け入れるかを判断する．

両側検定では検定統計量（u_0 または t_0）の値が H_0 の下での分布の上側 2.5% 点より上側，または下側 2.5% 点より下側に入ったとき，検定統計量は H_0 の下での分布にはしたがっていないとして，母平均は変わったと結論づける．このように H_0 が棄却される領域を棄却域という．t 分布表は正規分

布表と異なり，上側パーセント点として 2 倍の確率の値が書かれていることに注意して[2)]

	σ 既知	σ 未知
両側検定	$\lvert u_0\rvert \geq 1.960$	$\lvert t_0\rvert \geq t(n-1, 0.05)$
右片側検定	$u_0 \geq 1.645$	$t_0 \geq t(n-1, 0.1)$
左片側検定	$u_0 \leq -1.645$	$t_0 \leq -t(n-1, 0.1)$

の場合に u_0 または t_0 の値は棄却域に入り，H_0 を棄却する．(→ 母平均は変化したと結論付ける)

母平均に変化がなく，$\bar{x}$ が従来の分布 $N\left(\mu_0, \dfrac{\sigma^2}{n}\right)$ にしたがっている場合でも，$\bar{x}$ の 5% はこの分布の下側 2.5% 点より下側，また上側 2.5% 点より上側に存在する．すなわち従来の分布にしたがっているデータでも，その 5% は棄却域に入るので検定の結果は誤ったものになる．この 5% を危険率といい，α で表す．危険率とは，H_0 が正しいときに誤って H_0 を棄却してしまう確率である．危険率は 5% の他に，1% とする場合もある[3)]．棄却域は両側検定では $\dfrac{\alpha}{2}$，片側検定では α に対応する点より外側の領域になる．

7.6　カイ二乗統計量と F 検定

カイ二乗分布は標準正規分布にしたがう独立な確率変数の二乗和のしたがう分布である．すなわち

$$U_i \sim N(0, 1^2) \qquad i = 1, \ldots, n \qquad U_i \perp U_j$$

のとき $U_1, \ldots, U_n$ の 2 乗和は自由度 n のカイ二乗分布にしたがう．

$$\sum_{i=1}^{n} U_i^2 \sim \chi^2(n) \tag{7.27}$$

---

2) たとえば自由度 10 の t 分布の上側 2.5% に対応する点は

$$t(10, 0.05) = 2.228$$

と表示される．

3) 以前は検定を始める前に予め α の値を決めていたが，現在はパソコンで検定統計量の値における上側 (または下側) 確率が表示され，この値を 5%，1% と比べる．

標準正規分布にしたがう U は $N(\mu, \sigma^2)$ にしたがう確率変数 X に (7.21) の標準化を行って

$$U = \frac{X - \mu}{\sigma}$$

として得られるが，母平均 μ の代わりに n 個のデータの標本平均をもちいた場合は，その二乗和は自由度 $n-1$ のカイ二乗分布にしたがう．

$$\sum_{i=1}^{n} \left\{ \frac{x_i - \overline{x}}{\sigma} \right\}^2 = \frac{\sum_{i=1}^{n} (x_i - \overline{x})^2}{\sigma^2} \sim \chi^2(n-1) \tag{7.28}$$

(7.28) の右辺の分子を偏差平方和といい，S で表して

$$S = \sum_{i=1}^{n} (x_i - \overline{x})^2$$

(7.28) は

$$\frac{S}{\sigma^2} \sim \chi^2(n-1) \tag{7.28'}$$

と表される．

また $Y_1, \dots, Y_m$ がそれぞれ独立に自由度 $\phi_1, \dots, \phi_m$ のカイ二乗分布にしたがうとき，$Y_1 + \cdots + Y_m$ は自由度 $\phi_1 + \cdots + \phi_m$ のカイ二乗分布にしたがう．

$$Y_1 \sim \chi^2(\phi_1), \dots, Y_m \sim \chi^2(\phi_m), \qquad Y_i \perp Y_j \text{のとき}$$
$$Y_1 + \cdots + Y_m \sim \chi^2(\phi_1 + \cdots + \phi_m) \tag{7.29}$$

これを分布の再生性といい，カイ二乗分布の他に正規分布，二項分布，ポアソン分布などもこの性質をもつ．

(7.28) のカイ二乗統計量は 1 つの母分散に関するものだが，2 つの母集団について分散を比較する場合はつぎの F 検定 (等分散の検定) をおこなう．

等分散の検定　確率変数 Y_1 が自由度 ϕ_1 のカイ二乗分布にしたがい，Y_2 が自由度 ϕ_2 のカイ二乗分布にしたがうとき，Y_1 と Y_2 が独立ならば

$$F = \frac{Y_1/\phi_1}{Y_2/\phi_2} \tag{7.30}$$

とおくと，Fは自由度 ϕ_1, ϕ_2 の F分布 $F(\phi_1, \phi_2)$ にしたがう．

$$F \sim F(\phi_1, \phi_2) \tag{7.31}$$

$$\text{ただし} Y_1 \sim \chi^2(\phi_1), \qquad Y_2 \sim \chi^2(\phi_2), \qquad Y_1 \perp Y_2$$

2つの正規母集団 $N(\mu_1, \sigma_1^2)$，$N(\mu_2, \sigma_2^2)$ から n_1 個と n_2 個のデータを取ってもとめた偏差平方和を S_1, S_2 とすると，(7.28') から

$$\frac{S_1}{\sigma_1^2} \sim \chi^2(n_1 - 1)$$
$$\frac{S_2}{\sigma_2^2} \sim \chi^2(n_2 - 1)$$

である．これらを (7.30) に代入すると $Y_1 = \dfrac{S_1}{\sigma_1^2}, Y_2 = \dfrac{S_2}{\sigma_2^2}$ なので，(7.30),(7.31) から

$$F = \frac{\frac{S_1/\sigma_1^2}{n_1-1}}{\frac{S_2/\sigma_2^2}{n_2-1}}$$
$$= \frac{V_1/\sigma_1^2}{V_2/\sigma_2^2} \sim F(n_1 - 1, n_2 - 1) \tag{7.32}$$

となり，$\sigma_1^2 = \sigma_2^2$ の場合は

$$F = \frac{V_1}{V_2} \tag{7.33}$$

が自由度 $n_1 - 1, n_2 - 1$ の F分布，$F(n_1 - 1, n_2 - 1)$ にしたがう．これをもちいて $\dfrac{V_1}{V_2}$ の値が $F(n_1 - 1, n_2 - 1)$ 分布の下側 $\dfrac{\alpha}{2}$ 点から上側 $\dfrac{\alpha}{2}$ 点までの間に入るか否かにより，つぎの等分散の検定を行う．

等分散の検定

$H_0 : \sigma_1^2 = \sigma_2^2$

$H_1 : \sigma_1^2 \neq \sigma_2^2$

危険率の設定

検定統計量

$$F_0 = \frac{V_1}{V_2} \qquad \text{ただし} V_1 \geq V_2 \text{とする}$$

$$F_0 \geq F\left(n_1-1, n_2-1, \frac{\alpha}{2}\right) のとき H_0 を棄却する.$$ 4)

7.7 相関係数

2 つの確率変数 X_1 と X_2 の共分散は 7.1 節から

$$\mathrm{Cov}(X_1, X_2) = E[\{X_1 - E(X_1)\}\{X_2 - E(X_2)\}] \tag{7.10}$$

と定義される. n 個の個体でデータが

$$X_1 について \quad x_{11}, \ldots, x_{n1}$$
$$X_2 について \quad x_{12}, \ldots, x_{n2}$$

として得られているとき, 変数 X_1 の標本分散は表 7.2 から

$$s_{11} = \frac{1}{n}\sum_{i=1}^{n}(x_{i1} - \overline{x}_1)^2 \tag{7.34}$$

変数 X_1 と変数 X_2 の標本共分散は

$$s_{12} = \frac{1}{n}\sum_{i=1}^{n}(x_{i1} - \overline{x}_1)(x_{i2} - \overline{x}_2) \tag{7.35}$$

としてもとめられる.

標本共分散は 2 つの変数間の関連の度合いを表すが, 変数の表されている単位により値が異なるので, (7.35) でそれぞれの平均偏差を標準偏差で割り, 無名数としたものの積を相関係数と定義して

$$r_{12} = \frac{1}{n}\sum\left\{\frac{(x_{i1} - \overline{x}_1)}{s_1} \times \frac{(x_{i2} - \overline{x}_2)}{s_2}\right\} \tag{7.36}$$

---

4) 2 つの母分散が等しいか否かを調べるのは両側検定で, F_0 の値を上側, 下側の棄却域と比べる. 通常 F 分布表には上側パーセント点のみが載っており, 下側のパーセント点は

$$F(\phi_1, \phi_2, 1-\alpha) = \frac{1}{F(\phi_2, \phi_1, \alpha)} \tag{*}$$

からもとめられる. しかし F 分布表では, 上側 $5\%, \ldots, 1\%$ のパーセント点はみな 1 以上の値になっているので, (*) から下側のパーセント点は必ず 1 以下の値になる. そこで, V_1 と V_2 の大きい方を分子にもってくれば, F_0 の値は 1 以上になり, F_0 の値を下側棄却域と比べる必要はない. ([2]7.3 節参照)

$$= \frac{s_{12}}{\sqrt{s_{11}}\sqrt{s_{22}}} \tag{7.37}$$

と表す．(7.36) は標準化した変量での共分散として表されている．

以降は変数ベクトルを平均偏差ベクトルで表し

$$\boldsymbol{x}_1 = \begin{bmatrix} x_{11} - \overline{x}_1 \\ \vdots \\ x_{n1} - \overline{x}_1 \end{bmatrix} \qquad \boldsymbol{x}_2 = \begin{bmatrix} x_{12} - \overline{x}_2 \\ \vdots \\ x_{n2} - \overline{x}_2 \end{bmatrix} \tag{7.38}$$

とする．データの値をそのまま要素とするベクトルは $\boldsymbol{x}_{R1}, \boldsymbol{x}_{R2}$ で表す．$\boldsymbol{x}_1$，$\boldsymbol{x}_2$ をもちいて，変数 X_1 の標本分散は

$$\begin{aligned} s_{11} &= \frac{1}{n}\sum_{i=1}^{n}(x_{i1} - \overline{x}_1)^2 \\ &= \frac{1}{n}\boldsymbol{x}_1^t\boldsymbol{x}_1 \end{aligned} \tag{7.39}$$

変数 X_1 と変数 X_2 の標本共分散は

$$\begin{aligned} s_{12} &= \frac{1}{n}\sum_{i=1}^{n}(x_{i1} - \overline{x}_1)(x_{i2} - \overline{x}_2) \\ &= \frac{1}{n}\boldsymbol{x}_1^t\boldsymbol{x}_2 \end{aligned} \tag{7.40}$$

と表される．

相関係数 (7.37) は

$$\begin{aligned} r_{12} &= \frac{\frac{1}{n}\boldsymbol{x}_1^t\boldsymbol{x}_2}{\sqrt{\frac{1}{n}\boldsymbol{x}_1^t\boldsymbol{x}_1}\sqrt{\frac{1}{n}\boldsymbol{x}_2^t\boldsymbol{x}_2}} \\ &= \frac{\boldsymbol{x}_1^t\boldsymbol{x}_2}{\sqrt{\boldsymbol{x}_1^t\boldsymbol{x}_1}\sqrt{\boldsymbol{x}_2^t\boldsymbol{x}_2}} \\ &= \frac{(\boldsymbol{x}_1, \boldsymbol{x}_2)}{\|\boldsymbol{x}_1\|\|\boldsymbol{x}_2\|} \end{aligned} \tag{7.41}$$

となる．(1.7) から，2 本のベクトル $\boldsymbol{x}$ と $\boldsymbol{y}$ の間の角度 θ は

$$\cos\theta = \frac{(\boldsymbol{x}, \boldsymbol{y})}{\|\boldsymbol{x}\|\|\boldsymbol{y}\|} \tag{1.7}$$

を満たす θ として定義されていた．(7.41) は (1.7) とおなじ式になっているので，相関係数 r_{12} は $\boldsymbol{x}_1$ と $\boldsymbol{x}_2$ のなす角度の $\cos\theta$ に等しく，-1 から 1 までの値をとる．

$$-1 \leq r_{12} \leq 1 \tag{7.42}$$

7.8　分散共分散行列

多変量解析でもちいられるデータは，以下のように p 個の変数について n 個の個体で取られているものとし，各々変数平均からの偏差で表されているとする．

	変数 1	$\cdots$	変数 p
個体 No.1	$x_{11}-\overline{x}_1$	$\cdots$	$x_{1p}-\overline{x}_p$
$\vdots$	$\vdots$		$\vdots$
個体 No.n	$x_{n1}-\overline{x}_1$	$\cdots$	$x_{np}-\overline{x}_p$

表 7.3　p 変数のデータ

表 7.3 のデータを平均偏差ベクトル $\boldsymbol{x}_1,\dots,\boldsymbol{x}_p$ で表すと，p 個の変数について変数 X_i と変数 X_j の標本分散，標本共分散は

$$s_{ii} = \frac{1}{n}\boldsymbol{x}_i^t\boldsymbol{x}_i \tag{7.39}$$

$$s_{ij} = \frac{1}{n}\boldsymbol{x}_i^t\boldsymbol{x}_j \tag{7.40}$$

$$(i,\ j = 1,\dots,p)$$

で表される．分散共分散行列は，7.1 節から確率変数 $X_1,\dots,X_n$ について各変数の分散と 2 変数間の共分散を要素とする $n\times n$ 行列 (7.12) である．表 7.3 の

p 変数のデータについては (7.39)，(7.40) を要素とする $p \times p$ 行列を S で表し

$$S = \begin{bmatrix} s_{11} & \cdots & s_{1p} \\ \vdots & & \vdots \\ s_{p1} & \cdots & s_{pp} \end{bmatrix}$$

$$= \frac{1}{n} \begin{bmatrix} \boldsymbol{x}_1^t \boldsymbol{x}_1 & \boldsymbol{x}_1^t \boldsymbol{x}_2 & \cdots & \boldsymbol{x}_1^t \boldsymbol{x}_p \\ \vdots & \vdots & & \vdots \\ \boldsymbol{x}_p^t \boldsymbol{x}_1 & \boldsymbol{x}_p^t \boldsymbol{x}_1 & \cdots & \boldsymbol{x}_p^t \boldsymbol{x}_p \end{bmatrix} \tag{7.43}$$

になる．これは $\boldsymbol{x}_1, \ldots, \boldsymbol{x}_p$ を列ベクトルとする行列を

$$X = \begin{bmatrix} \boldsymbol{x}_1, & \cdots & , \boldsymbol{x}_p \end{bmatrix}$$

として

$$S = \frac{1}{n} X^t X \tag{7.44}$$

と表される．$\boldsymbol{x}_i^t \boldsymbol{x}_j = \boldsymbol{x}_j^t \boldsymbol{x}_i$ なので S は対称行列である．また $\mathbf{0}$ でない任意のベクトル $\boldsymbol{y}$ に対して二次形式 $\boldsymbol{y}^t S \boldsymbol{y}$ は

$$\begin{aligned} \boldsymbol{y}^t S \boldsymbol{y} &= \frac{1}{n} \boldsymbol{y}^t X^t X \boldsymbol{y} \\ &= \frac{1}{n} (X\boldsymbol{y})^t X \boldsymbol{y} \end{aligned}$$

となり，X はデータ行列，また $X\boldsymbol{y}$ は 1 本のベクトルなので $\boldsymbol{y}^t S \boldsymbol{y}$ の値は正の値となり，4.6 節から S は正定値行列になっている．

分散共分散行列の ij 要素を (7.41) の r_{ij} に置き換えたものを相関行列という．相関行列は分散共分散行列の要素を標準化したものなので，分散共分散行列同様，対称行列である．$p = 3$ の場合の相関行列は

$$R = \begin{bmatrix} r_{11} & r_{12} & r_{13} \\ r_{21} & r_{22} & r_{23} \\ r_{31} & r_{32} & r_{33} \end{bmatrix}$$

で，その対角要素は 1 になる．

7.9 多変量確率分布

ここまでは 1 つの確率変数が対象であったが，7.9 節では複数個の確率変数を同時に考える．簡単のため，まず確率変数が 2 つの場合を考える．

離散確率変数について．2 つの確率変数を X, Y とし，X は $x_1, \dots, x_m$，Y は $y_1, \dots, y_n$ の値をとるものとする．X と Y を一組として考え，X が x_i，Y が y_j となる確率 $P(X = x_i, Y = y_i)$ を

$$P(X = x_i, Y = y_j) = p_{ij}$$
$$i = 1, \dots, m \qquad j = 1, \dots, n$$

で表す．p_{ij} を X と Y の同時確率分布といい

$$p_{ij} \geq 0 \qquad \sum\sum p_{ij} = 1 \tag{7.45}$$

を満たす．同時確率分布で，X の 1 つの値に対する Y のすべての値での確率をたし合わせたものを X の周辺確率分布，Y の 1 つの値に対する X のすべての値での確率をたし合わせたものを Y の周辺確率分布という．

Xの周辺確率分布　　　　Yの周辺確率分布

$$P(X = x_i) = \sum_{j=1}^{n} p_{ij} = p_{i\cdot} \qquad P(Y = y_j) = \sum_{i=1}^{m} p_{ij} = p_{\cdot j} \tag{7.46}$$

また X と Y が独立であることを

$$p_{ij} = p_{i\cdot} p_{\cdot j} \tag{7.47}$$

で定義する．正 12 面体の賽を振って出る目を X，正 6 面体の賽 (普通のさいころ) を振って出る目を Y とする．$X = 1, \dots, 12, Y = 1, \dots, 6$ であり，$P(X = 1) = \cdots = P(X = 12) = \dfrac{1}{12}, P(Y = 1) = \cdots = P(Y = 6) = \dfrac{1}{6}$ である．2 つの賽が独立に振られている場合，同時確率分布は表 7.4 になる．

Y / X	1	2	3	4	5	6	X の周辺確率分布
1	$\frac{1}{72}$	$\frac{1}{72}$	$\frac{1}{72}$	$\frac{1}{72}$	$\frac{1}{72}$	$\frac{1}{72}$	$p_{1\cdot} = \frac{1}{12}$
2	$\frac{1}{72}$	$\frac{1}{72}$	$\frac{1}{72}$	$\frac{1}{72}$	$\frac{1}{72}$	$\frac{1}{72}$	$p_{2\cdot} = \frac{1}{12}$
3	$\frac{1}{72}$	$\frac{1}{72}$	$\frac{1}{72}$	$\frac{1}{72}$	$\frac{1}{72}$	$\frac{1}{72}$	$p_{3\cdot} = \frac{1}{12}$
4	$\frac{1}{72}$	$\frac{1}{72}$	$\frac{1}{72}$	$\frac{1}{72}$	$\frac{1}{72}$	$\frac{1}{72}$	$p_{4\cdot} = \frac{1}{12}$
5	$\frac{1}{72}$	$\frac{1}{72}$	$\frac{1}{72}$	$\frac{1}{72}$	$\frac{1}{72}$	$\frac{1}{72}$	$p_{5\cdot} = \frac{1}{12}$
6	$\frac{1}{72}$	$\frac{1}{72}$	$\frac{1}{72}$	$\frac{1}{72}$	$\frac{1}{72}$	$\frac{1}{72}$	$p_{6\cdot} = \frac{1}{12}$
7	$\frac{1}{72}$	$\frac{1}{72}$	$\frac{1}{72}$	$\frac{1}{72}$	$\frac{1}{72}$	$\frac{1}{72}$	$p_{7\cdot} = \frac{1}{12}$
8	$\frac{1}{72}$	$\frac{1}{72}$	$\frac{1}{72}$	$\frac{1}{72}$	$\frac{1}{72}$	$\frac{1}{72}$	$p_{8\cdot} = \frac{1}{12}$
9	$\frac{1}{72}$	$\frac{1}{72}$	$\frac{1}{72}$	$\frac{1}{72}$	$\frac{1}{72}$	$\frac{1}{72}$	$p_{9\cdot} = \frac{1}{12}$
10	$\frac{1}{72}$	$\frac{1}{72}$	$\frac{1}{72}$	$\frac{1}{72}$	$\frac{1}{72}$	$\frac{1}{72}$	$p_{10\cdot} = \frac{1}{12}$
11	$\frac{1}{72}$	$\frac{1}{72}$	$\frac{1}{72}$	$\frac{1}{72}$	$\frac{1}{72}$	$\frac{1}{72}$	$p_{11\cdot} = \frac{1}{12}$
12	$\frac{1}{72}$	$\frac{1}{72}$	$\frac{1}{72}$	$\frac{1}{72}$	$\frac{1}{72}$	$\frac{1}{72}$	$p_{12\cdot} = \frac{1}{12}$
Y の周辺確率分布	$p_{\cdot 1}$ $\frac{1}{6}$	$p_{\cdot 2}$ $\frac{1}{6}$	$p_{\cdot 3}$ $\frac{1}{6}$	$p_{\cdot 4}$ $\frac{1}{6}$	$p_{\cdot 5}$ $\frac{1}{6}$	$p_{\cdot 6}$ $\frac{1}{6}$	

表 7.4　正 6 面体と正 12 面体の目の同時確率分布

連続確率変数では 2 つ以上の確率変数を一組として考える場合，密度関数は同時確率密度関数となり，確率変数が X と Y の 2 つの場合，同時確率密度関数は $f(x,y)$ で

$$f(x,y) \geq 0, \qquad \int_{-\infty}^{\infty}\int_{-\infty}^{\infty} f(x,y)dxdy = 1 \tag{7.48}$$

である．X が a から b，Y が c から d の値をとる確率は

$$P(a \leq X \leq b, c \leq Y \leq d) = \int_c^d \int_a^b f(x,y)dxdy \tag{7.49}$$

となる．同時確率密度関数において，Y についてたし合わせた (すなわち積分した) ものを X の周辺確率密度関数 $g(x)$ という．Y についても同様で

$$\begin{aligned} g(x) &= \int_{-\infty}^{\infty} f(x,y)dy \\ h(y) &= \int_{-\infty}^{\infty} f(x,y)dx \end{aligned} \tag{7.50}$$

となる．同時確率密度関数 $f(x,y)$ がそれぞれの周辺確率密度関数の積になっている場合，すなわち

$$f(x,y) = g(x)h(y) \tag{7.51}$$

が成り立つとき X と Y は独立という．

以降は正規変数について多変量正規分布を考える．行列との混同を避けるため，以降，確率変数は小文字で表す．

7.3 節から正規分布 $N(\mu,\sigma^2)$ にしたがう一つの確率変数 x の確率密度関数は

$$f(x) = \frac{1}{\sqrt{2\pi}\sigma}\exp\left\{-\frac{(x-\mu)^2}{2\sigma^2}\right\} \tag{7.20}$$

であり，標準正規分布 $N(0,1^2)$ にしたがう確率変数 u では確率密度関数は

$$f(u) = \frac{1}{\sqrt{2\pi}}\exp\left(-\frac{1}{2}u^2\right) \tag{7.22}$$

である．

いま $u_1,\dots,u_n$ を標準正規分布 $N(0,1^2)$ にしたがう独立な確率変数として，その一次結合でたがいに相関のある n 個の確率変数 $x_1,\dots,x_n$ をつくる．$E(u_i)=0$ なので，$x_1,\dots,x_n$ の母平均として $\mu_1,\dots,\mu_n$ を加えて

$$x_i = a_{i1}u_1 + \cdots + a_{in}u_n + \mu_i \tag{7.52}$$

とする．一次結合の係数 a_{ij} を行列にまとめて

$$\underset{\boldsymbol{x}}{\begin{bmatrix} x_1 \\ \vdots \\ x_n \end{bmatrix}} = \underset{A}{\begin{bmatrix} a_{11} & \cdots & a_{1n} \\ \vdots & \ddots & \vdots \\ a_{n1} & \cdots & a_{nn} \end{bmatrix}} \underset{\boldsymbol{u}}{\begin{bmatrix} u_1 \\ \vdots \\ u_n \end{bmatrix}} + \underset{\boldsymbol{\mu}}{\begin{bmatrix} \mu_1 \\ \vdots \\ \mu_n \end{bmatrix}}$$

$$\boldsymbol{x} = A\boldsymbol{u} + \boldsymbol{\mu} \tag{7.53}$$

と表す．Aには逆行列が存在するとする．

正規分布にしたがう n 個の確率変数の同時確率分布は多変量正規分布になる．$u_1,\dots,u_n$ については，$u_1,\dots,u_n$ が独立に $N(0,1^2)$ にしたがうので $\boldsymbol{u}$ の同

時確率密度関数はそれぞれの確率密度関数の積になり

$$\begin{aligned} f(\boldsymbol{u}) &= \frac{1}{\sqrt{2\pi}} \exp\left(-\frac{u_1^2}{2}\right) \cdots \frac{1}{\sqrt{2\pi}} \exp\left(-\frac{u_n^2}{2}\right) \\ &= \left(\frac{1}{\sqrt{2\pi}}\right)^n \exp\left(-\frac{1}{2}\boldsymbol{u}^t\boldsymbol{u}\right) \end{aligned} \tag{7.54}$$

である．$\boldsymbol{x}$ の同時確率密度関数は $f(\boldsymbol{u})$ に $\boldsymbol{u}$ から $\boldsymbol{x}$ への変換のヤコビアン $|A|$(係数行列Aの行列式) の逆数を掛け[4)]

$$f(\boldsymbol{x}) = f(\boldsymbol{u})|A|^{-1} \tag{7.55}$$

となる．(7.55) は (7.54) から

$$f(\boldsymbol{x}) = \frac{1}{(\sqrt{2\pi})^n|A|} \exp\left(-\frac{1}{2}\boldsymbol{u}^t\boldsymbol{u}\right) \tag{7.56}$$

(7.53) から $\boldsymbol{u} = A^{-1}(\boldsymbol{x}-\boldsymbol{\mu})$ なので

$$\begin{aligned} f(\boldsymbol{x}) &= \frac{1}{(\sqrt{2\pi})^n|A|} \exp\left[-\frac{1}{2}\{A^{-1}(\boldsymbol{x}-\boldsymbol{\mu})\}^t\{A^{-1}(\boldsymbol{x}-\boldsymbol{\mu})\}\right] \\ &= \frac{1}{(\sqrt{2\pi})^n|A|} \exp\left\{-\frac{1}{2}(\boldsymbol{x}-\boldsymbol{\mu})^t(A^{-1})^tA^{-1}(\boldsymbol{x}-\boldsymbol{\mu})\right\} \end{aligned}$$

(2.7) から $(A^{-1})^t = (A^t)^{-1}$，また (2.6) から

$$f(\boldsymbol{x}) = \frac{1}{(\sqrt{2\pi})^n|A|} \exp\left\{-\frac{1}{2}(\boldsymbol{x}-\boldsymbol{\mu})^t(AA^t)^{-1}(\boldsymbol{x}-\boldsymbol{\mu})\right\} \tag{7.57}$$

[4)] 確率変数 $\boldsymbol{u} = \begin{bmatrix} u_1 \\ \vdots \\ u_n \end{bmatrix}$ の $\boldsymbol{x} = \begin{bmatrix} x_1 \\ \vdots \\ x_n \end{bmatrix}$ への変換について

$$x_1 = \phi_1(\boldsymbol{u}), \dots, x_n = \phi_n(\boldsymbol{u})$$

であるとき，$\boldsymbol{x}$ の同時確率密度関数 $f(\boldsymbol{x})$ と $\boldsymbol{u}$ の同時確率密度関数 $f(\boldsymbol{u})$ の間には，$\boldsymbol{x} = \phi(\boldsymbol{u})$ のヤコビアンを J として

$$f(\boldsymbol{x}) = f(\boldsymbol{u})J^{-1}$$

の関係がある．ここでは $\boldsymbol{u}$ から $\boldsymbol{x}$ への変換は線形変換 A なので，

$$f(\boldsymbol{x}) = f(\boldsymbol{u})|A|^{-1}$$

となる．

となる．

AA^t は分散共分散行列に相当するもので[5)]

$$AA^t = \Sigma \tag{7.58}$$

とおく．行列式の絶対値については

$$|AB| = |A||B|, |A^t| = |A|$$

なので $AA^t = \Sigma$ について

$$|AA^t| = |A|^2$$

から $|A|$ は

$$|A| = |AA^t|^{\frac{1}{2}} = |\Sigma|^{\frac{1}{2}}$$

と表される．したがって $\boldsymbol{x}$ の同時確率密度関数 (7.57) は

$$f(\boldsymbol{x}) = \frac{1}{(\sqrt{2\pi})^n|\Sigma|^{\frac{1}{2}}} \exp\left\{-\frac{1}{2}(\boldsymbol{x}-\boldsymbol{\mu})^t \Sigma^{-1}(\boldsymbol{x}-\boldsymbol{\mu})\right\} \tag{7.59}$$

となる．同時確率密度関数が (7.59) で表される多変量正規分布にしたがう $\boldsymbol{x} = \begin{bmatrix} x_1 \\ \vdots \\ x_n \end{bmatrix}$ を

$$\boldsymbol{x} \sim N(\boldsymbol{\mu}, \boldsymbol{\Sigma}) \tag{7.60}$$

と表す．(7.59) で $\dfrac{1}{(\sqrt{2\pi})^n|\Sigma|^{\frac{1}{2}}}$ の部分はグラフの下の面積を 1 にするためのもので，確率密度関数の主要部分は指数部分である．

(7.59) の指数部分 $(\boldsymbol{x}-\boldsymbol{\mu})^t\Sigma^{-1}(\boldsymbol{x}-\boldsymbol{\mu})$ は二次形式である．A には逆行列が存在するという前提で $\boldsymbol{u}$ を $A^{-1}(\boldsymbol{x}-\boldsymbol{\mu})$ で置き換えたので，(7.56)，(7.59) および (7.27) から二次形式 $(\boldsymbol{x}-\boldsymbol{\mu})\Sigma^{-1}(\boldsymbol{x}-\boldsymbol{\mu})$ は自由度 n のカイ二乗分布にしたがう．

$$(\boldsymbol{x}-\boldsymbol{\mu})^t\Sigma^{-1}(\boldsymbol{x}-\boldsymbol{\mu}) \sim \chi^2(n) \tag{7.61}$$

---

5) 導出は積率母関数による．

すなわち多変量正規分布にしたがう確率変数 $\boldsymbol{x}$ では，確率密度関数のべきの部分の $\boldsymbol{x}$ の関数 (分散共分散行列の逆行列を係数行列とする二次形式) がカイ二乗分布にしたがう．(7.61) において変数部分を平均偏差としない場合では，二次形式 $\boldsymbol{x}^t \Sigma^{-1} \boldsymbol{x}$ は自由度 n，非心度 $\lambda = \boldsymbol{\mu}^t \Sigma^{-1} \boldsymbol{\mu}$ の非心カイ二乗分布にしたがう．

$$
\begin{aligned}
&\boldsymbol{x} \sim N(\boldsymbol{\mu}, \boldsymbol{\Sigma})\text{のとき} \\
&\qquad \boldsymbol{x}^t \Sigma^{-1} \boldsymbol{x} \sim \chi^2(n, \lambda) \qquad (7.62) \\
&\qquad\qquad \text{ただし}\lambda = \boldsymbol{\mu}^t \Sigma^{-1} \boldsymbol{\mu}
\end{aligned}
$$

また (7.62) において，$x_1, \ldots, x_n$ がたがいに独立で分散が等しい場合，すなわち $\boldsymbol{x} \sim N(\boldsymbol{\mu}, \sigma^2 \boldsymbol{I})$ のとき，二次形式は

$$
\begin{aligned}
\boldsymbol{x}^t (\sigma^2 \boldsymbol{I})^{-1} \boldsymbol{x} &= \begin{bmatrix} x_1, & \cdots & , x_n \end{bmatrix} \begin{bmatrix} \frac{1}{\sigma^2} & & O \\ & \ddots & \\ O & & \frac{1}{\sigma^2} \end{bmatrix} \begin{bmatrix} x_1 \\ \vdots \\ x_n \end{bmatrix} \\
&= \frac{x_1^2}{\sigma^2} + \cdots + \frac{x_n^2}{\sigma^2} \qquad (7.63)
\end{aligned}
$$

となり，$\boldsymbol{x}^t (\sigma^2 \boldsymbol{I})^{-1} \boldsymbol{x} = \frac{\sum x_i^2}{\sigma^2}$ は自由度 n，非心度 $\lambda = \frac{\sum \mu_i^2}{\sigma^2}$ の非心カイ二乗分布にしたがう．

$$
\begin{aligned}
&\boldsymbol{x} \sim N(\boldsymbol{\mu}, \sigma^2 \boldsymbol{I})\text{のとき} \\
&\qquad \boldsymbol{x}^t (\sigma^2 \boldsymbol{I})^{-1} \boldsymbol{x} \sim \chi^2(n, \lambda) \qquad (7.64) \\
&\qquad\qquad \text{ただし}\lambda = \boldsymbol{\mu}^t (\sigma^2 \boldsymbol{I})^{-1} \boldsymbol{\mu}
\end{aligned}
$$

7.10 個数データの検定

コインを投げたとき結果は表が出るか裏が出るかの 2 通りである．またさいころを振って出た目が 1 かそれ以外かも，2 つのうちのどちらかである．この

ように結果が排反な[6] 2 種類だけで，その確率が決まっている場合，独立に n 回繰り返した中で，注目している結果 (コインの表が出る，さいころの 1 の目が出る) の起きる回数を X，確率を p とすると X は確率変数で，二項分布 $B(n,p)$ にしたがう．

$$X \sim B(n,p) \tag{7.65}$$

(7.65) の X がある値 x である確率は

$$P(X=x) = \frac{n!}{(n-x)!x!} p^x (1-p)^{n-x} \qquad (x = 0, 1, \dots, n) \tag{7.66}$$

で与えられる．$B(n,p)$ において n が大きく，p が 0 または 1 に近くない場合，$np \geq 5$ かつ $n(1-p) \geq 5$ のとき，二項分布 $B(n,p)$ は平均 $\mu = np$，分散 $\sigma^2 = np(1-p)$ の正規分布 $N(np, np(1-p))$ で近似される．すなわち確率 p の事柄が n 回のうちに起きる回数 X は近似的に正規分布 $N(np, np(1-p))$ にしたがう．

$$\begin{aligned} &X \sim N(np, np(1-p)) \\ &\qquad \text{ただし} np \geq 5 \text{かつ} n(1-p) \geq 5 \end{aligned} \tag{7.67}$$

上は結果が 2 通りであったが，結果が 3 通り以上の場合は多項分布を考える．たがいに排反な結果が m 通りあり，それぞれの結果の起きる確率を $p_1, \dots, p_m$，n 回独立に繰り返したときに起きる回数を $X_1, \dots, X_m$ とすると $X_1, \dots, X_m$ は確率変数で，n 回中にそれぞれの結果が $x_1, \dots, x_m$ 回起きる確率は

$$\begin{aligned} &P(X_1 = x_1, \dots, X_m = x_m) = \frac{n!}{x_1! \cdots x_m!} p_1^{x_1} \cdots p_m^{x_m} \\ &\qquad \text{ただし} x_1 + \cdots + x_m = n \qquad p_1 + \cdots + p_m = 1 \end{aligned} \tag{7.68}$$

でもとめられる．(7.68) は $X_1, \dots, X_m$ の同時確率分布であり，同時確率分布として (7.68) をもつ分布を多項分布という．(7.68) において n が大きく $np_i \geq 5$ のとき，m 通りの結果について，それぞれの確率 p_i と n 回中の生起回数 x_i か

[6] 2 つ以上の事柄で，同時には起こらないものをたがいに排反という．トランプのカードを 1 枚取り出したとき，そのカードがエースであることと，絵札であることとはたがいに排反である．

ら $\frac{x_i - np_i}{\sqrt{np_i}}$ という変数をつくると，その2乗和は近似的に自由度 $m-1$ のカイ二乗分布にしたがう [6].

$$\frac{(x_1 - np_1)^2}{np_1} + \cdots + \frac{(x_m - np_m)^2}{np_m} \sim \chi^2(m-1) \tag{7.69}$$

((7.69)の理論的な背景は[3]9.5.2節参照.)

以上から個数データについて，以下の検定を考えることができる．(7.65) から (7.69) まで n 回中の生起回数を x_i で表してきたが，以下では11章対応分析での表記に合わせて，変数を f_i とする．

適合度の検定　——項目が1つの場合——

N 個の個体が m 個のケース (選択肢) に分類され，それぞれの個数が $f_1, \ldots, f_m$ $(\sum f_i = N)$ であるとする．この個数を度数，N を総度数といい，m 個の選択肢への総度数の配分が想定した理論に合っているかどうかを適合度の検定によって判断する．各選択肢の理論上の比率を $p_1, \ldots, p_m$ とすると，それぞれの選択肢の度数の期待値 (期待度数) は

$$E(f_i) = Np_i \qquad (i = 1, \ldots, m, \ \sum p_i = 1) \tag{7.70}$$

となる．

選択肢	1	$\cdots$	m
観測度数	f_1	$\cdots$	f_m
理論比率	p_1	$\cdots$	p_m
期待度数	Np_1	$\cdots$	Np_m

表 7.5　m **個の選択肢の観測度数と期待度数**

これを (7.68) の多項分布と比べて，総度数 N を繰り返し数 n に，m 個の選択肢を排反な m 通りの結果に対応させると，理論比率 $p_1, \ldots, p_m$ の下で各選択肢の度数が $f_1, \ldots, f_m$ となる確率は (7.68) で表される．(7.68) の多項分布から (7.69) のカイ二乗近似が得られたが，(7.70) の期待度数 $E(f_i)$ は総度数 × 選択肢の理論比率であり，(7.69) における np_i に相当する．したがって表 7.5 の度

数について，観測度数と期待度数との差の二乗を期待度数で割った値の合計は近似的に自由度 $m-1$ のカイ二乗分布にしたがう

$$\chi^2 = \sum \frac{\{f_i - E(f_i)\}^2}{E(f_i)} = \sum \frac{(f_i - Np_i)^2}{Np_i}$$
$$\sim \chi^2(m-1) \qquad \text{ただし} Np_i \geq 5 \tag{7.71}$$

(7.71) は観測度数の期待度数からの乖離に対応しているので，これを利用して観測された度数が理論上の比率に合っているかどうかを検定することができる．危険率 α を決め

$$H_0 : m\text{個の選択肢の比率は} p_1, \ldots, p_m$$

として

$$\chi_0^2 = \sum \frac{(f_i - Np_i)^2}{Np_i}$$

の値が自由度 $m-1$ のカイ二乗分布の上側 α 点より大きい

$$\chi_0^2 \geq \chi^2 \ (m-1, \alpha)$$

場合には観測度数の期待度数からの乖離が大きく，危険率 α で観測度数の期待値は H_0 の下での期待度数とは異なる，すなわち選択肢の比率は $p_1, \ldots, p_m$ とは言えないとする．

独立性の検定　——項目が 2 つの場合——

次に 2 つの項目，項目 1 と項目 2 があり，項目 1 は m 個の選択肢に，項目 2 は n 個の選択肢に分けられているとする．N 個の対象で項目 1，項目 2 についてそれぞれ当てはまる欄 (セル) に度数を記入したものを分割表という．項目 1 が第 i 選択肢，項目 2 が第 j 選択肢に該当する度数を f_{ij} で表す．

$$\sum_{i=1}^{m} \sum_{j=1}^{n} f_{ij} = N \qquad (i = 1, \ldots, m,\ j = 1, \ldots, n) \tag{7.72}$$

各行において，n 個のセルの度数を合計したものを第 i 行の合計 $f_{i\cdot}$，各列において，m 個のセルの度数を合計したものを第 j 列の合計 $f_{\cdot j}$ で表す．

項目	項目 2				
	選択肢	1	⋯	n	行計
項目1	1	f_{11}	⋯	f_{1n}	$f_{1\cdot}$
	⋮	⋮		⋮	⋮
	m	f_{m1}	⋯	f_{mn}	$f_{m\cdot}$
	列計	$f_{\cdot 1}$	⋯	$f_{\cdot n}$	N

表 7.6 分割表 (度数表)

表 7.6 の分割表の各セルを総度数 N で割ったものが比率表になる.

項目	項目 2				
	選択肢	1	⋯	n	行計
項目1	1	p_{11}	⋯	p_{1n}	$p_{1\cdot}$
	⋮	⋮		⋮	⋮
	m	p_{m1}	⋯	p_{mn}	$p_{m\cdot}$
	列計	$p_{\cdot 1}$	⋯	$p_{\cdot n}$	1

表 7.7 比率表

表 7.7 は mn 個のセルの部分が項目 1 と項目 2 の同時確率分布に，行計と列計は周辺確率分布になっている．$p_{i\cdot}$ は項目 1 が第 i 選択肢である確率，$p_{\cdot j}$ は項目 2 が第 j 選択肢である確率である．

項目 1 と項目 2 が独立のとき，項目 1 が第 i 選択肢，項目 1 が第 j 選択肢である確率 p_{ij} は (7.47) から

$$p_{ij} = p_{i\cdot}p_{\cdot j} \tag{7.47}$$

である．表 7.7 の比率表で

$$p_{i\cdot} = \frac{f_{i\cdot}}{N} \qquad p_{\cdot j} = \frac{f_{\cdot j}}{N} \tag{7.73}$$

なので，2 つの項目が独立の場合の各セルの期待度数は

$$
\begin{aligned}
E(f_{ij}) &= Np_{i\cdot}p_{\cdot j} \\
&= \frac{f_{i\cdot}f_{\cdot j}}{N} \qquad (7.74)
\end{aligned}
$$

となる．(7.74) は (7.69) の np_i に相当するものであり

$$
H_0 : p_{ij} = p_{i\cdot}p_{\cdot j} \qquad \text{項目 1 と項目 2 は独立}
$$

の下でのカイ二乗近似は

$$
\begin{aligned}
\chi_0^2 &= \sum_{i=1}^{m}\sum_{j=1}^{n}\frac{\{f_{ij}-E(f_{ij})\}^2}{E(f_{ij})} \qquad (7.75) \\
&= \sum_{i=1}^{m}\sum_{j=1}^{n}\frac{\{f_{ij}-(f_{i\cdot}f_{\cdot j}/N)\}^2}{f_{i\cdot}f_{\cdot j}/N} \qquad (7.76)
\end{aligned}
$$

となる．

自由度については，全部で mn 個のセルがあるが，行については各行で n 個のセルの度数の和が行計 $f_{i\cdot}$ なので，各行で制約なく決められるものは $n-1$ 個．列についても同様に各列で制約なく決められるものは $m-1$ 個．したがって自由度は

$$
\phi = (m-1)(n-1) \qquad (7.77)
$$

になる．

適合度の場合と同様，(7.76) は観測度数と期待度数との乖離に対応した値であり，(7.76) の期待度数は 2 つの項目が独立の場合の値で，このとき (7.76) の χ_0^2 は近似的に自由度 $(m-1)(n-1)$ のカイ二乗分布にしたがう．したがって危険率 α を決めて $\chi_0^2 \geq \chi^2((m-1)(n-1), \alpha)$ の場合に実測度数は 2 項目が独立の場合に想定される度数からの乖離が大きく，危険率 α で 2 つの項目は独立とは言えないとする．

参考文献

[1] 東京大学教養学部統計学教室編　1991　統計学入門　東京大学出版会

[2] 高橋敬子　2013　理工系の統計学入門　プレアデス出版

[3] 山田秀，松浦峻　2019　統計的データ解析の基本　サイエンス社

[4] 佐和隆光　1979　回帰分析　朝倉書店

[5] 杉山将　web　確率と統計 (O) 「条件付き確率と多次元正規分布（第 7 章)」

[6] 薩摩順吉　1989　理工系の数学入門コース 7 確率・統計　岩波書店

Chapter 8

線形モデル

線形モデルは，ある変数 y を独立な変数 $x_1, \dots, x_p$ の線形結合に誤差を加えた形で表すモデルである．

$$y = \beta_1 x_1 + \cdots + \beta_p x_p + \varepsilon \tag{8.1}$$

(8.1) で $x_1, \dots, x_p$ は固定された値，β_k $(k = 1, \dots, p)$ は x_k の係数，また誤差 ε は各々独立に平均が 0 の正規分布にしたがうとし，等分散性を仮定する．

$$\varepsilon_i \sim N(0, \sigma^2) \qquad \varepsilon_i \perp \varepsilon_j \qquad i \neq j \tag{8.2}$$

y は定数 $\beta_1 x_1 + \cdots + \beta_p x_p$ に確率変動する ε が加わったもので，確率変数になる．データが n 個ある場合，個々のデータを

$$y_i = \beta_1 x_{i1} + \cdots + \beta_p x_{ip} + \varepsilon_i \qquad i = 1, \dots, n \tag{8.3}$$

と表し，n 個のデータをまとめて n 次元ベクトルで表す．$x_1, \dots, x_p$ を計画行列 X にまとめて (8.1) のモデルは

$$\begin{bmatrix} y_1 \\ \vdots \\ y_n \end{bmatrix} = \begin{bmatrix} x_{11} & \cdots & x_{1p} \\ \vdots & & \vdots \\ x_{n1} & \cdots & x_{np} \end{bmatrix} \begin{bmatrix} \beta_1 \\ \vdots \\ \beta_p \end{bmatrix} + \begin{bmatrix} \varepsilon_1 \\ \vdots \\ \varepsilon_n \end{bmatrix}$$

$\boldsymbol{x}_1 \qquad \boldsymbol{x}_p$

$\boldsymbol{y} \qquad X \qquad \boldsymbol{\beta} \qquad \boldsymbol{\varepsilon}$

$$\boldsymbol{y} = X\boldsymbol{\beta} + \boldsymbol{\varepsilon} \tag{8.4}$$

と表される．$\varepsilon_i \perp \varepsilon_j$ より $\boldsymbol{y}$ の n 個の要素はたがいに独立である．

このモデルには母平均の差の検定 (t 検定)，分散分析，共分散分析，回帰分析などが含まれるが，8 章ではこのうち回帰分析と分散分析を取り上げる．

回帰分析では独立変数 $\boldsymbol{x}_1, \ldots, \boldsymbol{x}_p$ を説明変数といい，定数ベクトルとして扱う．分散分析では $\boldsymbol{x}_1, \ldots, \boldsymbol{x}_p$ は $[1, \cdots, 1, 0, \cdots, 0]^t, \ldots, [0, \cdots, 0, 1, \cdots, 1]^t$ のようなダミー変数をとる．回帰分析，分散分析ともに計画行列にはすべての要素が 1 である $\mathbf{1}$ ベクトルが加わる．回帰分析では $\boldsymbol{x}_1, \ldots, \boldsymbol{x}_p$ は $\mathbf{1}$ ベクトルと独立なので計画行列 X は正則行列になるが，分散分析では $\boldsymbol{x}_1 + \cdots + \boldsymbol{x}_p = \mathbf{1}$(一元配置の場合) となるので，$X$ は正則ではない．

線形モデルの解は最小二乗法によってもとめられ，仮説検定は F 検定を行う．

なお本書では (8.4)，(8A.7) 式のように，行列を構成する列ベクトルの名称を行列の下に記す．

Chapter 8A 回帰分析

8A.1 単回帰分析

説明変数が 1 つの場合，変数 y は変数 x による直線の式

$$\eta = \beta_0 + \beta_1 x \tag{8A.3}$$

で表され，データとして実際に得られる値は (8A.3) に誤差 ε の加わった

$$y_i = \beta_0 + \beta_1 x_i + \varepsilon_i \qquad (i = 1, \ldots, n) \tag{8A.4}$$

であると仮定する．(8A.4) を回帰モデルといい，(8A.3) を回帰式 (回帰直線)，β_0 を定数項，β_1 を回帰係数という．

データの値 y_i は定数部分に確率変動する誤差が加わったもので (8.2) から

$$\begin{aligned} E(y_i) &= \beta_0 + \beta_1 x_i \\ V(y_i) &= V(\varepsilon_i) = \sigma^2 \end{aligned} \tag{8A.5}$$

より，y_i は $N(\beta_0 + \beta_1 x_i, \sigma^2)$ にしたがう．

$$y_i \sim N(\beta_0 + \beta_1 x_i, \sigma^2) \tag{8A.6}$$

(8A.4) の n 個のデータは $\mathbf{1}$ ベクトルと $\boldsymbol{x}$ をもちいて

$$\underset{\boldsymbol{y}}{\begin{bmatrix} y_1 \\ \vdots \\ y_n \end{bmatrix}} = \beta_0 \underset{\mathbf{1}}{\begin{bmatrix} 1 \\ \vdots \\ 1 \end{bmatrix}} + \beta_1 \underset{\boldsymbol{x}}{\begin{bmatrix} x_1 \\ \vdots \\ x_n \end{bmatrix}} + \underset{\boldsymbol{\varepsilon}}{\begin{bmatrix} \varepsilon_1 \\ \vdots \\ \varepsilon_n \end{bmatrix}}$$

$\boldsymbol{y} = \beta_0 \mathbf{1} + \beta_1 \boldsymbol{x} + \boldsymbol{\varepsilon}$ と表され，$\mathbf{1}$ と $\boldsymbol{x}$ を計画行列 X にまとめて

$$\boldsymbol{y} = \underset{X}{\begin{bmatrix} 1 & x_1 \\ \vdots & \vdots \\ 1 & x_n \end{bmatrix}} \underset{\boldsymbol{\beta}}{\begin{bmatrix} \beta_0 \\ \beta_1 \end{bmatrix}} + \underset{\boldsymbol{\varepsilon}}{\begin{bmatrix} \varepsilon_1 \\ \vdots \\ \varepsilon_n \end{bmatrix}} \tag{8A.7}$$

と表される．

計画行列 X の列ベクトルの生成する空間を推定空間といい単回帰では

$$\text{推定空間} \qquad L(X) = L(\mathbf{1}, \boldsymbol{x}) \tag{8A.8}$$

である．データベクトル $\boldsymbol{y}$ は n 次元ベクトルなのでベクトル空間は n 次元空間を考え，推定空間は n 次元空間の中の部分空間で，単回帰の場合は 2 次元空間になる．ここで説明変数 x_i を平均偏差 $x_i - \overline{x}$ に置き換え，$\boldsymbol{x}$ をあらためて

$$\boldsymbol{x} = \begin{bmatrix} x_1 - \overline{x} \\ \vdots \\ x_n - \overline{x} \end{bmatrix} \tag{8A.9}$$

とおく．以降，(8A.9) の平均偏差ベクトルを説明変数ベクトル $\boldsymbol{x}$ としてあつかう．平均偏差ベクトル $\boldsymbol{x}$ は $\mathbf{1}$ と直交しており[1]，推定空間は $\mathbf{1}$ ベクトルと平均偏差ベクトルの直交直和になっている．$\boldsymbol{x}$ を平均偏差ベクトルとした場合，β_0 の値は (8A.4) で定義した β_0 とは異なる．以降，説明変数を平均偏差で表した場合の定数項を β_0 で表す．

$$y_i = \beta_0 + \beta_1 (x_i - \overline{x}) + \varepsilon_i \tag{8A.10}$$

[1] $\sum(x_i - \overline{x}) = 0$ より $\boldsymbol{x}^t \mathbf{1} = 0$

8A.2　最小二乗法

8A.2.1　データベクトルの分解

(8A.10) からデータベクトルは

$$\boldsymbol{y} = \beta_0 \mathbf{1} + \beta_1 \boldsymbol{x} + \boldsymbol{\varepsilon} \tag{8A.11}$$

と表され[2)]，$\boldsymbol{y}$ の母数部分 $\beta_0 \mathbf{1} + \beta_1 \boldsymbol{x}$ は推定空間のベクトル $\mathbf{1}$ と $\boldsymbol{x}$ の一次結合なので，推定空間の中にあるベクトルである．単回帰の場合推定空間は 2 次元空間なので，n 次元のベクトル空間を推定空間と $n-2$ 次元空間とに分解して考える．

空間の分割

$$V^n = \text{推定空間 (2 次元)} + (n-2) \text{ 次元空間}$$

(8A.11) で $\beta_0 \mathbf{1} + \beta_1 \boldsymbol{x}$ は上記のように推定空間にあるが，$\boldsymbol{\varepsilon}$ は n 次元空間の全域にわたるベクトルで，推定空間にもその成分が含まれている．$\boldsymbol{y}$ を推定空間の成分と，$n-2$ 次元空間の成分とに分けると

$$\begin{aligned} \boldsymbol{y} =& \beta_0 \mathbf{1} + \beta_1 \boldsymbol{x} + \boldsymbol{\varepsilon}_{\text{推定空間}} + \qquad \boldsymbol{\varepsilon}_{n-2} \\ & \longleftarrow \text{推定空間} \longrightarrow \quad \leftarrow n-2\text{次元空間} \rightarrow \end{aligned} \tag{8A.12}$$

であり，$\boldsymbol{y}$ は母数部分に誤差の加わった $\beta_0 \mathbf{1} + \beta_1 \boldsymbol{x} + \boldsymbol{\varepsilon}_{\text{推定空間}}$ と，$n-2$ 次元空間の $\boldsymbol{\varepsilon}$ の成分との和で表される．$\boldsymbol{y}$ の $n-2$ 次元空間の成分は母数部分を含まないので残差ベクトル $\boldsymbol{e}$ と表して (8A.12) の $\boldsymbol{y}$ の分解を

$$\boldsymbol{y} = \boldsymbol{y}\text{の推定空間の成分} + \boldsymbol{e} \tag{8A.13}$$

とする．

最小二乗法は (8A.13) の分解において $\boldsymbol{e}$ が最小になるように $\boldsymbol{y}$ の推定空間の成分を定める方法である．このときの $\boldsymbol{y}$ の推定空間の成分を $\hat{\boldsymbol{y}}$ とする．$\boldsymbol{e}$ が最

[2)] (8A.11) の $\boldsymbol{x}$ は (8A.7) の $\boldsymbol{x}$ とは異なる．以降 $L(X) = L(\mathbf{1}, \boldsymbol{x}_1, \ldots, \boldsymbol{x}_p)$ の $\boldsymbol{x}_1, \ldots, \boldsymbol{x}_p$ は平均偏差ベクトル．

小となるのは，$\boldsymbol{e}$ が $\boldsymbol{y}$ から推定空間への垂線[3)] となっている場合である．したがって n 次元空間を推定空間と $n-2$ 次元空間とに直交分解し，$\hat{\boldsymbol{y}}$ を $\boldsymbol{y}$ の推定空間への正射影，$\boldsymbol{e}$ を推定空間に直交する $n-2$ 次元空間への $\boldsymbol{y}$ の正射影とする．(図 8A.2 参照) このときピタゴラスの定理

$$\|\boldsymbol{y}\|^2 = \|\hat{\boldsymbol{y}}\|^2 + \|\boldsymbol{e}\|^2 \tag{8A.14}$$

が成り立つ．

推定空間への $\boldsymbol{y}$ の正射影 $\hat{\boldsymbol{y}}$ は $\boldsymbol{y}$ に推定空間への直交射影行列 P_X を作用させることで得られる．推定空間は計画行列 X の列ベクトルの生成する空間なので，5.2 節から

$$P_X = X(X^tX)^{-1}X^t$$

したがって

$$\begin{aligned}\hat{\boldsymbol{y}} &= P_X\boldsymbol{y}\\ &= X(X^tX)^{-1}X^t\boldsymbol{y}\end{aligned} \tag{8A.15}$$

となる．この $\hat{\boldsymbol{y}}$ は推定空間のベクトルなので，$\mathbf{1}$ と $\boldsymbol{x}$ の一次結合で表すことができる．これを

$$\hat{\boldsymbol{y}} = b_0\mathbf{1} + b_1\boldsymbol{x} \tag{8A.16}$$

とし，$\mathbf{1}$ と $\boldsymbol{x}$ は計画行列 X にまとめられるので

$$\hat{\boldsymbol{y}} = X\boldsymbol{b} \qquad \boldsymbol{b} = \begin{bmatrix} b_0 \\ b_1 \end{bmatrix} \tag{8A.17}$$

と表す．また $\boldsymbol{e}$ は推定空間に直交する $n-2$ 次元空間への $\boldsymbol{y}$ の正射影なので

$$\boldsymbol{e} = (I_n - P_X)\boldsymbol{y} \tag{8A.18}$$

---

3) V^n を部分空間 W と W の直交補空間 $W^\perp$ に分けるとき，V^n のベクトル $\boldsymbol{x}$ は W への直交射影と $W^\perp$ への直交射影に一意に分解される．

$$\boldsymbol{x} = \boldsymbol{x}_W + \boldsymbol{x}_{W^\perp} \qquad \boldsymbol{x}_W \in W \qquad \boldsymbol{x}_{W^\perp} \in W^\perp$$

このとき $W^\perp$ への直交射影 $\boldsymbol{x}_{W^\perp}$ を $\boldsymbol{x}$ から W への垂線という [1]．図 8A.2 は 3 次元ベクトル空間を推定空間と推定空間の直交補空間に分けた場合で，$\boldsymbol{e}$ が $\boldsymbol{y}$ から推定空間への垂線になる．

$$= (I_n - P_X)(X\boldsymbol{\beta} + \boldsymbol{\varepsilon})$$
$$= (I_n - P_X)\boldsymbol{\varepsilon} \tag{8A.19}$$

となり，$\boldsymbol{\varepsilon}$ から $\boldsymbol{\varepsilon}_{推定空間}$ を除いた残りの成分になっている．

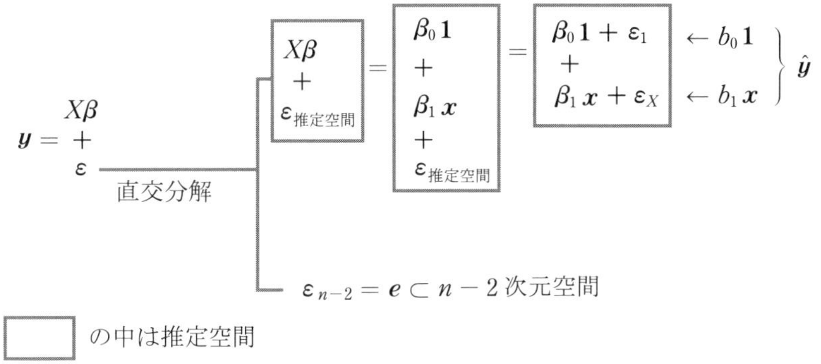

図 8A.1　データベクトルの構成

8A.2.2　正規方程式

推定空間のベクトル $\hat{\boldsymbol{y}}$ は $\mathbf{1}$ と $\boldsymbol{x}$ により

$$\hat{\boldsymbol{y}} = X\boldsymbol{b} \tag{8A.17}$$

と表され，(8A.15) から $\hat{\boldsymbol{y}} = X(X^tX)^{-1}X^t\boldsymbol{y}$ なので

$$X(X^tX)^{-1}X^t\boldsymbol{y} = X\boldsymbol{b}$$

より $\boldsymbol{b} = \begin{bmatrix} b_0 \\ b_1 \end{bmatrix}$ は

$$\boldsymbol{b} = (X^tX)^{-1}X^t\boldsymbol{y} \tag{8A.20}$$

として得られる．b_0, b_1 は $\hat{\boldsymbol{y}}$ をつくる $\mathbf{1}$ と $\boldsymbol{x}$ の一次結合の係数であり，b_0, b_1 を β_0, β_1 の最小二乗推定量という．

最小二乗推定量 $\boldsymbol{b}$ は (8A.14) の $\|\boldsymbol{e}\|^2$ すなわち残差平方和を最小にする $\boldsymbol{b}$ としてもとめる．$\boldsymbol{e} = \boldsymbol{y} - \hat{\boldsymbol{y}} = \boldsymbol{y} - X\boldsymbol{b}$ から

$$\|\boldsymbol{e}\|^2 = \boldsymbol{e}^t\boldsymbol{e} = (\boldsymbol{y} - X\boldsymbol{b})^t(\boldsymbol{y} - X\boldsymbol{b})$$

$$= \boldsymbol{y}^t\boldsymbol{y} - 2\boldsymbol{b}^t X^t \boldsymbol{y} + \boldsymbol{b}^t(X^t X)\boldsymbol{b} \tag{8A.21}$$

(8A.21) を b_0, b_1 で偏微分して

$$\frac{\partial\|\boldsymbol{e}\|^2}{\partial\boldsymbol{b}} = -2X^t\boldsymbol{y} + 2(X^t X)\boldsymbol{b} \tag{8A.22}$$

これを $\mathbf{0}$ とおいて

$$X^t X\boldsymbol{b} = X^t\boldsymbol{y} \tag{8A.23}$$

が得られる．(8A.23) を正規方程式という．(8A.20) は正規方程式の解になっており

$$\begin{aligned} \boldsymbol{b} &= (X^t X)^{-1} X^t \boldsymbol{y} \\ &= \begin{bmatrix} \overline{y} \\ \frac{S_{xy}}{S_{xx}} \end{bmatrix} \end{aligned} \tag{8A.24}$$

より定数項 β_0 と回帰係数 β_1 の推定値は

$$\begin{aligned} b_0 &= \overline{y} \\ b_1 &= \frac{S_{xy}}{S_{xx}} \end{aligned} \tag{8A.25}$$

として得られる[4)]．b_0, b_1 はデータベクトルの一次結合である．最小二乗推定量はデータベクトルの一次結合で表される不偏推定量の中で，分散が最も小さい最良線形不偏推定量 (BLUE) になっている．(ガウス・マルコフの定理)

(8A.25) から，推定された直線は

$$y = \overline{y} + \frac{S_{xy}}{S_{xx}}(x - \overline{x}) \tag{8A.26}$$

で，回帰直線は点 $(\overline{x}, \overline{y})$ を通っている．(8A.26) をベクトルで表すと

$$\hat{\boldsymbol{y}} = \overline{y}\mathbf{1} + \frac{S_{xy}}{S_{xx}}\boldsymbol{x} \tag{8A.27}$$

になる[5)]．

[4)] (8A.22)，(8A.24) の式の展開は [2]3.2 節，6.2 節参照

[5)] (8A.27) は推定空間の $\boldsymbol{y}$ の成分なので $\hat{\boldsymbol{y}}$ となる．

(8A.27) は推定空間 $L(\mathbf{1}, \boldsymbol{x})$ におけるデータベクトル $\boldsymbol{y}$ の成分の直交分解である．

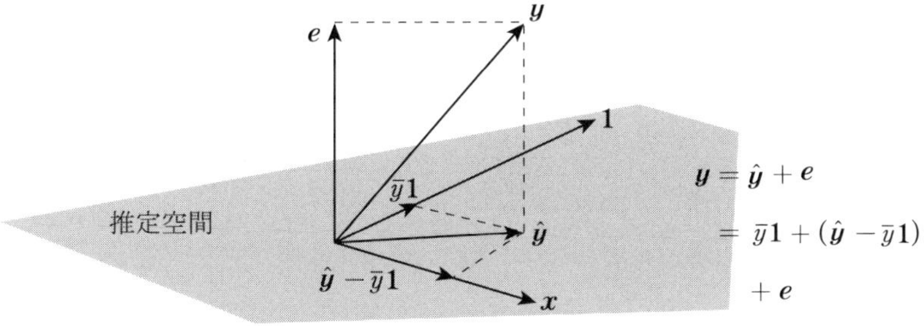

図 8A.2　データベクトルの分解

(8A.12) および図 8A.1 から $\boldsymbol{y}$ の推定空間の成分は

$$\hat{\boldsymbol{y}} = \beta_0\mathbf{1} + \beta_1\boldsymbol{x} + \boldsymbol{\varepsilon}_{推定空間}$$

であり，$\boldsymbol{\varepsilon}_{推定空間}$ を $\mathbf{1}$ の上の成分 $\boldsymbol{\varepsilon}_1$ と $\boldsymbol{x}$ の上の成分 $\boldsymbol{\varepsilon}_x$ とに直交分解すると

$$\hat{\boldsymbol{y}} = \beta_0\mathbf{1} + \boldsymbol{\varepsilon}_1 + \beta_1\boldsymbol{x} + \boldsymbol{\varepsilon}_x \tag{8A.28}$$

である．データでは $\beta_0\mathbf{1} + \boldsymbol{\varepsilon}_1$ は $\bar{y}\mathbf{1}$ として得られ，$\beta_1\boldsymbol{x} + \boldsymbol{\varepsilon}_x$ は $\dfrac{S_{xy}}{S_{xx}}\boldsymbol{x}$ として得られている．

$$\begin{aligned}\hat{\boldsymbol{y}} &= (\beta_0\mathbf{1} + \boldsymbol{\varepsilon}_1) + (\beta_1\boldsymbol{x} + \boldsymbol{\varepsilon}_x)\\ &= \bar{y}\mathbf{1} + \frac{S_{xy}}{S_{xx}}\boldsymbol{x}\end{aligned} \tag{8A.29}$$

$\boldsymbol{x}$ と $\boldsymbol{y}$ に回帰関係がない場合 $\beta_1 = 0$ で，$\dfrac{S_{xy}}{S_{xx}}\boldsymbol{x} = \boldsymbol{\varepsilon}_x$ になる．したがってデータから計算される $\dfrac{S_{xy}}{S_{xx}}\boldsymbol{x}$ が $\boldsymbol{\varepsilon}$ の成分 $\boldsymbol{\varepsilon}_x$ だけなのか，母数ベクトルの成分 $\beta_1\boldsymbol{x}$ を含むのかを見ることで回帰関係の有無が判断される．

8A.3　平方和の分解

前節から n 次元空間は

$$V^n = L(\mathbf{1}, \boldsymbol{x}) + V^{n-2}$$

$$= \mathbf{1} + \boldsymbol{x} + V^{n-2}$$

の 3 つの直交する部分に分割され，この分割に対応した $\boldsymbol{y}$ の分解は (8A.27) から

$$\begin{aligned}\boldsymbol{y} &= \hat{\boldsymbol{y}} + \boldsymbol{e} \\ &= \overline{y}\mathbf{1} + \frac{S_{xy}}{S_{xx}}\boldsymbol{x} + \boldsymbol{e}\end{aligned}$$

で，$\overline{y}\mathbf{1} + \dfrac{S_{xy}}{S_{xx}}\boldsymbol{x}$ が推定空間のベクトル，$\boldsymbol{e}$ は推定空間に直交する $n-2$ 次元空間のベクトルであった．8A.2 節末のように，単回帰では $\boldsymbol{x}$ の上の $\boldsymbol{y}$ の成分が母数ベクトル $\beta_1\boldsymbol{x}$ を含むのか，$\boldsymbol{\varepsilon}$ の成分 $\boldsymbol{\varepsilon}_x$ だけなのかによって回帰関係の有無を判断する．そこで推定空間の $\boldsymbol{y}$ の成分のうち $\dfrac{S_{xy}}{S_{xx}}\boldsymbol{x}$ に注目し，後述するようにこの判断には $\boldsymbol{e}$ も必要なので，$\overline{y}\mathbf{1}$ を左辺に移項して

$$\boldsymbol{y} - \overline{y}\mathbf{1} = \frac{S_{xy}}{S_{xx}}\boldsymbol{x} + \boldsymbol{e} \tag{8A.30}$$

とする．(8A.27) から $\dfrac{S_{xy}}{S_{xx}}\boldsymbol{x} = \hat{\boldsymbol{y}} - \overline{y}\mathbf{1}$，(8A.13) から $\boldsymbol{e} = \boldsymbol{y} - \hat{\boldsymbol{y}}$ なので (8A.30) は

$$\boldsymbol{y} - \overline{y}\mathbf{1} = (\hat{\boldsymbol{y}} - \overline{y}\mathbf{1}) + (\boldsymbol{y} - \hat{\boldsymbol{y}}) \tag{8A.31}$$

$$\qquad\qquad \| \qquad\qquad\qquad \|$$

$$\qquad\qquad \frac{S_{xy}}{S_{xx}}\boldsymbol{x} \qquad\qquad \boldsymbol{e}$$

と表される．(8A.31) で右辺第 1 項 $\hat{\boldsymbol{y}} - \overline{y}\mathbf{1}$ は推定空間のベクトル，第 2 項 $\boldsymbol{y} - \hat{\boldsymbol{y}}$ は推定空間に直交する $n-2$ 次元空間のベクトルなので，$\hat{\boldsymbol{y}} - \overline{y}\mathbf{1}$ と $\boldsymbol{y} - \hat{\boldsymbol{y}}$ は直交している．第 1 項は $\boldsymbol{y} - \overline{y}\mathbf{1}$ のうち説明変数 x によって構成される部分であり，回帰による部分である．第 2 項は回帰では説明されない部分である．

$$V^{n}{}_{1}^{\perp} = \text{推定空間の}\mathbf{1}\text{の直交補空間} + \quad V^{n-2}$$

(単回帰の場合，説明変数$\boldsymbol{x}$)

(n−1次元)		(1次元)		(n−2次元)	
∪		∪		∪	
$\boldsymbol{y} - \overline{y}\mathbf{1}$	$=$	$\hat{\boldsymbol{y}} - \overline{y}\mathbf{1}$	$+$	$\boldsymbol{y} - \hat{\boldsymbol{y}}$	(8A.32)

$\hat{\boldsymbol{y}}-\overline{y}\mathbf{1}$ と $\boldsymbol{y}-\hat{\boldsymbol{y}}$ とは直交しているので，(8A.31) はベクトルの長さについて

$$\begin{aligned}\|\boldsymbol{y}-\overline{y}\mathbf{1}\|^2 &= \left\|\frac{S_{xy}}{S_{xx}}\boldsymbol{x}\right\|^2+\|\boldsymbol{e}\|^2\\ &= \left(\frac{S_{xy}}{S_{xx}}\right)^2\|\boldsymbol{x}\|^2+\|\boldsymbol{e}\|^2 \qquad (8A.33)\end{aligned}$$

が成り立ち，これをベクトルの内積で表すと

$$(\boldsymbol{y}-\overline{y}\mathbf{1})^t(\boldsymbol{y}-\overline{y}\mathbf{1}) = \left(\frac{S_{xy}}{S_{xx}}\right)^2\boldsymbol{x}^t\boldsymbol{x}+\boldsymbol{e}^t\boldsymbol{e} \qquad (8A.34)$$

になる．$(\boldsymbol{y}-\overline{y}\mathbf{1})^t(\boldsymbol{y}-\overline{y}\mathbf{1})$ を総平方和 S_T，$\left(\frac{S_{xy}}{S_{xx}}\right)^2\boldsymbol{x}^t\boldsymbol{x} = \frac{S_{xy}^2}{S_{xx}}$ を回帰平方和 S_R，$\boldsymbol{e}^t\boldsymbol{e}$ を残差平方和 S_e とよび，(8A.34) を平方和の分解という．

平方和の分解

$$\begin{aligned}(\boldsymbol{y}-\overline{y}\mathbf{1})^t(\boldsymbol{y}-\overline{y}\mathbf{1}) &= \left(\frac{S_{xy}}{S_{xx}}\right)^2\boldsymbol{x}^t\boldsymbol{x}+\boldsymbol{e}^t\boldsymbol{e}\\ &= (\hat{\boldsymbol{y}}-\overline{y}\mathbf{1})^t(\hat{\boldsymbol{y}}-\overline{y}\mathbf{1})+(\boldsymbol{y}-\hat{\boldsymbol{y}})^t(\boldsymbol{y}-\hat{\boldsymbol{y}})\end{aligned}$$

$$S_T \qquad\qquad S_R \qquad\qquad S_e \qquad (8A.35)$$

総平方和に占める回帰平方和の割合 $\frac{S_R}{S_T}$ を決定係数 R^2 という．決定係数 R^2 は説明変数 x と目的変数 y との相関係数の 2 乗に等しい．[6)]

8A.4　回帰係数の検定

回帰分析では n 個のデータ $y_1,\dots,y_n$ を一組として考えるので，$\boldsymbol{y}=\begin{bmatrix}y_1\\ \vdots\\ y_n\end{bmatrix}$ のしたがう分布は多変量分布になる．(8.2) の誤差についての仮定 $\varepsilon_i \sim N(0,\sigma^2)$ および $\varepsilon_i \perp \varepsilon_j$ から，$V(y_i)=\sigma^2$，$\mathrm{Cov}(y_i,y_j)=0$ なので単回帰では $\boldsymbol{y}$ は n 次元

6)

$$R^2=\frac{\frac{s_{xy}^2}{s_{xx}}}{(\boldsymbol{y}-\overline{y}\mathbf{1})^t(\boldsymbol{y}-\overline{y}\mathbf{1})}=\frac{\frac{s_{xy}^2}{s_{xx}}}{s_{yy}}=\left(\frac{s_{xy}}{\sqrt{s_{xx}s_{yy}}}\right)^2=r_{xy}^2$$

正規分布 $N(\beta_0\mathbf{1}+\beta_1\boldsymbol{x},\sigma^2 I)$ にしたがう.

$$\boldsymbol{y}\sim N(\beta_0\mathbf{1}+\beta_1\boldsymbol{x},\sigma^2 I) \tag{8A.36}$$

7.9 節から $y_1,\dots,y_n$ がたがいに独立で分散が等しい場合，すなわち $\boldsymbol{y}\sim N(\boldsymbol{\mu},\sigma^2 I)$ のとき，(7.62) において Σ^{-1} を係数行列とする $\boldsymbol{y}$ の二次形式は

$$\boldsymbol{y}^t(\sigma^2 I)^{-1}\boldsymbol{y}=\frac{y_1^2}{\sigma^2}+\cdots+\frac{y_n^2}{\sigma^2} \tag{7.63'}$$

となり，$\dfrac{y_1^2}{\sigma^2}+\cdots+\dfrac{y_n^2}{\sigma^2}$ は自由度 n，非心度 $\lambda=\boldsymbol{\mu}^t(\sigma^2 I)^{-1}\boldsymbol{\mu}=\dfrac{\mu_1^2}{\sigma^2}+\cdots+\dfrac{\mu_n^2}{\sigma^2}$ の非心カイ二乗分布 $\chi^2(n,\lambda)$ にしたがう.

$$\frac{y_1^2}{\sigma^2}+\cdots+\frac{y_n^2}{\sigma^2}\sim\chi^2(n,\boldsymbol{\mu}^t(\sigma^2 I)^{-1}\boldsymbol{\mu}) \tag{7.64'}$$

(7.64') は V^n 全体での，1 本のベクトル $\boldsymbol{y}=\begin{bmatrix}y_1\\ \vdots\\ y_n\end{bmatrix}$ についてのカイ二乗統計量であるが，以下では V^n が k 個の直交する部分空間の直和に分解されている場合を考える．$\boldsymbol{y}$ は分散 1 に基準化されているものとする.

各部分空間の $\boldsymbol{y}$ の成分は部分空間への直交射影行列 $P_1,\dots,P_k$ $(P_1+\cdots+P_k=I_n)$ により

$$\boldsymbol{y}_1=P_1\boldsymbol{y},\ \dots,\ \boldsymbol{y}_k=P_k\boldsymbol{y} \tag{8A.37}$$

と表され，5.2 節から直交射影行列はべき等な対称行列なので

$$\boldsymbol{y}_i^t\boldsymbol{y}_i=(P_i\boldsymbol{y})^tP_i\boldsymbol{y}=\boldsymbol{y}^tP_i^tP_i\boldsymbol{y}=\boldsymbol{y}^tP_i\boldsymbol{y}$$

より V^n 全体では

$$\begin{aligned}\boldsymbol{y}^t\boldsymbol{y}&=\boldsymbol{y}_1^t\boldsymbol{y}_1+\cdots+\boldsymbol{y}_k\boldsymbol{y}_k\\&=\boldsymbol{y}^tP_1\boldsymbol{y}+\cdots+\boldsymbol{y}^tP_k\boldsymbol{y}\end{aligned} \tag{8A.38}$$

となる．すなわち $\boldsymbol{y}$ の一つの部分空間の成分 $\boldsymbol{y}_i$ について $\boldsymbol{y}_i^t\boldsymbol{y}_i$ はその部分空間への直交射影行列を係数行列とする $\boldsymbol{y}$ の二次形式 $\boldsymbol{y}^tP_i\boldsymbol{y}$ で表され，$\boldsymbol{y}^t\boldsymbol{y}$ は k 個の二次形式 (8A.38) に分解される．$\boldsymbol{y}$ は分散 1 に基準化されているとしたので

それぞれの $\boldsymbol{y}_i^t\boldsymbol{y}_i$ は各々独立に自由度 $\mathrm{rank}\,P_i$，非心度 $\boldsymbol{\mu}^t P_i \boldsymbol{\mu}$ の非心カイ二乗分布にしたがう．

$$\boldsymbol{y}_i^t\boldsymbol{y}_i \sim \chi^2(\mathrm{rank}\,P_i, \boldsymbol{\mu}^t P_i \boldsymbol{\mu}) \tag{8A.39}$$

5.3 節から直交射影行列のランクは射影先の部分空間の次元に等しいので，上記カイ二乗分布の自由度は各部分空間の次元であり

$$\boldsymbol{y}_i^t\boldsymbol{y}_i \sim \chi^2(\dim(W_i), \boldsymbol{\mu}^t P_i \boldsymbol{\mu}) \tag{8A.40}$$

となる．

(8A.39) はコクランの定理とよばれるもので (章末に注)，1 つの部分空間の母数ベクトルの成分 $\boldsymbol{\mu}^t P_i \boldsymbol{\mu}$ がその部分空間の $\boldsymbol{y}_i^t\boldsymbol{y}_i$ のしたがうカイ二乗分布の非心度として表れている．したがって，1 つの部分空間に母数ベクトルの成分が存在するか否かは，その部分空間の $\boldsymbol{y}$ の成分の平方和 $\boldsymbol{y}_i^t\boldsymbol{y}_i$ が非心カイ二乗分布にしたがうのか，非心度 0 の (通常の) カイ二乗分布にしたがうのかを見ることで判断することができる．

単回帰分析において $\boldsymbol{x}$ と $\boldsymbol{y}$ に回帰関係があるかどうかは，$\boldsymbol{x}$ の上の $\boldsymbol{y}$ の成分が $\beta_1\boldsymbol{x}$ を含むのか，$\boldsymbol{\varepsilon}$ の成分しか含まないのかということであった．8A.3 節でデータベクトル $\boldsymbol{y}$ を

$$\boldsymbol{y} - \overline{y}\mathbf{1} = (\hat{\boldsymbol{y}} - \overline{y}\mathbf{1}) + (\boldsymbol{y} - \hat{\boldsymbol{y}}) \tag{8A.31}$$

と分解し，$\hat{\boldsymbol{y}} - \overline{y}\mathbf{1}$ が $\beta_1\boldsymbol{x}$ が含まれるかどうか注目する部分，$\boldsymbol{y} - \hat{\boldsymbol{y}}$ は残差ベクトル $\boldsymbol{e}$ であった．(8A.31) に対応する平方和の分解は

$$\underset{S_T}{(\boldsymbol{y} - \overline{y}\mathbf{1})^t(\boldsymbol{y} - \overline{y}\mathbf{1})} = \underset{S_R}{(\hat{\boldsymbol{y}} - \overline{y}\mathbf{1})^t(\hat{\boldsymbol{y}} - \overline{y}\mathbf{1})} + \underset{S_e}{(\boldsymbol{y} - \hat{\boldsymbol{y}})^t(\boldsymbol{y} - \hat{\boldsymbol{y}})} \tag{8A.35}$$

であり，$\boldsymbol{y}$ については $\boldsymbol{y} \sim N(\beta_0\mathbf{1} + \beta_1\boldsymbol{x}, \sigma^2 I)$ であるが，(7.63') から y_i を σ で割って分散 1 に基準化すると，(8A.35) の平方和の分解は

$$\underset{\frac{1}{\sigma^2}S_T}{\frac{1}{\sigma^2}(\boldsymbol{y} - \overline{y}\mathbf{1})^t(\boldsymbol{y} - \overline{y}\mathbf{1})} = \underset{\frac{1}{\sigma^2}S_R}{\frac{1}{\sigma^2}(\hat{\boldsymbol{y}} - \overline{y}\mathbf{1})^t(\hat{\boldsymbol{y}} - \overline{y}\mathbf{1})} + \underset{\frac{1}{\sigma^2}S_e}{\frac{1}{\sigma^2}(\boldsymbol{y} - \hat{\boldsymbol{y}})^t(\boldsymbol{y} - \hat{\boldsymbol{y}})} \tag{8A.41}$$

となる．(7.28') からこの各項はカイ二乗統計量になっており，(8A.41) はデータ全体のカイ二乗統計量の分解である．(8A.40) からこれらのしたがうカイ二乗分布の自由度はそれぞれの部分空間の次元なので，$\phi_R = 1, \phi_e = n-2$ である．回帰が有意の場合に $\frac{1}{\sigma^2}S_R$ のしたがうカイ二乗分布の非心度は $\frac{1}{\sigma}\beta_1\boldsymbol{x}$ の平方和で

$$\begin{aligned}\lambda_R &= \left(\frac{1}{\sigma}\beta_1\boldsymbol{x}\right)^t\left(\frac{1}{\sigma}\beta_1\boldsymbol{x}\right)\\ &= \frac{1}{\sigma^2}\beta_1^2 S_{xx}\end{aligned}$$

になる．$\frac{1}{\sigma^2}S_e$ については $n-2$ 次元空間の $\boldsymbol{y}$ の成分 $\boldsymbol{e}$ は $\boldsymbol{\varepsilon}$ の成分だけなので $\lambda_e = 0$ であり

$$\begin{aligned}&\frac{1}{\sigma^2}S_R \sim \chi^2(\phi_R = 1, \lambda_R = \frac{1}{\sigma^2}\beta_1^2 S_{xx})\\ &\frac{1}{\sigma^2}S_e \sim \chi^2(\phi_e = n-2)\end{aligned} \tag{8A.42}$$

となる．

実際の検定は非心度 λ，自由度 ϕ_1 のカイ二乗分布にしたがう統計量 $\boldsymbol{z}_1$ と，非心度 0，自由度 ϕ_2 のカイ二乗分布にしたがう統計量 $\boldsymbol{z}_2$(ただし $\boldsymbol{z}_1 \perp \boldsymbol{z}_2$) について

$$F = \frac{\boldsymbol{z}_1/\phi_1}{\boldsymbol{z}_2/\phi_2} \tag{8A.43}$$

が自由度 ϕ_1, ϕ_2，非心度 λ の非心 F 分布にしたがうことをもちいた F 検定をおこなう．分子のカイ二乗統計量が非心度 0 の分布にしたがう場合は，F は非心度 0 の F 分布にしたがう．単回帰においては $\boldsymbol{z}_1$ を $\frac{1}{\sigma^2}S_R$，$\boldsymbol{z}_2$ を $\frac{1}{\sigma^2}S_e$ として[7]，検定統計量は

$$\begin{aligned}F_0 &= \frac{\frac{1}{\sigma^2}S_R/\phi_R}{\frac{1}{\sigma^2}S_e/\phi_e}\\ &= \frac{V_R}{V_e}\end{aligned} \tag{8A.44}$$

---

[7] $S_R = (\hat{\boldsymbol{y}} - \overline{y}\mathbf{1})^t(\hat{\boldsymbol{y}} - \overline{y}\mathbf{1})$ より $\boldsymbol{z}_1$ は推定空間の中で $\mathbf{1}$ に直交する部分の $\boldsymbol{y}$ の成分についてのカイ二乗統計量，$S_e = \boldsymbol{e}^t\boldsymbol{e}$ より $\boldsymbol{z}_2$ は推定空間に直交する $\boldsymbol{y}$ の成分についてのカイ二乗統計量なので $\boldsymbol{z}_1 \perp \boldsymbol{z}_2$

になる．

$$H_0 : \beta_1 = 0$$
$$H_1 : \beta_1 \neq 0$$

について F 検定を行い，非心度 $\lambda > 0$ の F 分布は非心度 0 の F 分布より右へ歪んでいるので右片側検定になり

$$F_0 = \frac{V_R}{V_e} \geq F(1, n-2, 0.05)$$

の場合に H_0 を棄却して $\lambda_R > 0$ すなわち $\beta_1 \neq 0$ とする．

分散分析表

要因	S	ϕ	V	F_0
回帰	S_R	1	$V_R = \frac{S_R}{1}$	$\frac{V_R}{V_e}$
残差	S_e	$n-2$	$V_e = \frac{S_e}{n-2}$	
計	S_T	$n-1$		

$F_0 \geq F(1, n-2, 0.05)$ のとき $\hat{\boldsymbol{y}} - \overline{y}\mathbf{1}$ は $\beta_1 \boldsymbol{x}$ を含み，回帰は有意．

8A.5 重回帰分析

前節までは説明変数が 1 つの場合の単回帰分析についてである．説明変数が 2 つ以上の場合は重回帰分析を行う．重回帰の線形モデルは

$$y_i = \beta_0 + \beta_1(x_{i1} - \overline{x}_1) + \cdots + \beta_p(x_{ip} - \overline{x}_p) + \varepsilon_i \qquad (\varepsilon_i \sim N(0, \sigma^2))$$
$$i = 1, \ldots, n \quad p \geq 2 \qquad \text{(8A.45)}$$

で，ベクトルと計画行列 X をもちいて

$$\boldsymbol{y} = \beta_0 \mathbf{1} + \beta_1 \boldsymbol{x}_1 + \cdots + \beta_p \boldsymbol{x}_p + \boldsymbol{\varepsilon}$$

$$= \underbrace{\begin{bmatrix} \mathbf{1}, & \boldsymbol{x}_1, & \cdots & , \boldsymbol{x}_p \end{bmatrix}}_{X} \underbrace{\begin{bmatrix} \beta_0 \\ \beta_1 \\ \vdots \\ \beta_p \end{bmatrix}}_{\boldsymbol{\beta}} + \varepsilon$$

$$\boldsymbol{y} = X\boldsymbol{\beta} + \varepsilon \qquad \varepsilon \sim N(0, \sigma^2 I) \tag{8A.46}$$

と表される．$\boldsymbol{x}_1, \dots, \boldsymbol{x}_p$ は平均偏差ベクトルとする．$\mathbf{1}$ と $\boldsymbol{x}_1, \dots, \boldsymbol{x}_p$ は直交しているが，$\boldsymbol{x}_1, \dots, \boldsymbol{x}_p$ がたがいに直交することは保証されない．単回帰では推定空間は $\mathbf{1}$ と $\boldsymbol{x}$ で生成する 2 次元平面であったが，説明変数が p 個の重回帰の場合，推定空間は $p+1$ 次元空間 $L(\mathbf{1}, \boldsymbol{x}_1, \dots, \boldsymbol{x}_p)$ になる．空間の分割は

$$V^n = \text{推定空間}(p+1\text{次元}) + \{n-(p+1)\}\text{次元空間}$$

である．

$\beta_0, \dots, \beta_p$ を偏回帰係数といい，その最小二乗推定量 $b_0, \dots, b_p$ は単回帰同様，残差平方和 $\boldsymbol{e}^t\boldsymbol{e}$ を最小とする $b_0, \dots, b_p$ を，(8A.48) の偏微分によりもとめる．すなわち $\hat{\boldsymbol{y}}$ を推定空間のベクトル，$\boldsymbol{e}$ を推定空間に直交する $\{n-(p+1)\}$ 次元空間のベクトルとして

$$\begin{aligned} \hat{\boldsymbol{y}} &= b_0\mathbf{1} + b_1\boldsymbol{x}_1 + \cdots + b_p\boldsymbol{x}_p \\ \hat{y}_i &= b_0 + b_1(x_{i1} - \overline{x}_1) + \cdots + b_p(x_{ip} - \overline{x}_p) \end{aligned} \tag{8A.47}$$

より残差平方和は

$$\boldsymbol{e}^t\boldsymbol{e} = \sum_{i=1}^{n} \{y_i - b_0 - b_1(x_{i1} - \overline{x}_1) - \cdots - b_p(x_{ip} - \overline{x}_p)\}^2 \tag{8A.48}$$

となる．(8A.48) を $b_0, \dots, b_p$ で偏微分して 0 とおき，行列にまとめて

$$\begin{bmatrix} n & 0 & \cdots & 0 \\ 0 & \boldsymbol{x}_1^t\boldsymbol{x}_1 & \cdots & \boldsymbol{x}_1^t\boldsymbol{x}_p \\ \vdots & \vdots & \ddots & \vdots \\ 0 & \boldsymbol{x}_p^t\boldsymbol{x}_1 & \cdots & \boldsymbol{x}_p^t\boldsymbol{x}_p \end{bmatrix} \begin{bmatrix} b_0 \\ b_1 \\ \vdots \\ b_p \end{bmatrix} = \begin{bmatrix} \sum y_i \\ \boldsymbol{x}_1^t\boldsymbol{y} \\ \vdots \\ \boldsymbol{x}_p^t\boldsymbol{y} \end{bmatrix} \tag{8A.49}$$

が得られる．(8A.49) は計画行列 X をもちいて

$$X^t X\boldsymbol{b} = X^t\boldsymbol{y} \qquad \text{ただし}\boldsymbol{b} = \begin{bmatrix} b_0 \\ b_1 \\ \vdots \\ b_p \end{bmatrix} \tag{8A.50}$$

で表され，最小二乗推定量 $b_0, \dots, b_p$ は

$$\boldsymbol{b} = (X^t X)^{-1} X^t \boldsymbol{y} \tag{8A.51}$$

として得られる．(8A.50) を正規方程式という．(8A.50) で変数が 1 つの場合が (8A.23) である．(8A.47)，(8A.51) から推定空間のベクトル $\hat{\boldsymbol{y}}$ は

$$\begin{aligned} \hat{\boldsymbol{y}} &= b_0\mathbf{1} + b_1\boldsymbol{x}_1 + \cdots + b_p\boldsymbol{x}_p \\ &= X\boldsymbol{b} \\ &= X(X^t X)^{-1} X^t \boldsymbol{y} \end{aligned} \tag{8A.52}$$

であり，重回帰でも $\hat{\boldsymbol{y}}$ はデータベクトル $\boldsymbol{y}$ の推定空間への正射影になっている．したがって正規方程式の解 $b_0, b_1, \dots, b_p$ によりもとめられる $\hat{\boldsymbol{y}}$ は $\boldsymbol{y}$ との距離が最小のものである．

8A.6　重相関係数

単回帰同様，重回帰でも V^n の $\mathbf{1}$ の直交補空間でデータベクトルを

$$\underset{\substack{\cap \\ V^{n\perp}_{1}}}{\boldsymbol{y} - \overline{y}\mathbf{1}} = \underset{\substack{\cap \\ L(X)^{\perp}_{1}}}{(\hat{\boldsymbol{y}} - \overline{y}\mathbf{1})} + \underset{\substack{\cap \\ V^{n-p-1}}}{(\boldsymbol{y} - \hat{\boldsymbol{y}})} \tag{8A.53}$$

と分解し，平方和の分解を単回帰とおなじ (8A.35) で表す．

$$\underset{S_T}{(\boldsymbol{y} - \overline{y}\mathbf{1})^t(\boldsymbol{y} - \overline{y}\mathbf{1})} = \underset{S_R}{(\hat{\boldsymbol{y}} - \overline{y}\mathbf{1})^t(\hat{\boldsymbol{y}} - \overline{y}\mathbf{1})} + \underset{S_e}{(\boldsymbol{y} - \hat{\boldsymbol{y}})^t(\boldsymbol{y} - \hat{\boldsymbol{y}})} \tag{8A.35}$$

S_T は V^n の $\mathbf{1}$ の直交補空間の $\boldsymbol{y}$ の成分の平方和，S_R は推定空間の $\mathbf{1}$ の直交補空間の $\boldsymbol{y}$ の成分の平方和である．推定空間において $\boldsymbol{x}_1, \ldots, \boldsymbol{x}_p$ は平均偏差ベクトルなので $\mathbf{1}$ と直交しており，推定空間の $\mathbf{1}$ の直交補空間は $\boldsymbol{x}_1, \ldots, \boldsymbol{x}_p$ で張る p 次元空間になる．決定係数

$$
\begin{aligned}
R^2 &= \frac{S_R}{S_T} \\
&= \frac{(\hat{\boldsymbol{y}} - \overline{y}\mathbf{1})^t(\hat{\boldsymbol{y}} - \overline{y}\mathbf{1})}{(\boldsymbol{y} - \overline{y}\mathbf{1})^t(\boldsymbol{y} - \overline{y}\mathbf{1})} \qquad \text{(8A.54)}
\end{aligned}
$$

について，重回帰の場合は決定係数の正の平方根を重相関係数という．(8A.54) をベクトルの長さで表すと

$$
R^2 = \frac{\|\hat{\boldsymbol{y}} - \overline{y}\mathbf{1}\|^2}{\|\boldsymbol{y} - \overline{y}\mathbf{1}\|^2}
$$

となるので

$$
R = \frac{\|\hat{\boldsymbol{y}} - \overline{y}\mathbf{1}\|}{\|\boldsymbol{y} - \overline{y}\mathbf{1}\|}
$$

であり，これはベクトル $\boldsymbol{y} - \overline{y}\mathbf{1}$ とベクトル $\hat{\boldsymbol{y}} - \overline{y}\mathbf{1}$ の間の角度を θ としたときの $\cos\theta$ である．

$$
\begin{aligned}
R &= \frac{\|\hat{\boldsymbol{y}} - \overline{y}\mathbf{1}\|}{\|\boldsymbol{y} - \overline{y}\mathbf{1}\|} \\
&= \cos\theta \qquad \text{(8A.55)}
\end{aligned}
$$

7.7 節から，2 組の変数をベクトルで表したときの $\cos\theta$ は 2 変数間の相関係数に等しいので，重相関係数 R は (平均偏差で表した) 回帰式と目的変数の相関係数に等しい．

(8A.55) は n 次元空間の $\mathbf{1}$ に直交する $n-1$ 次元空間で，データベクトル $\boldsymbol{y} - \overline{y}\mathbf{1}$ と説明変数の一次結合 $\hat{\boldsymbol{y}} - \overline{y}\mathbf{1}$ とがどのくらい一致しているかということである．(8A.47) から説明変数の数を増やせば $\hat{\boldsymbol{y}}$ は大きくなり R の値は 1 に近づいていく．この対策として (8A.54) を

$$
\begin{aligned}
R^2 &= \frac{S_R}{S_T} \\
&= \frac{S_T - S_e}{S_T}
\end{aligned}
$$

$$= 1 - \frac{S_e}{S_T}$$

と変形し，S_T と S_e を自由度で割った分散をもちいて

$$R^{*2} = 1 - \frac{S_e/(n-p-1)}{S_T/(n-1)}$$
$$= 1 - \frac{V_e}{V_T} \tag{8A.56}$$

とする．R^{*2} を自由度調整済み寄与率，その平方根 R^* を自由度調整済み重相関係数という．

8A.7　偏回帰係数

重回帰において p 本の説明変数ベクトル $\boldsymbol{x}_1, \ldots, \boldsymbol{x}_p$ がたがいに直交しているとき，それぞれのベクトルは他の変数ベクトルの成分を含まず，$\hat{\boldsymbol{y}}$ は $\boldsymbol{y}$ の $\boldsymbol{x}_1, \ldots, \boldsymbol{x}_p$ への直交射影の和でもとめることができる．しかし通常，これらの変数ベクトルは直交していない．そこでそれぞれの変数ベクトルについて他の $p-1$ 本の成分を除き，$\boldsymbol{y}$ についてもその $p-1$ 本の変数ベクトルの成分を除いて，この 2 本の間で単回帰分析を行う．こうして得られた p 個の単回帰係数が偏回帰係数の推定値 $b_1, \ldots, b_p$ である．$p = 2$，説明変数ベクトルが $\boldsymbol{x}_1, \boldsymbol{x}_2$ の場合，$\boldsymbol{y}$ と $\boldsymbol{x}_1$ からそれぞれ $\boldsymbol{x}_2$ の成分を除き，「$\boldsymbol{y}$ から $\boldsymbol{x}_2$ の成分を除いた部分」の「$\boldsymbol{x}_1$ から $\boldsymbol{x}_2$ の成分を除いた部分」への単回帰係数が b_1 になっている．

以上のことは

$$\boldsymbol{b} = (X^t X)^{-1} X^t \boldsymbol{y} \tag{8A.51}$$

をもとめる過程で示される．

$$X = \begin{bmatrix} \boldsymbol{x}_1, & \boldsymbol{x}_2 \end{bmatrix}$$

とする．

$$X^t X = \begin{bmatrix} \boldsymbol{x}_1^t \\ \boldsymbol{x}_2^t \end{bmatrix} \begin{bmatrix} \boldsymbol{x}_1, & \boldsymbol{x}_2 \end{bmatrix} = \begin{bmatrix} \boldsymbol{x}_1^t \boldsymbol{x}_1 & \boldsymbol{x}_1^t \boldsymbol{x}_2 \\ \boldsymbol{x}_2^t \boldsymbol{x}_1 & \boldsymbol{x}_2^t \boldsymbol{x}_2 \end{bmatrix}$$

であり，この逆行列を

$$(X^tX)^{-1} = \begin{bmatrix} A & B \\ C & D \end{bmatrix}$$

と表すとき，A は

$$\begin{aligned} A &= \{\boldsymbol{x}_1^t\boldsymbol{x}_1 - \boldsymbol{x}_1^t\boldsymbol{x}_2(\boldsymbol{x}_2^t\boldsymbol{x}_2)^{-1}\boldsymbol{x}_2^t\boldsymbol{x}_1\}^{-1} \\ &= (\boldsymbol{x}_1^t\boldsymbol{x}_1 - \boldsymbol{x}_1^tP_2\boldsymbol{x}_1)^{-1} \\ &= \{\boldsymbol{x}_1^t(I_n - P_2)\boldsymbol{x}_1\}^{-1} \\ &= [\{(I_n - P_2)\boldsymbol{x}_1\}^t(I_n - P_2)\boldsymbol{x}_1]^{-1} \\ &\quad (\text{ただし}P_2\text{は}\boldsymbol{x}_2\text{への直交射影行列}, P_2 = \boldsymbol{x}_2(\boldsymbol{x}_2^t\boldsymbol{x}_2)^{-1}\boldsymbol{x}_2^t) \end{aligned}$$

となる．これは V^n の $\boldsymbol{x}_2$ の直交補空間の $\boldsymbol{x}_1$ の成分の長さの 2 乗である．D は同様に V^n の $\boldsymbol{x}_1$ の直交補空間の $\boldsymbol{x}_2$ の成分の長さの 2 乗

$$\begin{aligned} D &= \{\boldsymbol{x}_2^t\boldsymbol{x}_2 - (P_1\boldsymbol{x}_2)^tP_1\boldsymbol{x}_2\}^{-1} \\ &= [\{(I_n - P_1)\boldsymbol{x}_2\}^t(I_n - P_1)\boldsymbol{x}_2]^{-1} \end{aligned}$$

になる．B と C は A, D をもちいて表すことができる．b_1 は $\boldsymbol{b} = (X^tX)^{-1}X^t\boldsymbol{y}$ の X を $(I_n - P_2)\boldsymbol{x}_1$ として

$$\begin{aligned} b_1 &= [\{(I_n - P_2)\boldsymbol{x}_1\}^t\{(I_n - P_2)\boldsymbol{x}_1\}]^{-1}\{(I_n - P_2)\boldsymbol{x}_1\}^t\boldsymbol{y} \\ &= \frac{\boldsymbol{x}_1^t(I_n - P_2)\boldsymbol{y}}{\boldsymbol{x}_1^t(I_n - P_2)\boldsymbol{x}_1} \end{aligned} \tag{8A.57}$$

としてもとめられ，$\boldsymbol{x}_2$ の直交補空間における $\boldsymbol{x}_1$ と $\boldsymbol{y}$ との単回帰係数 $\dfrac{S_{x_1y}}{S_{x_1x_1}}$ になっている．ここでは b_1 についての考察だけに止める．詳細は [4]3.8 節を参照のこと．

p 個の変数が互いに相関があっても，偏回帰係数は以上のようにして推定される．しかし変数の中に非常に相関の高い組がある場合，X はランク落ちに近い状態になり，$(X^tX)^{-1}$ が計算できなくなることも起きる．これを多重共線性といい，偏回帰係数がもとめられる場合でもその信頼性は低い．多重共線性

が考えられる場合には，相関の高い変数のうちどちらかを除いて解析を行う．

例 8A

果実の糖度に影響を及ぼす要因として降水量，日照量，平均気温を取り上げ，$n = 8$ のデータを得た．

糖度 y	降水量 x_1 (mm)	日照量 x_2 (MJm^{-2})	年間平均気温 x_3 $(^\circ c)$
9.6	158	216	14.5
10.4	98	290	17.7
10.5	106	318	19.1
9.5	145	248	15.7
10.3	137	322	17.3
10.4	122	315	18.2
9.7	130	298	18.0
10.2	125	292	18.5

1 および平均偏差ベクトル $\boldsymbol{x}_1, \boldsymbol{x}_2, \boldsymbol{x}_3$ を列ベクトルとする行列 X により，定数項および偏回帰係数の推定値 b_0, b_1, b_2, b_3 は

$$\boldsymbol{b} = \begin{bmatrix} b_0 \\ b_1 \\ b_2 \\ b_3 \end{bmatrix} = (X^t X)^{-1} X^t \boldsymbol{y} = \begin{bmatrix} 11.149 \\ -0.013 \\ 0.008 \\ -0.097 \end{bmatrix}$$

と得られ，回帰式は

$$y = 11.149 - 0.013x_1 + 0.008x_2 - 0.097x_3$$

となる．$\hat{\boldsymbol{y}} = (11.149)\mathbf{1}^{8)} - 0.013\boldsymbol{x}_1 + 0.008\boldsymbol{x}_2 - 0.097\boldsymbol{x}_3$, $\bar{y} = 10.075$ より平方和 S_R, S_e は,

$$S_R = (\hat{\boldsymbol{y}} - \bar{y}\mathbf{1})^t(\hat{\boldsymbol{y}} - \bar{y}\mathbf{1}) = 0.887$$

$$S_e = (\boldsymbol{y} - \hat{\boldsymbol{y}})^t(\boldsymbol{y} - \hat{\boldsymbol{y}}) = 0.268$$

---

8) $(11.149)\mathbf{1}$ の $\mathbf{1}$ はベクトル $[1\ 1\ 1\ 1\ 1\ 1\ 1\ 1]^t$

であり，分散分析表は

要因	S	ϕ	V	F_0
回帰	0.887	3	0.296	4.421 ($p = 0.093$)
残差	0.268	4	0.067	
計	1.155	7		

となる．自由度 (3.4) の F 分布で $F = 4.421$ における上側確率は $p = 0.093$ であり，回帰は有意にならない．

変数のうち，日照量 x_2 と平均気温変 x_3 は関連がありそうなので，変数間の相関係数を調べる．

	y	x_1	x_2	x_3
y	1	−0.791	0.792	0.762
x_1		1	−0.667	−0.806
x_2			1	0.893
x_3				1

説明変数は 3 つとも糖度との相関係数は 0.75 以上あり，糖度の変動に寄与していると思われる．説明変数間では，やはり日照量 x_2 と平均気温 x_3 の相関が 0.893 と高い．そこで変数間で無相関の検定を行う．無相関の検定はデータからもとめた相関係数を r として，$\dfrac{r\sqrt{n-2}}{\sqrt{1-r^2}}$ が H_0 : 母相関係数 $\rho = 0$ の下で自由度 $n-2$ の t 分布にしたがうことをもちいたもので，この値が自由度 $n-2$ の t 分布のどこに位置するかにより，2 変数間の相関の有無を判断する．糖度のデータでは，y, x_1, x_2, x_3 の間の両側検定における p 値は

	糖度 y	x_1 降水量	x_2 日照量	x_3 平均気温
糖度 y	-	0.0195	0.0191	0.0280
x_1 降水量		-	0.0711	0.0157
x_2 日照量			-	0.0028

となる．x_1 と x_2 の間では $p = 0.07$ で有意にならないが，x_2 と x_3 では $p = 0.0028$ であり，極めて相関が高い．したがって x_2 と x_3 を両方回帰式に入れると，多重共線性が起きて回帰が有意にならなかった可能性が考えられる．また x_1 と x_3 も $p = 0.0157$ で相関がある．以上から，回帰式は x_3 を除き，x_1 と x_2 を説明変数とした新たな回帰式を考える．

y, x_1, x_2 による b_0, b_1, b_2 の推定値は

$$\boldsymbol{b} = \begin{bmatrix} b_0 \\ b_1 \\ b_2 \end{bmatrix} = \begin{bmatrix} 9.827 \\ -0.010 \\ 0.005 \end{bmatrix}$$

となり回帰式は

$$y = 9.827 - 0.010x_1 + 0.005x_2$$

である．平方和 $S_R = 0.868, S_e = 0.287$ より

分散分析表

要因	S	ϕ	V	F_0
回帰	0.868	2	0.434	7.567 ($p = 0.031$)
残差	0.287	5	0.057	
計	1.155	7		

が得られる．自由度 $(2, 5)$ の F 分布で $F = 7.567$ における上側確率は $p = 0.031$ であり，回帰は有意である．また自由度調整済決定係数は 0.652 であった．決定係数は重回帰の場合，目的変数と回帰式との相関係数 (重相関係数) の 2 乗

に等しいので，自由度調整済重相関係数は $\sqrt{0.652} = 0.807$ となり，糖度は降水量と日照量による回帰式

$$y = 9.827 - 0.010x_1 + 0.005x_2$$

との相関が 0.807 である．回帰係数の検定は 8A.8 節で行う．

---

p 変数の場合，それぞれの変数は重さ，温度など内容も単位も異なり，(8A.51) で得られた $b_1, \dots, b_p$ の値をそのまま比較しても意味がない．そこで p 個の変数および目的変数 y を各々の標準偏差により標準化し，この値をもちいた重回帰分析を考える．7.8 節から変数 $\boldsymbol{x}_i$(平均偏差) の標準偏差 s_i は

$$s_i = \sqrt{\frac{\boldsymbol{x}_i^t \boldsymbol{x}_i}{n}}$$

$\boldsymbol{y}$ の標準偏差は

$$s_y = \sqrt{\frac{(\boldsymbol{y} - \overline{y}\mathbf{1})^t(\boldsymbol{y} - \overline{y}\mathbf{1})}{n}}$$

であり[9)]，標準化した $\boldsymbol{x}_i$ と $\boldsymbol{y}$ を $\boldsymbol{x}_{si}$ と $\boldsymbol{y}_s$ とすると

$$\boldsymbol{x}_{si} = \frac{\boldsymbol{x}_i}{s_i} \tag{8A.58}$$

$$\boldsymbol{y}_s = \frac{\boldsymbol{y} - \overline{y}\mathbf{1}}{s_y} \tag{8A.59}$$

である．$\boldsymbol{x}_{s1}, \dots, \boldsymbol{x}_{sp}, \boldsymbol{y}_s$ による回帰式は偏回帰係数を $b_{s0}, b_{s1}, \dots, b_{sp}$ として

$$\hat{\boldsymbol{y}}_s = b_{s0}\mathbf{1} + b_{s1}\boldsymbol{x}_{s1} + \cdots + b_{sp}\boldsymbol{x}_{sp}$$

となるが，$\boldsymbol{y}$ についても標準化してあるので $\mathbf{1}$ ベクトルの係数 b_{s0} は 0 になり回帰式は

$$\hat{\boldsymbol{y}}_s = b_{s1}\boldsymbol{x}_{s1} + \cdots + b_{sp}\boldsymbol{x}_{sp} \tag{8A.60}$$

---

9) 7.4 節のように，本書では母数の推定，検定の場合は不偏分散 $\dfrac{s_{xx}}{n-1}$ をもちい，多変量解析で手元のデータを対象とする場合は標本分散 $\dfrac{s_{xx}}{n}$ をもちいる．

となる．標準化した変数による (8A.60) の回帰係数 $b_{s1},\dots,b_{sp}$ を標準偏回帰係数という．標準偏回帰係数は

$$b_{si} = b_i \times \frac{s_i}{s_y} \tag{8A.61}$$

としてもとめられる．

標準偏回帰係数 $b_{s1},\dots,b_{sp}$ は他の変数は変化せず，1 つの変数だけが 1 標準偏差分変化した場合の目的変数 $\boldsymbol{y}$ の変化量である．b_{s1} では，$\boldsymbol{x}_2,\dots,\boldsymbol{x}_p$ は変化なく $\boldsymbol{x}_1$ のみ $1s_1$ 変化したとき，$\boldsymbol{y}$ が標準偏差 s_y のいくつ分変化したかを表している．

8A.8　重回帰の検定

p 変数の重回帰分析において説明変数 $\boldsymbol{x}_1,\dots,\boldsymbol{x}_p$ がデータ $\boldsymbol{y}$ を説明できているかどうかは，母回帰式

$$\boldsymbol{y} = \beta_0\mathbf{1} + \beta_1\boldsymbol{x}_1 + \cdots + \beta_p\boldsymbol{x}_p + \boldsymbol{\varepsilon} \tag{8A.46}$$

に対して帰無仮説，対立仮説を

$$\begin{aligned} &H_0 : \beta_1 = \cdots = \beta_p = 0 \\ &H_1 : \beta_1,\dots,\beta_p \text{のうち少なくとも 1 つは 0 でない} \end{aligned}$$

とする検定を行う．これは推定空間の $\mathbf{1}$ に直交する部分の $\boldsymbol{y}$ の成分 "$\hat{\boldsymbol{y}} - \bar{y}\mathbf{1}$" の構成に，$\varepsilon$ の成分以外に $\boldsymbol{x}_1,\dots,\boldsymbol{x}_p$ が 1 つ以上含まれるかどうかを検定するもので，単回帰の F 検定 (8A.44) を p 変数に広げて

$$\begin{aligned} S_R &= (\hat{\boldsymbol{y}} - \bar{y}\mathbf{1})^t(\hat{\boldsymbol{y}} - \bar{y}\mathbf{1}) \qquad \phi_R = p \\ S_e &= (\boldsymbol{y} - \hat{\boldsymbol{y}})^t(\boldsymbol{y} - \hat{\boldsymbol{y}}) \qquad \phi_e = n - p - 1 \end{aligned}$$

として検定を行う．検定統計量を

$$\begin{aligned} F_0 &= \frac{S_R/\phi_R}{S_e/\phi_e} \\ &= \frac{V_R}{V_e} \end{aligned}$$

とし，F_0 の値が自由度 ϕ_R, ϕ_e の F 分布の上側 5% 点 $F(\phi_R, \phi_e, 0.05)$ より大きい場合に H_0 を棄却して，p 個の変数のうち少なくとも 1 つはデータの変動を説明するのに有効であるとする．

分散分析表

要因	S	ϕ	V	F_0
回帰	S_R	p	$V_R = \dfrac{S_R}{p}$	$\dfrac{V_R}{V_e}$
残差	S_e	$n-p-1$	$V_e = \dfrac{S_e}{n-p-1}$	
計	S_T	$n-1$		

上記の F 検定では H_0 が棄却されても，$\boldsymbol{x}_1, \ldots, \boldsymbol{x}_p$ が全体としてデータを説明できているというだけで，個々の変数についてはわからない．個々の回帰係数の検定は t 検定を行うが，これは他の $p-1$ 個の説明変数をもちいた回帰式に更に 1 つの説明変数 $\boldsymbol{x}_i$ を加えた場合に，その説明変数によって $\boldsymbol{y}$ を更に説明することができるかどうかを検定する．したがって，$p-1$ 個の変数の中に $\boldsymbol{x}_i$ と相関が高いものがあれば $\boldsymbol{x}_i$ は有意にならないこともある．

t 検定を行うために偏回帰係数 $b_1, \ldots, b_p$ のしたがう分布をもとめる．b_i $(i = 0, 1, \ldots, p)$ の期待値，分散は

$$
\begin{aligned}
E(\boldsymbol{b}) &= E\{(X^tX)^{-1}X^t\boldsymbol{y}\} \\
&= (X^tX)^{-1}X^tE(\boldsymbol{y}) \\
&= (X^tX)^{-1}X^t(X\boldsymbol{\beta}) \\
&= \boldsymbol{\beta} \\
&\therefore E(b_i) = \beta_i \qquad (8A.62) \\
V(\boldsymbol{b}) &= V\{(X^tX)^{-1}X^t\boldsymbol{y}\} \\
&= (X^tX)^{-1}X^t\sigma^2 I_n X(X^tX)^{-1} \\
&= \sigma^2(X^tX)^{-1}
\end{aligned}
$$

$V(\boldsymbol{b})$ は 7.1 節から

$$V(\boldsymbol{b}) = \begin{bmatrix} V(b_0) & \cdots & \cdots & \mathrm{Cov}(b_0, b_p) \\ \mathrm{Cov}(b_1, b_0) & V(b_1) & \cdots & \mathrm{Cov}(b_1, b_p) \\ \vdots & & \ddots & \vdots \\ \mathrm{Cov}(b_p, b_0) & \mathrm{Cov}(b_p, b_1) & \cdots & V(b_p) \end{bmatrix} \tag{8A.63}$$

であり，これが $\sigma^2(X^tX)^{-1}$ に等しいので，$V(b_i)$ は $(X^tX)^{-1}$ の対角要素 $(X^tX)^{-1}_{(i+1,i+1)}$ の σ^2 倍として得られる．

$$V(b_i) = \sigma^2(X^tX)^{-1}_{(i+1,i+1)} \qquad i = 0, 1, \ldots, p \tag{8A.64}$$

$$\text{ただし}(X^tX)^{-1}_{(i+1,i+1)}\text{は}(X^tX)^{-1}\text{の}(i+1, i+1)\text{要素}$$

ここで X の第 2 列以下を X_p とし

$$X = \begin{bmatrix} \mathbf{1}, & X_p \end{bmatrix}$$

とすると，$\boldsymbol{x}_1, \ldots, \boldsymbol{x}_p$ は平均偏差ベクトルなので $(X^tX)^{-1}$ は

$$\begin{aligned} (X^tX)^{-1} &= \begin{bmatrix} n & \mathbf{0}^t \\ \mathbf{0} & X_p^tX_p \end{bmatrix}^{-1} \\ &= \begin{bmatrix} \frac{1}{n} & \mathbf{0}^t \\ \mathbf{0} & (X_p^tX_p)^{-1} \end{bmatrix} \end{aligned} \tag{8A.65}$$

と表すことができる．$V(b_0)$ は (8A.64)，(8A.65) から

$$V(b_0) = \frac{\sigma^2}{n} \tag{8A.66}$$

である．

$b_1, \ldots, b_p$ を X_p をもちいて表すと

$$\boldsymbol{b}_p = \begin{bmatrix} b_1, & \cdots & , b_p \end{bmatrix}^t = (X_p^tX_p)^{-1}X_p^t\boldsymbol{y}$$

であり，b_i は $(X_p^t X_p)^{-1} X_p^t$ の第 i 行の n 個の要素と $y_1, \ldots, y_n$ の積の和であり，正規分布にしたがう．したがって (8A.62)，(8A.64)，(8A.65) から

$$b_i \sim N(\beta_i, \sigma^2 (X_p^t X_p)^{-1}_{(i,i)}) \qquad \text{ただし} 1 \leq i \leq p \tag{8A.67}$$

である．

β_i $(1 \leq i \leq p)$ が 0 か否かの検定は t 検定を行う．t 分布の定義式

$$t = \frac{u}{\sqrt{\chi^2/\phi}} \tag{8A.68}$$

において標準正規分布にしたがう u は (8A.67) より

$$u = \frac{b_i - \beta_i}{\sigma \sqrt{(X_p^t X_p)^{-1}_{(i,i)}}}$$

カイ二乗統計量は，推定空間に直交する $n-p-1$ 次元空間の $\boldsymbol{y}$ の成分 $\boldsymbol{e}$ について $\boldsymbol{e}^t \boldsymbol{e}$ は残差平方和 S_e であり，7.6 節から $\dfrac{S_e}{\sigma^2}$ は非心度 0 のカイ二乗分布 $\chi^2(n-p-1)$ にしたがう．

$$\frac{S_e}{\sigma^2} \sim \chi^2(n-p-1) \tag{8A.69}$$

これらを (8A.68) に代入して

$$\begin{aligned} t &= \frac{\frac{b_i - \beta_i}{\sigma \sqrt{(X_p^t X_p)^{-1}_{(i,i)}}}}{\sqrt{\frac{S_e}{\sigma^2 (n-p-1)}}} \\ &= \frac{b_i - \beta_i}{\sqrt{V_e (X_p^t X_p)^{-1}_{(i,i)}}} \end{aligned}$$

が得られる．$H_0 : \beta_i = 0$ の下で

$$t_0 = \frac{b_i}{\sqrt{V_e (X_p^t X_p)^{-1}_{(i,i)}}} \tag{8A.70}$$

は自由度 $n-p-1$ の t 分布 $t(n-p-1)$ にしたがうので，

$$|t_0| \geq t(n-p-1, 0.05)$$

の場合に $H_0 : \beta_i = 0$ を棄却し，$\beta_i \neq 0$，$\boldsymbol{y}$ は説明変数 $\boldsymbol{x}_i$ により有意に説明されるとする．(危険率 5%)　(8A.70) の分母を b_i の標準誤差という．

単回帰分析では $\beta_1 = 0$ か否かの検定は F 検定を行った．t 分布と F 分布には，自由度 ϕ の t 分布にしたがう確率変数を Z_1，自由度 $(1, \phi)$ の F 分布にしたがう確率変数を Z_2 とするとき，$Z_1^2 = Z_2$ の関係がある．(8A.70) を 2 乗すると

$$t_0^2 = \frac{b_i^2}{V_e (X_p^t X_p)^{-1}_{(i,i)}} \tag{8A.71}$$

で，$p=1$ のとき $X_p^t X_p$ は S_{xx} に等しく，また $b_1^2 = \dfrac{{S_{xy}}^2}{{S_{xx}}^2}$ から

$$\begin{aligned} t_0^2 &= \frac{{S_{xy}}^2 / S_{xx}}{V_e} \\ &= \frac{S_R}{V_e} \end{aligned} \tag{8A.72}$$

(8A.72) は $\phi_R = 1$ のとき

$$t_0^2 = \frac{V_R}{V_e} = F_0$$

となり，単回帰の F 検定 (8A.44) は b_1 について t 検定を行っているのとおなじことである．

例 8A.1 回帰係数の検定

b_1，b_2 の検定について

$$\boldsymbol{x}_1 = [158,\ 98,\ 106,\ 145,\ 137,\ 122,\ 130,\ 125]^t$$
$$\boldsymbol{x}_2 = [216,\ 290,\ 318,\ 248,\ 322,\ 315,\ 298,\ 292]^t$$

の平均偏差を新たに $\boldsymbol{x}_1$，$\boldsymbol{x}_2$ として

$$\begin{aligned} {X_p}^t X_p &= \begin{bmatrix} {\boldsymbol{x}_1}^t \\ {\boldsymbol{x}_2}^t \end{bmatrix} \begin{bmatrix} \boldsymbol{x}_1, & \boldsymbol{x}_2 \end{bmatrix} \\ &= \begin{bmatrix} 2701.88 & -3409.87 \\ -3409.87 & 9685.87 \end{bmatrix} \end{aligned}$$

より

$$(X_p{}^t X_p)^{-1} = \begin{bmatrix} 0.000666 & -0.000234 \\ -0.000234 & 0.000186 \end{bmatrix}$$

となる．V_e は分散分析表より 0.057 なので (8A.70) の t 検定は

b_1 について

$$t_0 = |-0.010/\sqrt{0.057 \times 0.000666}\,| = 1.623$$

b_2 について

$$t_0 = 0.005/\sqrt{0.057 \times 0.000186} = 1.536$$

自由度 5 の t 分布の上側 5% 点 $t(5, 0.05) = 2.571$ より b_1，b_2 ともに有意にはならない．

しかし，自由度調整済重相関係数は 0.807 あり，またこの 2 変数による分散分析の p 値は 0.03 なので，データ数が少なくて t 検定で有意にはならないが，モデルとしては予測に用いることができる．

8A.9　母回帰の信頼区間と予測区間

説明変数が p 個の重回帰において偏回帰係数の推定値 $b_0, b_1, \ldots, b_p$ がもとめられたとき，もちいた n 個のデータ $y_1, \ldots, y_n$ について母回帰の推定値は

$$\hat{y}_1 = b_0 + b_1(x_{11} - \overline{x}_1) + \cdots + b_p(x_{1p} - \overline{x}_p)$$

$$\vdots$$

$$\hat{y}_n = b_0 + b_1(x_{n1} - \overline{x}_1) + \cdots + b_p(x_{np} - \overline{x}_p)$$

すなわち

$$\hat{\boldsymbol{y}} = X\boldsymbol{b} \qquad (8A.73)$$

で表される．説明変数の i 番目の組に対する母回帰の推定値は，(8A.73) の第 i 行なので，X の第 i 行を $\boldsymbol{x}^{(i)}$ と書くことにすると

$$\hat{y}_i = \boldsymbol{x}^{(i)}\boldsymbol{b} \qquad (8A.74)$$

である．(8A.74) で $\boldsymbol{x}^{(i)}$ の要素は定数，$\boldsymbol{b}$ の要素は (8A.67) から

$$b_j \sim N(\beta_j, \sigma^2 (X^t X)^{-1}_{(j+1,j+1)}) \qquad (j = 0, 1, \dots, p) \tag{8A.75}$$

の正規分布にしたがうので，$\hat{y}_i$ は正規変数 $b_0, b_1, \dots, b_p$ の $1, (x_{i1} - \overline{x}_1), \dots, (x_{ip} - \overline{x}_p)$ を係数とする一次結合である．その分散は (8A.62) から

$$\begin{aligned} V(\boldsymbol{x}^{(i)}\boldsymbol{b}) &= \boldsymbol{x}^{(i)} V(\boldsymbol{b}) \boldsymbol{x}^{(i)^t} \\ &= \sigma^2 \boldsymbol{x}^{(i)} (X^t X)^{-1} \boldsymbol{x}^{(i)^t} \end{aligned} \tag{8A.76}$$

であり，σ^2 を V_e で置き換えた t 分布の自由度は (8A.68) のカイ二乗統計量の自由度 $n-p-1$ になるので，$\boldsymbol{x}^{(i)}\boldsymbol{\beta} = \beta_0 + \beta_1(x_{i1} - \overline{x}_1) + \cdots + \beta_p(x_{ip} - \overline{x}_p)$ の 95% 信頼区間は

$$\boldsymbol{x}^{(i)}\boldsymbol{b} \pm t(n-p-1, 0.05)\sqrt{\boldsymbol{x}^{(i)}(X^t X)^{-1}\boldsymbol{x}^{(i)^t} V_e} \tag{8A.77}$$

でもとめられる．

上記の $\hat{y}_i$ は回帰式をもとめるのにもちいた n 個のデータの一つ y_i に対して計算される値であるが，回帰式をもとめた範囲内にある新たな変数の 1 組 $x_{01}, \dots, x_{0p}$ についても

$$\boldsymbol{x}^{(0)} = \begin{bmatrix} 1, & x_{01} - \overline{x}_1, & \cdots & , x_{0p} - \overline{x}_p \end{bmatrix}$$

として $\boldsymbol{x}^{(0)}\boldsymbol{\beta}$ の 95% 信頼区間は

$$\boldsymbol{x}^{(0)}\boldsymbol{b} \pm t(n-p-1, 0.05)\sqrt{\boldsymbol{x}^{(0)}(X^t X)^{-1}\boldsymbol{x}^{(0)^t} V_e} \tag{8A.78}$$

によりもとめられる．

上記は説明変数 $\boldsymbol{x}^{(0)}$ において母回帰 $\boldsymbol{x}^{(0)}\boldsymbol{\beta}$ の信頼区間を推定したが，つぎに $\boldsymbol{x}^{(0)}$ で新しく得られるデータ y_0 の範囲を回帰式から予測する．y_0 は $\boldsymbol{x}^{(0)}$ における母回帰 $\boldsymbol{x}^{(0)}\boldsymbol{\beta}$ に誤差 ε_0 が加わったもの

$$y_0 = \beta_0 + \beta_1(x_{01} - \overline{x}_1) + \cdots + \beta_p(x_{0p} - \overline{x}_p) + \varepsilon_0 \tag{8A.79}$$

であり，母回帰が既知のとき，y_0 のばらつきは ε_0 の分散

$$V(\varepsilon_0) = \sigma^2$$

である．実際には母回帰は未知であり，これを $\boldsymbol{x}^{(0)}\boldsymbol{b}$ で推定した場合，そのばらつきは (8A.76) から

$$V(\boldsymbol{x}^{(0)}\boldsymbol{b}) = \sigma^2 \boldsymbol{x}^{(0)}(X^t X)^{-1}\boldsymbol{x}^{(0)t} \tag{8A.80}$$

である．したがって $\boldsymbol{x}^{(0)}$ における新たなデータの値を推定回帰式から予測すると，母回帰 $\boldsymbol{x}^{(0)}\boldsymbol{\beta}$ の周りにばらつく分 σ^2 に母回帰の推定値のばらつき (8A.80) が加わって，y_0 のばらつきは

$$\begin{aligned} V(y_0) &= V(\varepsilon_0) + V(\boldsymbol{x}^{(0)}\boldsymbol{b}) \\ &= \sigma^2\{1 + \boldsymbol{x}^{(0)}(X^t X)^{-1}\boldsymbol{x}^{(0)t}\} \end{aligned} \tag{8A.81}$$

になる．新たに得られるデータの信頼区間は，σ^2 の代わりに V_e をもちいて

$$\boldsymbol{x}^{(0)}\boldsymbol{b} \pm t(n-p-1, 0.05)\sqrt{\left\{1 + \boldsymbol{x}^{(0)}(X^t X)^{-1}\boldsymbol{x}^{(0)t}\right\} V_e} \tag{8A.82}$$

として得られる．

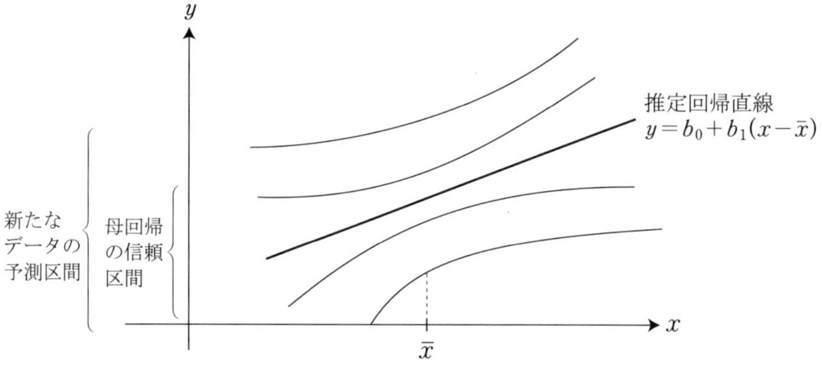

図 8A.3　母回帰の信頼区間と予測区間 (単回帰の場合)

8A.10　ロジスティック回帰

アンケート調査の各欄で，チェックがあれば 1，なければ 0 と置くと，これは確率変数 (二項確率変数) である．またある疾病に罹患しているか，製品が良品か不良品かも同様に 1 または 0 で表される二項確率変数である．これを z として，一つの欄に該当する確率，罹患している確率などを $p_{z=1}$ で表す．

8A.10 節ではこのような確率を目的変数とする回帰分析を考える．すなわち $p_{z=1}$ を説明変数 x による回帰式 $\beta_0 + \beta_1 x$ で表す．

前節まで目的変数 y は $-\infty$ から $+\infty$ までの値をとる実数値としてきた．目的変数が確率の場合，とる値は 0 から 1 までであり，これまでの回帰分析は使えない．

値域が 0 から 1 になる関数として，図 7.2 の確率変数の累積分布関数は 0 から 1 までの値であるのでこれをもちいることを考える．すなわち $p_{z=1}$ がある確率分布の $\beta_0 + \beta_1 x$ に対する累積分布関数の値 $F(\beta_0 + \beta_1 x)$ で表されるモデル

$$p_{z=1} = F(\beta_0 + \beta_1 x) \tag{8A.83}$$

を考える．

F を標準正規分布の累積分布関数としたものをプロビットモデルという．(7.22) からプロビットモデルでは

$$p_{z=1} = \int_{-\infty}^{\frac{X-\mu}{\sigma}} \frac{1}{\sqrt{2\pi}} \exp\left(-\frac{u^2}{2}\right) du \tag{8A.84}$$

となり積分を含む関数形になる．

積分を含まない累積分布関数としてロジスティック分布の累積分布関数がある．ロジスティック分布はロジスティック関数

$$L = \frac{\exp(t)}{1 + \exp(t)} \tag{8A.85}$$

を累積分布関数にもつ確率分布で，累積分布関数のグラフは図 8A.4 である．

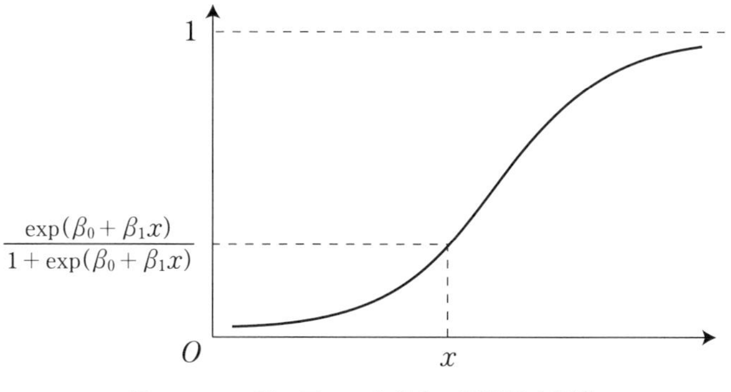

図 8A.4　ロジスティック分布の累積分布関数

(8A.83) の $F(\beta_0+\beta_1 x)$ に (8A.85) をあてはめると

$$p_{z=1}=\frac{\exp(\beta_0+\beta_1 x)}{1+\exp(\beta_0+\beta_1 x)} \tag{8A.86}$$

となる．(8A.86) から

$$p_{z=1}\{1+\exp(\beta_0+\beta_1 x)\}=\exp(\beta_0+\beta_1 x)$$
$$p_{z=1}=\exp(\beta_0+\beta_1 x)(1-p_{z=1})$$

より

$$\frac{p_{z=1}}{1-p_{z=1}}=\exp(\beta_0+\beta_1 x) \tag{8A.87}$$

が得られ，この対数をとって

$$\log\frac{p_{z=1}}{1-p_{z=1}}=\beta_0+\beta_1 x \tag{8A.88}$$

となる．ある事象の起きる確率と起きない確率の比を $odds$ という．

$$odds=\frac{p}{1-p} \tag{8A.89}$$

(8A.88) は注目している事象の生起確率の対数 $odds$ が説明変数の一次式で表されている．すなわちロジスティック回帰は，生起確率の対数 $odds$ を目的変数とする回帰分析である．ここまでは単回帰分析で考えたが，説明変数が複数個の重回帰分析の場合も同様である．

$$\log\frac{p_{z=1}}{1-p_{z=1}}=\beta_0+\beta_1 x_1+\cdots+\beta_p x_p \tag{8A.90}$$

$p_{z=1}$ の推定は最尤法 (章末に注) による．$\beta_0,\beta_1,\ldots,\beta_p$ の最尤推定量 $\hat{\beta}_0$, $\hat{\beta}_1,\ldots,\hat{\beta}_p$ をもちいて

$$\hat{p}_{z=1}=\frac{\exp(\hat{\beta}_0+\hat{\beta}_1 x_1+\cdots+\hat{\beta}_p x_p)}{1+\exp(\hat{\beta}_0+\hat{\beta}_1 x_1+\cdots+\hat{\beta}_p x_p)} \tag{8A.91}$$

となる．

注 1) 8A.4 節のコクランの定理について

コクランの定理

n 個のデータ $y_1, \ldots, y_n$ について $\boldsymbol{y} \sim N(\boldsymbol{\mu}, I_n)$ とする．$P_1, \ldots, P_k = I_n$ となる k 個の n 次正方行列により $\boldsymbol{y}^t\boldsymbol{y}$ を k 個の二次形式の和

$$\boldsymbol{y}^t\boldsymbol{y} = \boldsymbol{y}^t P_1 \boldsymbol{y} + \cdots + \boldsymbol{y}^t P_k \boldsymbol{y}$$

に分解できるとき，$P_1, \ldots, P_k$ について

$$P_i P_j = O \qquad P_i^2 = P_i,$$

$$\mathrm{rank}(P_1) + \cdots + \mathrm{rank}(P_k) = n$$

のいずれかが成り立つならば，$\boldsymbol{y}^t P_i \boldsymbol{y}$ は各々独立に自由度 $\mathrm{rank}(P_i)$，非心度 $\boldsymbol{\mu}^t P_i \boldsymbol{\mu}$ の非心カイ二乗分布 $\chi^2(\mathrm{rank}(P_i), \boldsymbol{\mu}^t P_i \boldsymbol{\mu})$ にしたがう．

柳井晴夫，竹内啓「射影行列・一般逆行列・特異値分解」1983
　東京大学出版会，
佐和隆光「回帰分析」1979 朝倉書店など．

注 2) 最尤法

尤度はデータに基づいた母数のもっともらしさのことであり，データが得られているとして，そのデータの得られる確率が最大となるような母数の推定方法を最尤法という．

いま n 個のデータ $x_1, \ldots, x_n$ があり，このデータの取られた母集団分布の確率密度関数を $f(x|\boldsymbol{\theta})$ とする．$\boldsymbol{\theta}$ は母数 (正規分布の場合では μ, σ) でその値は未知であるが，$f(x|\boldsymbol{\theta})$ はわかっているとする (たとえば正規分布，二項分布など)．このときデータの実現値として $x_1, \ldots, x_n$ が得られる確率が最も大きくなるような $\boldsymbol{\theta}$ の推定値を最尤推定値という．データ $x_1, \ldots, x_n$ が独立に取られているとき，$x_1, \ldots, x_n$ は確率密度関数 $f(x|\boldsymbol{\theta})$ をもつ独立な確率変数 $X_1, \ldots, X_n$ の実現値とみなすことができるので，$x_1, \ldots, x_n$ の得られやすさ (データとして実現しやすさ) を $L(\boldsymbol{\theta}|x_1, \ldots, x_n)$ と表すと，$L(\boldsymbol{\theta}|x_1, \ldots, x_n)$ はそれぞれの確率密

度関数の積になる．

$$L(\boldsymbol{\theta}|x_1,\dots,x_n) = f(x_1|\boldsymbol{\theta})\cdots f(x_n|\boldsymbol{\theta}) \tag{8A.92}$$

$L(\boldsymbol{\theta}|x_1,\dots,x_n)$ を θ の尤度関数といい，積より和の形の方が取り扱いやすいので (8A.92) の対数をとったもの

$$\log L(\boldsymbol{\theta}|x_1,\dots,x_n) = \sum_{i=1}^{n} \log f(x_i|\boldsymbol{\theta}) \tag{8A.93}$$

を対数尤度関数という．

$x_1,\dots,x_n$ はデータとして得られている値なので定数とし，$\boldsymbol{\theta}$ は未知なので $\boldsymbol{\theta}$ を変数として，(8A.93) の最大値を与える $\boldsymbol{\theta}$ の値を最尤推定値とする．(8A.93) を最大にする $\hat{\theta}$ は，それぞれの θ で $\log L(\boldsymbol{\theta}|x_1,\dots,x_n)$ を偏微分し 0 とおいてもとめる．

参考文献

[1] 佐和隆光　1979　「回帰分析」 朝倉書店

[2] 久米均，飯塚悦功　1987　シリーズ入門統計的方法２「回帰分析」 岩波書店

[3] 高橋敬子　2009　「分散分析の基礎」 プレアデス出版

[4] 蓑谷千凰彦　2015　統計ライブラリー「線形回帰分析」 朝倉書店

Chapter

8B

分散分析

分散分析は複数の組の母平均に差があるかどうかの検定を行うもので，ここではその中で最も基本的な一元配置，二元配置分散分析を取り上げる．

分散分析では (8.1) の独立変数 $\boldsymbol{x}_1, \ldots, \boldsymbol{x}_p$ は $[1,\ \cdots\ ,1,\ 0,\ \cdots\ ,0]^t$,…, $[0,\ \cdots\ ,0,\ 1,\ \cdots\ ,1]^t$ のようなダミー変数をとる．また結果に影響を及ぼすと考えられるものを因子，その因子において差があるかどうかを検討する複数の組，すなわち因子の条件を水準という．因子が 1 つの場合を一元配置，2 つの場合を二元配置という．1 つの因子の水準の変化による結果の変化量を主効果，2 つの因子の組合せによる変化量を交互作用といい，これらを要因効果という．

回帰分析同様，分散分析でもデータ数に等しい次元のベクトル空間を考え，母平均に差がある場合に現れるベクトル成分に注目して，データの二次形式統計量からその有無を判断する．二次形式統計量を式に展開したものが種々の平方和になっている．

例 8B.1

3 通りの溶液濃度で合成した低密度ポリエチレンの固有粘度 (一元配置)

濃度Ⅰ	濃度Ⅱ	濃度Ⅲ
0.943	0.980	0.919
0.885	1.063	0.881
0.900	1.018	0.935
0.972	1.007	0.867

$(m\ell/g)$

例 8B.1 は一元配置の場合であるが，溶液濃度が因子，その段階 (Ⅰ，Ⅱ，Ⅲ) が水準になる．例 8B.1 では全部で 12 回の実験が行われているが，正しい結果が得られるためには実験はランダムな順番で行われたものでなければならない．このような実験を完全無作為化実験という．

8B.1　一元配置

水準数が a，各水準の繰り返し数 (データ数) が r の場合の一元配置のデータの構造を

$$y_{ij} = \mu_i + \varepsilon_{ij} \tag{8B.1}$$

$$= \mu + \alpha_i + \varepsilon_{ij} \tag{8B.2}$$

$$1 \le i \le a, \quad 1 \le j \le r$$

と表す．y_{ij} は第 i 水準の j 番目のデータ，μ_i は第 i 水準の母平均，ε_{ij} はおのおの独立に平均 0，分散 σ^2 の正規分布にしたがう誤差であり

$$\varepsilon_{ij} \sim N(0, \sigma^2) \tag{8B.3}$$

したがってすべての組の分散が等しいことが前提になる．一元配置の場合は繰り返し数は水準ごとに異なっていても構わない (その場合は $1 \le j \le r_i$ となる) が，簡単のため，以下では繰り返し数を全水準で r とする．

(8B.1) の第 i 水準の母平均 μ_i は，μ を一般平均，α_i を第 i 水準の効果として (8B.2) のように $\mu + \alpha_i$ に分けられる．一般平均を

$$\mu = \frac{\sum \mu_i}{a} \tag{8B.4}$$

と定義すると水準の効果の合計は

$$\alpha_i = \mu_i - \mu \tag{8B.5}$$

から

$$\sum \alpha_i = \sum \mu_i - a\mu = 0 \tag{8B.6}$$

になる．a 個の水準の母平均が等しいかどうかの検定は，水準の効果がない場合に

$$\alpha_1 = \cdots = \alpha_a = 0$$

となるので

$$H_0 : \alpha_1 = \cdots = \alpha_a = 0 \tag{8B.7}$$

$$H_1 : \alpha_1, \dots, \alpha_a \text{のうち少なくとも 1 つは 0 でない} \tag{8B.8}$$

について検定を行う．

以上を前提として，ここからはベクトルで考える．一元配置では水準数が a で各水準のデータ数が r の場合，データは全部で $n = ar$ 個なので，ar 次元の空間を考える．個々のデータは

$$y_{11}, \cdots, y_{1r}, y_{21}, \cdots, y_{2r}, \cdots, y_{a1}, \cdots, y_{ar} \tag{8B.9}$$

であり，ar 次元ベクトル空間に ar 本の直交座標軸を考えて，(8B.9) のデータを第 1 座標軸から順次，第 1 座標軸に $y_{11}, \dots$ 第 r 座標軸に y_{1r}，第 $r+1$ 座標軸に $y_{21}, \dots$ と対応させる．こうしてできたベクトルがデータベクトル $\boldsymbol{y}$ になる．

8B.2　一元配置：空間の分割 (1)

最も基本的なデータの構造

$$y_{ij} = \mu_i + \varepsilon_{ij} \tag{8B.1}$$

では，データベクトル $\boldsymbol{y}$ は

$$\underset{\boldsymbol{y}}{\begin{bmatrix} y_{11} \\ \vdots \\ y_{1r} \\ \vdots \\ y_{a1} \\ \vdots \\ y_{ar} \end{bmatrix}} = \underset{\boldsymbol{\mu}}{\begin{bmatrix} \mu_1 \\ \vdots \\ \mu_1 \\ \vdots \\ \mu_a \\ \vdots \\ \mu_a \end{bmatrix}} + \underset{\boldsymbol{\varepsilon}}{\begin{bmatrix} \varepsilon_{11} \\ \vdots \\ \varepsilon_{1r} \\ \vdots \\ \varepsilon_{a1} \\ \vdots \\ \varepsilon_{ar} \end{bmatrix}} \tag{8B.10}$$

と表される．$\boldsymbol{\mu}$ を母平均ベクトル，$\boldsymbol{\varepsilon}$ を誤差ベクトルという．データベクトル $\boldsymbol{y}$ は，母平均ベクトル $\boldsymbol{\mu}$ に誤差ベクトル $\boldsymbol{\varepsilon}$ が加わってできたベクトルである．

(8B.10) を水準ごとに区切って，n 次元ベクトル $[1,\ \cdots\ ,1,\ 0,\ \cdots\ ,0]^t$ を $\boldsymbol{a}_1, \dots, [0,\ \cdots\ ,0,\ 1,\ \cdots\ ,1]^t$ を $\boldsymbol{a}_a$ と記すと $\boldsymbol{\mu}$ は

$$\boldsymbol{\mu} = \mu_1 \underset{\boldsymbol{a}_1}{\begin{bmatrix} 1 \\ \vdots \\ 1 \\ 0 \\ \vdots \\ \vdots \\ 0 \end{bmatrix}} + \cdots + \mu_a \underset{\boldsymbol{a}_a}{\begin{bmatrix} 0 \\ \vdots \\ \vdots \\ 0 \\ 1 \\ \vdots \\ 1 \end{bmatrix}} \tag{8B.11}$$

と表され，ε についても

$$\boldsymbol{\varepsilon}_1 = \begin{bmatrix} \varepsilon_{11} \\ \vdots \\ \varepsilon_{1r} \\ 0 \\ \vdots \\ \vdots \\ 0 \end{bmatrix}, \dots, \boldsymbol{\varepsilon}_a = \begin{bmatrix} 0 \\ \vdots \\ \vdots \\ 0 \\ \varepsilon_{a1} \\ \vdots \\ \varepsilon_{ar} \end{bmatrix} \tag{8B.12}$$

として (8B.10) は

$$\boldsymbol{y} = \mu_1 \boldsymbol{a}_1 + \cdots + \mu_a \boldsymbol{a}_a + \boldsymbol{\varepsilon}_1 + \cdots + \boldsymbol{\varepsilon}_a \tag{8B.13}$$

と表される．$\boldsymbol{a}_1, \dots, \boldsymbol{a}_a$ は (8.1) の独立変数 $\boldsymbol{x}_1, \dots, \boldsymbol{x}_p$ に相当するダミー変数である．

$n = ar$ 次元空間を直交する a 個の r 次元空間 (各水準に対応) に分けると，$\boldsymbol{a}_1, \dots, \boldsymbol{a}_a$ はそれぞれの r 次元空間の中にあり，(8B.11) から各 r 次元空間で，母平均ベクトル $\boldsymbol{\mu}$ の成分はこの $\boldsymbol{a}_1, \dots, \boldsymbol{a}_a$ の定数倍 $(\mu_1 \boldsymbol{a}_1, \dots, \mu_a \boldsymbol{a}_a)$ で表される．[1)]

つぎにそれぞれの r 次元空間を，$\boldsymbol{a}_i$ と $\boldsymbol{a}_i$ に直交する $r-1$ 次元の空間とに分解すると

$$\underset{r\text{次元}}{1\text{ つの } r \text{ 次元空間}} = \underset{1\text{次元}}{\boldsymbol{a}_i} + \underset{r-1\text{次元}}{\boldsymbol{a}_i\text{に直交する } r-1 \text{ 次元}} \tag{8B.14}$$

1 つの r 次元空間の $\boldsymbol{\mu}$ の成分は (8B.14) の $\boldsymbol{a}_i$ の上にあるので，$\boldsymbol{a}_i$ に直交する部分には $\boldsymbol{\mu}$ の成分は含まれない．これに対して，ε_i は $\boldsymbol{a}_i$ 上と，$\boldsymbol{a}_i$ に直交する $r-1$ 次元空間の両方の成分を持つ．したがって $\boldsymbol{y}$ の 1 つの r 次元空間の成分

1) 個々の水準で r 個の母平均は等しい．水準ごとの r 本の座標軸にこの値をプロットして得られるベクトル $\mu_i \boldsymbol{a}_i$ は r 本の座標軸から等距離にあり，r 次元空間の中央を通る．

$\boldsymbol{y}_i$ は

$$\boldsymbol{y}_i = \text{“}\mu_i \boldsymbol{a}_i + \text{「}\varepsilon_i\text{ の }\boldsymbol{a}_i\text{ 上の成分」”} + \varepsilon_i\text{の }\boldsymbol{a}_i\text{ に直交する }r-1\text{ 次元空間の成分} \tag{8B.15}$$

という $\boldsymbol{\mu}_i$ と ε_i の一部からなる $\boldsymbol{a}_i$ 上の成分と，$r-1$ 次元空間の ε_i の成分の 2 つの直交する成分に分けられる．

(8B.14) の 1 つの r 次元空間の分解を a 個すべてで考えて，$\boldsymbol{a}_1, \ldots, \boldsymbol{a}_a$ で a 次元空間をつくり，残った $r-1$ 次元空間を合わせて $a(r-1)$ 次元空間をつくると，n 次元空間は a 次元空間と $a(r-1)$ 次元空間とに分解される．

$$\begin{aligned} V^n =& \boldsymbol{a}_1, \ldots, \boldsymbol{a}_a\text{で生成する }a\text{ 次元空間} \\ &+ \\ &a\text{個の }r-1\text{ 次元空間を合わせた }a(r-1)\text{ 次元空間} \end{aligned} \tag{8B.16}$$

$\boldsymbol{a}_1, \ldots, \boldsymbol{a}_a$ はたがいに直交していて a 次元空間の基底になり，(8B.11) から母平均ベクトル $\boldsymbol{\mu}$ は $\boldsymbol{a}_1, \ldots, \boldsymbol{a}_a$ の一次結合でつくられているので a 次元空間の中にある．したがって a 次元空間に直交する $a(r-1)$ 次元空間には $\boldsymbol{\mu}$ の成分は含まれず，データベクトル $\boldsymbol{y}$ のうち $\boldsymbol{\varepsilon}$ の一部だけが含まれる．(8B.16) の a 次元空間を推定空間，$a(r-1)$ 次元空間を誤差空間という．

8B.3　一元配置：空間の分割 (2)

推定空間にある母平均ベクトル $\boldsymbol{\mu}$ は

$$\boldsymbol{\mu} = \mu_1 \boldsymbol{a}_1 + \cdots + \mu_a \boldsymbol{a}_a \tag{8B.11}$$

であった．(8B.11) で a 個の水準の母平均に差がないとき，$\mu_1, \ldots, \mu_a$ を μ とおくと，ar 個の要素がすべて 1 であるベクトルを $\mathbf{1}$ として $\boldsymbol{\mu}$ は

$$\begin{aligned} \boldsymbol{\mu} &= \mu(\boldsymbol{a}_1 + \cdots + \boldsymbol{a}_a) \\ &= \mu \mathbf{1} \end{aligned} \tag{8B.17}$$

と表される．$\boldsymbol{a}_1 + \cdots + \boldsymbol{a}_a = \mathbf{1}$ から $\mathbf{1}$ は推定空間のベクトルであり，a 個の母平均に差がないとき $\boldsymbol{\mu}$ は $\mathbf{1}$ に重なり，a 個の母平均が等しくない場合は，$\boldsymbol{\mu}$ は

1 に重ならない．推定空間を **1** と，**1** に直交する $a-1$ 次元空間とに直交分解すると，$a-1$ 次元空間では

$$\begin{aligned}&a\text{個の母平均がすべて等しいとき}\cdots\boldsymbol{\mu}\text{の成分が含まれない}\\&a\text{個の母平均が等しくないとき}\cdots\boldsymbol{\mu}\text{の成分が含まれる}\end{aligned}\qquad(8B.18)$$

となる．そこで推定空間の **1** に直交する部分に注目して，ここに $\boldsymbol{\mu}$ の成分が含まれていなければ a 個の水準の母平均には差がない，$\boldsymbol{\mu}$ の成分が含まれていれば a 個の水準の母平均には差があると判断することができる．

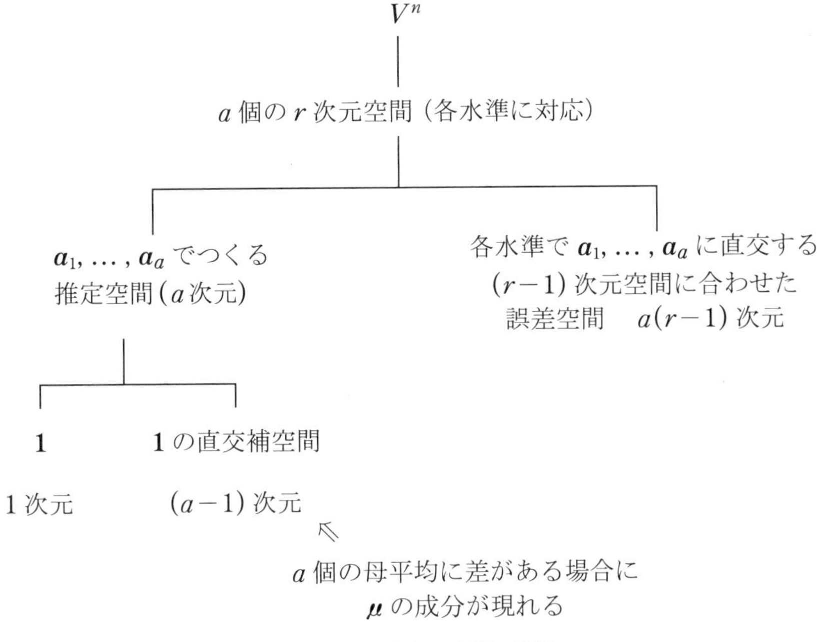

図 8B.1　ベクトル空間の分割

(8B.2) はこれに対応しており．

$$y_{ij} = \mu + \alpha_i + \varepsilon_{ij} \qquad (8B.2)$$

μ は (8B.4) で示される一般平均

$$\mu = \frac{\sum \mu_i}{a} \qquad (8B.4)$$

α_i は水準の効果

$$\alpha_i = \mu_i - \mu \tag{8B.5}$$

水準の効果の合計は

$$\sum \alpha_i = \sum \mu_i - a\mu = 0 \tag{8B.6}$$

(8B.6) の $\sum \alpha_i$ はベクトルで表すと $\boldsymbol{\alpha} = [\alpha_1, \cdots, \alpha_1, \cdots, \alpha_a, \cdots, \alpha_a]^t$ として

$$\sum \alpha_i = \frac{\boldsymbol{\alpha}^t \mathbf{1}}{r} \tag{8B.19}$$

であり，$\sum \alpha_i = 0$ は水準の効果 $\boldsymbol{\alpha}$ が $\mathbf{1}$ と直交することを示している．$\boldsymbol{\mu}, \mu\mathbf{1}$ ともに推定空間のベクトルなので，(8B.5) を要素とする $\boldsymbol{\alpha}$ は推定空間のベクトルであり，$\mathbf{1}$ に直交していることから，(8B.18) で水準の母平均に差がある場合に現れる $\boldsymbol{\mu}$ の成分である．

以上から母平均ベクトル $\boldsymbol{\mu}$ を

$$\boldsymbol{\mu} = \begin{bmatrix} \mu_1 \\ \vdots \\ \mu_1 \\ \vdots \\ \mu_a \\ \vdots \\ \mu_a \end{bmatrix} = \underset{\mu\mathbf{1}}{\begin{bmatrix} \mu \\ \vdots \\ \vdots \\ \vdots \\ \vdots \\ \vdots \\ \mu \end{bmatrix}} + \underset{\boldsymbol{\alpha}}{\begin{bmatrix} \alpha_1 \\ \vdots \\ \alpha_1 \\ \vdots \\ \alpha_a \\ \vdots \\ \alpha_a \end{bmatrix}} = \mu \underset{\mu\mathbf{1}}{\begin{bmatrix} 1 \\ \vdots \\ \vdots \\ \vdots \\ \vdots \\ \vdots \\ 1 \end{bmatrix}} + \alpha_1 \underset{\alpha_1\boldsymbol{a}_1}{\begin{bmatrix} 1 \\ \vdots \\ 1 \\ 0 \\ \vdots \\ \vdots \\ 0 \end{bmatrix}} + \cdots + \alpha_a \underset{\alpha_a\boldsymbol{a}_a}{\begin{bmatrix} 0 \\ \vdots \\ \vdots \\ 0 \\ 1 \\ \vdots \\ 1 \end{bmatrix}}$$

$$\boldsymbol{\mu} = \mu\mathbf{1} + \alpha_1\boldsymbol{a}_1 + \cdots + \alpha_a\boldsymbol{a}_a \qquad \text{ただし} \sum \alpha_i = 0 \tag{8B.20}$$

と表す．一元配置の仮説検定における帰無仮説

$$H_0 : \alpha_1 = \cdots = \alpha_a = 0 \tag{8B.7}$$

は，(8B.20) で推定空間の $\mathbf{1}$ に直交する部分の $\boldsymbol{\mu}$ の成分がなく，$\boldsymbol{\mu} = \mu\mathbf{1}$ であることを示している．

(8B.10)，(8B.20) からデータベクトルは

$$\boldsymbol{y} = \mu\mathbf{1} + \alpha_1\boldsymbol{a}_1 + \cdots + \alpha_a\boldsymbol{a}_a + \boldsymbol{\varepsilon} \tag{8B.21}$$

となり，定数ベクトルに確率変数ベクトル $\boldsymbol{\varepsilon} \sim N(\mathbf{0}, \sigma^2 I)$ が加わった $\boldsymbol{y}$ は確率変数ベクトルになる．(8B.21) を計画行列，係数ベクトルにまとめて (8B.22) で表す．計画行列 X の $a+1$ 本の列ベクトルは，$\boldsymbol{a}_1, \ldots, \boldsymbol{a}_a$ は一次独立であるが $\mathbf{1} = \boldsymbol{a}_1 + \cdots + \boldsymbol{a}_a$ の関係があるので X は正則ではなく，ランクは a である．[2]

$$\boldsymbol{y} = \begin{bmatrix} 1 & 1 & & & 0 \\ \vdots & \vdots & & & \vdots \\ \vdots & 1 & \cdots & \cdots & \vdots \\ \vdots & 0 & & & 0 \\ \vdots & \vdots & & & 1 \\ \vdots & \vdots & & & \vdots \\ 1 & 0 & & & 1 \end{bmatrix} \begin{bmatrix} \mu \\ \alpha_1 \\ \vdots \\ \alpha_a \end{bmatrix} + \boldsymbol{\varepsilon} \tag{8B.22}$$

$\mathbf{1}$　$\boldsymbol{a}_1$　　$\boldsymbol{a}_a$　$\boldsymbol{\theta}$

計画行列X

8B.4　最小二乗法

分散分析は回帰分析同様，最小二乗法に基づいている．最小二乗法は，データベクトル $\boldsymbol{y}$ と推定空間のベクトル $\hat{\boldsymbol{y}}$ との差を最小にする，すなわち残差平方和を最小にする $\hat{\boldsymbol{y}}$ をもとめるものであり，これが最小となるのは $\hat{\boldsymbol{y}}$ が $\boldsymbol{y}$ の推定空間への正射影になっている場合である．回帰分析では残差平方和 $(\boldsymbol{y} - X\boldsymbol{b})^t(\boldsymbol{y} - X\boldsymbol{b})$ を $\boldsymbol{b}$ で偏微分して b_0, b_1 をもとめたが，ここでは 8B.2 節から $\boldsymbol{y}$ の誤差空間の成分と推定空間の基底との直交性から考える．$\boldsymbol{y}$ の推定空間の成分は係数ベクトル $\boldsymbol{\theta}$ の推定量を $\hat{\boldsymbol{\theta}}$ として

$$\hat{\boldsymbol{y}} = X\hat{\boldsymbol{\theta}} \tag{8B.23}$$

[2] 8B.2 節より推定空間は $\boldsymbol{a}_1, \ldots, \boldsymbol{a}_a$ の生成する空間であり，(8B.22) の計画行列 X は $\boldsymbol{\theta}$ の要素 $\alpha_1, \ldots, \alpha_a$ ($\sum \alpha_i = 0$) により推定空間を $\mathbf{1}$ と $\mathbf{1}$ の直交補空間に分けた表現になっている．

と表される．誤差空間のベクトルは

$$\boldsymbol{y} - \hat{\boldsymbol{y}} = \boldsymbol{y} - X\hat{\boldsymbol{\theta}} \tag{8B.24}$$

であり，$\boldsymbol{y} - X\hat{\boldsymbol{\theta}}$ と推定空間の基底 $\boldsymbol{a}_1, \dots, \boldsymbol{a}_a$ は直交しているので

$$\begin{gathered} \boldsymbol{a}_1^t(\boldsymbol{y} - X\hat{\boldsymbol{\theta}}) = 0 \\ \vdots \\ \boldsymbol{a}_a^t(\boldsymbol{y} - X\hat{\boldsymbol{\theta}}) = 0 \end{gathered}$$

計画行列には $\mathbf{1}$ も含まれるので

$$\mathbf{1}^t(\boldsymbol{y} - X\hat{\boldsymbol{\theta}}) = 0$$

より $\mathbf{1}, \boldsymbol{a}_1, \dots, \boldsymbol{a}_a$ を行列にまとめて，正規方程式

$$X^t X\hat{\boldsymbol{\theta}} = X^t\boldsymbol{y} \tag{8B.25}$$

が得られる．(8B.25) を計算すると

$$\begin{bmatrix} n\hat{\mu} + r\sum\hat{\alpha}_i \\ r(\hat{\mu} + \hat{\alpha}_1) \\ \vdots \\ r(\hat{\mu} + \hat{\alpha}_a) \end{bmatrix} = \begin{bmatrix} y_{..} \\ y_{1.} \\ \vdots \\ y_{a.} \end{bmatrix}$$

$$\text{ただし}\, y_{..} = \sum_{i=1}^{a}\sum_{j=1}^{r} y_{ij} \qquad y_{i.} = \sum_{j=1}^{r} y_{ij}$$

となる．第 1 式は第 2 式から第 $a+1$ 式の和になっており，解は不定なので，$\sum\hat{\alpha}_i = 0$ の条件をつけて最小二乗推定量

$$\hat{\mu} = \overline{y}_{..} \tag{8B.26}$$

$$\hat{\alpha}_i = \overline{y}_{i.} - \overline{y}_{..} \tag{8B.27}$$

が得られる．

(8B.26)，(8B.27) は解を代数的にもとめたものだが，つぎにこれを $\boldsymbol{y}$ の推定空間への正射影からもとめる．一元配置分散分析では V^n を

$$V^n = \mathbf{1} + \text{推定空間の}\mathbf{1}\text{直交補空間} + \text{誤差空間}$$
$$\leftarrow \quad \text{推定空間} \quad \rightarrow$$

と直交分解し，$\boldsymbol{y}$ をそれぞれの部分空間の成分

$$\boldsymbol{y} = \boldsymbol{y}_1 + \boldsymbol{y}_{\text{推}^{\perp}{}_1} + \boldsymbol{y}_{\text{誤差空間}} \tag{8B.28}$$

ただし $\boldsymbol{y}_1$ は $\mathbf{1}$ の上の $\boldsymbol{y}$ の成分

$\boldsymbol{y}_{\text{推}^{\perp}{}_1}$ は "推定空間の $\mathbf{1}$ の直交補空間" の $\boldsymbol{y}$ の成分

$\boldsymbol{y}_{\text{誤差空間}}$ は誤差空間の $\boldsymbol{y}$ の成分

に分解する．それぞれの部分空間の $\boldsymbol{y}$ の成分は母数部分に $\boldsymbol{\varepsilon}$ の成分が加わったもので

$$\boldsymbol{y}_1 = \mu\mathbf{1} + \boldsymbol{\varepsilon}_1 \quad (\boldsymbol{\varepsilon}_1 \subset \mathbf{1})$$
$$\boldsymbol{y}_{\text{推}^{\perp}{}_1} = \alpha_1\boldsymbol{a}_1 + \boldsymbol{\varepsilon}_{a1} + \cdots + \alpha_a\boldsymbol{a}_a + \boldsymbol{\varepsilon}_{aa} - \boldsymbol{\varepsilon}_1$$
$$\boldsymbol{y}_{\text{誤差空間}} = \boldsymbol{\varepsilon}_{\text{誤差空間}}$$

である．1 つの部分空間への $\boldsymbol{y}$ の正射影は，$\boldsymbol{y}$ にその部分空間への直交射影行列を作用させることでもとめられる．それぞれの直交射影行列 (節末に示す) をもちいて

1 の上の $\boldsymbol{y}$ の成分[3)]

$$\boldsymbol{y}_1 = P_1\boldsymbol{y} = \begin{bmatrix} \bar{y}_{..} \\ \vdots \\ \bar{y}_{..} \end{bmatrix} = \bar{y}_{..}\mathbf{1}$$

より $\hat{\mu} = \bar{y}_{..}$

---

3) 回帰分析と記号を揃えれば $\boldsymbol{y}_1$ は $\bar{y}_{..}\mathbf{1}$ となるが，分散分析では y についての平均は全体平均の他に水準平均もあるので煩雑を避けるため，$\mathbf{1}$ の上の $\boldsymbol{y}$ の成分を $\boldsymbol{y}_1$ で表す．

推定空間の $\mathbf{1}$ の直交補空間の $\boldsymbol{y}$ の成分

$$\boldsymbol{y}_{\text{推}^{\perp}_{\ 1}} = \boldsymbol{y}_{\text{推定空間}} - \boldsymbol{y}_1 = \boldsymbol{P}_{\text{推定空間}}\boldsymbol{y} - \boldsymbol{y}_1$$

$$= \begin{bmatrix} \overline{y}_{1\cdot} - \overline{y}_{\cdot\cdot} \\ \vdots \\ \overline{y}_{1\cdot} - \overline{y}_{\cdot\cdot} \\ \vdots \\ \overline{y}_{a\cdot} - \overline{y}_{\cdot\cdot} \\ \vdots \\ \overline{y}_{a\cdot} - \overline{y}_{\cdot\cdot} \end{bmatrix}$$

より $\hat{\alpha}_i = \overline{y}_{i\cdot} - \overline{y}_{\cdot\cdot}$

誤差空間の $\boldsymbol{y}$ の成分

$$\boldsymbol{y}_{\text{誤差空間}} = \boldsymbol{y} - \boldsymbol{y}_{\text{推定空間}}$$

$$= \begin{bmatrix} y_{11} - \overline{y}_{1\cdot} \\ \vdots \\ y_{1r} - \overline{y}_{1\cdot} \\ \vdots \\ y_{a1} - \overline{y}_{a\cdot} \\ \vdots \\ y_{ar} - \overline{y}_{a\cdot} \end{bmatrix}$$

が得られる．

a 個の母平均に差があるか否かは次節の F 検定で判断する．F 検定は $\boldsymbol{y}$ の部分空間の成分についての平方和をもちい，推定空間の $\mathbf{1}$ の直交補空間と誤差空間との $\boldsymbol{y}$ の成分が必要になる．そこで (8B.28) の $\boldsymbol{y}$ の直交分解において，$\boldsymbol{y}_1$ を左辺に移項して

$$\boldsymbol{y} - \boldsymbol{y}_1 = \boldsymbol{y}_{\text{推}^{\perp}_{\ 1}} + \boldsymbol{y}_{\text{誤差空間}}$$

として平方和を

$$(\boldsymbol{y}-\boldsymbol{y}_1)^t(\boldsymbol{y}-\boldsymbol{y}_1)=(\boldsymbol{y}_{\text{推}^{\perp}{}_1})^t(\boldsymbol{y}_{\text{推}^{\perp}{}_1})+(\boldsymbol{y}_{\text{誤差空間}})^t(\boldsymbol{y}_{\text{誤差空間}}) \tag{8B.29}$$

$$S_t \qquad\qquad\qquad\qquad S_A \qquad\qquad\qquad\qquad S_e$$

とする．分散分析ではこれらの平方和を変動とよび，S_t を総変動，S_A を級間変動，S_e を誤差変動，また (8B.29) を変動の分解という．

変動は

$$\begin{aligned}\boldsymbol{y}_i^t\boldsymbol{y}_i &= (P_i\boldsymbol{y})^t(P_i\boldsymbol{y})\\ &= \boldsymbol{y}^tP_i\boldsymbol{y}\end{aligned} \tag{8B.30}$$

という，部分空間への直交射影行列を係数行列とする $\boldsymbol{y}$ の二次形式で表され，それぞれの変動は

$$\begin{aligned}\boldsymbol{y}_1^t\boldsymbol{y}_1 &= \boldsymbol{y}^tP_1\boldsymbol{y}\\ &= \frac{(\sum\sum y_{ij})^2}{n}\end{aligned} \tag{8B.31}$$

(8B.31) は修正項 CT ともよばれる．

$$\begin{aligned}S_A &= (\boldsymbol{y}_{\text{推}^{\perp}{}_1})^t(\boldsymbol{y}_{\text{推}^{\perp}{}_1})=\boldsymbol{y}^t(P_{\text{推定空間}}-P_1)\boldsymbol{y}\\ &= r\sum(\overline{y}_{i\cdot}-\overline{y}_{\cdot\cdot})^2\end{aligned} \tag{8B.32}$$

$$\begin{aligned}S_e &= (\boldsymbol{y}_{\text{誤差空間}})^t(\boldsymbol{y}_{\text{誤差空間}})=\boldsymbol{y}^t(I-P_{\text{推定空間}})\boldsymbol{y}\\ &= \sum\sum(y_{ij}-\overline{y}_{i\cdot})^2\end{aligned} \tag{8B.33}$$

となる．

＊＊＊直交射影行列＊＊＊

1 ベクトルへの直交射影行列

$$P_1=\mathbf{1}(\mathbf{1}^t\mathbf{1})^{-1}\mathbf{1}^t$$

$(\mathbf{1}^t\mathbf{1})^{-1}=\frac{1}{n}$ より

$$\mathbf{1}(\mathbf{1}^t\mathbf{1})^{-1}\mathbf{1}^t=\frac{1}{n}\begin{bmatrix}1 & \cdots & 1\\ \vdots & \ddots & \vdots\\ 1 & \cdots & 1\end{bmatrix}$$

(すべての要素が $\frac{1}{n}$ である $n\times n$ 行列)

推定空間への直交射影行列 $A(A^tA)^{-1}A^t$

$A = \begin{bmatrix} \boldsymbol{a}_1, & \cdots & , \boldsymbol{a}_a \end{bmatrix}$ として

$$A^tA = \begin{bmatrix} r & & O \\ & \ddots & \\ O & & r \end{bmatrix}$$

$$\therefore (A^tA)^{-1} = \frac{1}{r} I_a \qquad (I_a \text{は} a \text{次単位行列})$$

$$P_{\text{推定空間}} = A(A^tA)^{-1}A^t$$

$$= \frac{1}{r} \begin{bmatrix} 1\cdots 1 & & & \\ \vdots & & & O \\ 1\cdots 1 & & & \\ & 1\cdots 1 & & \\ & \vdots & & \\ & 1\cdots 1 & & \\ & & \vdots & \\ & & \vdots & \\ & & & 1\cdots 1 \\ & O & & \vdots \\ & & & 1\cdots 1 \end{bmatrix} \qquad (n \times n \text{行列})$$

回帰分析 (単回帰) で x と y に回帰関係があるかどうかは，母数 β_1 が回帰式に含まれるか否かであった．回帰分析でも推定空間は $\mathbf{1}$ と $\boldsymbol{x}$ とに直交分解されており，β_1 が 0 かどうかは $\boldsymbol{x}$ の上の $\boldsymbol{y}$ の成分に ε の成分の他に $\beta_1 \boldsymbol{x}$ が含まれるかどうかということである．分散分析で a 個の母平均に差があるか否かは，8B.3 節のように推定空間の $\mathbf{1}$ に直交する部分に母数ベクトルの成分が存在するかどうかであり，回帰分析と分散分析は推定空間の $\mathbf{1}$ に直交する部分の

母数ベクトルの有無に注目する点でおなじことを行っている．

8B.5　F 検定

8B.3 節から，推定空間の $\mathbf{1}$ の直交補空間に $\boldsymbol{\mu}$ の成分が存在するかどうかで，a 個の母平均に差があるかどうかが判断される．(図 8B.1)　1 つの部分空間に母数ベクトルの成分が含まれるかどうかについては，8A.4 節の F 検定を行う．

F 分布にしたがう統計量

$$F = \frac{\boldsymbol{z}_1/\phi_1}{\boldsymbol{z}_2/\phi_2} \tag{8A.43}$$

ただし $\boldsymbol{z}_1$ は非心度 λ のカイ二乗分布にしたがう統計量

$\boldsymbol{z}_2$ は非心度 0 のカイ二乗分布にしたがう統計量

$\boldsymbol{z}_1 \perp \boldsymbol{z}_2$

については，(8B.29) の平方和により

$$\boldsymbol{z}_1 = \frac{1}{\sigma^2}S_A \sim \chi^2(\phi_A = a-1, \lambda_A = \frac{1}{\sigma^2}(\boldsymbol{\mu}^{\perp}{}_1)^t(\boldsymbol{\mu}^{\perp}{}_1))^{3)} \tag{8B.34}$$

$\boldsymbol{\mu}^{\perp}{}_1$ は推定空間の $\mathbf{1}$ の直交補空間の $\boldsymbol{\mu}$ の成分

$$\boldsymbol{z}_2 = \frac{1}{\sigma^2}S_e \sim \chi^2(\phi_e = n-a) \tag{8B.35}$$

となり，(8A.44) の F 検定の検定統計量は

$$\begin{aligned} F_0 &= \frac{\frac{1}{\sigma^2}S_A/\phi_A}{\frac{1}{\sigma^2}S_e/\phi_e} \\ &= \frac{V_A}{V_e} \end{aligned} \tag{8B.36}$$

となる．(右片側検定)　$F_0 \geq F(a-1, n-a, 0.05)$ の場合に F 検定は有意になり，推定空間の $\mathbf{1}$ の直交補空間には $\boldsymbol{\mu}$ の成分が存在する．すなわち (8B.19) の $\boldsymbol{\alpha}$ が存在して，a 個の母平均に差がないとする帰無仮説

$$H_0 : \alpha_1 = \cdots = \alpha_a = 0 \tag{8B.7}$$

---

[3] カイ二乗分布の自由度は平方和を構成するベクトルの含まれる部分空間の次元であり，S_A の場合は $\boldsymbol{y}_{推}{}^{\perp}{}_1$ の含まれる推定空間の $\mathbf{1}$ の直交補空間の次元になる．8A.4 節 (8A.39)，(8A.40) 参照．

が棄却される．

分散分析表

要因	変動	自由度	分散	F 検定
級間	S_A	$a-1$	$V_A = S_A/(a-1)$	$F_0 = V_A/V_e$
誤差	S_e	$n-a$	$V_e = S_e/(n-a)$	
計	S_T	$n-1$		

例 8B.1 では

要因	変動	自由度	分散	F 検定
濃度	0.03018	2	0.01509	$F_0 = 11.976$
誤差	0.01138	9	0.00126	
計	0.04156	11		

$F(2,9,0.01) = 8.022$

$F_0 = 11.976 > F(2,9,0.01)$　溶液濃度により有意差あり．

$(\alpha = 0.01)$

8B.6　水準の母平均の推定

F 検定が有意となった場合は各水準の母平均の推定を行う．(8B.26), (8B.27) から水準の母平均 μ_i の推定値は

$$\begin{aligned} \hat{\mu}_i &= \hat{\mu} + \hat{\alpha}_i \\ &= \overline{y}_{..} + \overline{y}_{i.} - \overline{y}_{..} \\ &= \overline{y}_{i.} \end{aligned} \tag{8B.37}$$

となり，各水準の母平均は水準ごとのデータの平均値で推定される．個々のデータは $N(\mu_i, \sigma^2)$ にしたがうので，r 個のデータの平均値は $N\left(\mu_i, \dfrac{\sigma^2}{r}\right)$ にしたがい

$$\overline{y}_{i.} \sim N\left(\mu_i, \frac{\sigma^2}{r}\right) \tag{8B.38}$$

水準の母平均の 95% 信頼区間は

$$\bar{y}_{i\cdot} \pm 1.960 \times \frac{\sigma}{\sqrt{r}} \tag{8B.39}$$

となるが, σ は未知なので σ の推定値を考える．8A.4 節から $\boldsymbol{y}$ の 1 つの部分空間の成分 $\boldsymbol{y}_i$ についての統計量 $\frac{1}{\sigma^2}\boldsymbol{y}_i^t\boldsymbol{y}_i$ は自由度 ϕ_i(ϕ_i は部分空間の次元), 非心度 $\lambda = \frac{1}{\sigma^2}\boldsymbol{\mu}_i^t\boldsymbol{\mu}_i$ の非心カイ二乗分布にしたがっていた．カイ二乗分布 $\chi^2(\phi, \lambda)$ にしたがう確率変数 x の期待値は

$$E(x) = \phi + 2\lambda \tag{8B.40}$$

で与えられるが, $\boldsymbol{\mu}$ の成分を含まない誤差空間の $\boldsymbol{y}$ の成分では非心度は 0 で

$$\frac{1}{\sigma^2}\boldsymbol{y}_{\text{誤差空間}}^t\boldsymbol{y}_{\text{誤差空間}} \sim \chi^2(\phi_E) \tag{8B.41}$$

$$E\left(\frac{\boldsymbol{y}_{\text{誤差空間}}^t\boldsymbol{y}_{\text{誤差空間}}}{\sigma^2}\right) = \phi_E \tag{8B.42}$$

となる．この式を変形して

$$\sigma^2 = E\left(\frac{\boldsymbol{y}_{\text{誤差空間}}^t\boldsymbol{y}_{\text{誤差空間}}}{\phi_E}\right) \tag{8B.43}$$

$$= E(V_E) \tag{8B.44}$$

より, V_E は σ^2 の不偏推定量になっている．

$$\hat{\sigma}^2 = V_E \tag{8B.45}$$

(8B.45) をもちいて水準の母平均 μ_i の 95% 信頼区間は

$$\bar{y}_{i\cdot} \pm t(\phi_E, 0.05) \times \sqrt{\frac{V_E}{r}} \tag{8B.46}$$

でもとめられる．

例 8B.1 では $\bar{y}_{1\cdot} = 0.925$,　$\bar{y}_{2\cdot} = 1.017$,　$\bar{y}_{3\cdot} = 0.901$,　$\frac{\sqrt{V_E}}{4} = 0.01778$, $t(9, 0.05) = 2.262$ より

濃度 I　$0.885 \leq \mu_1 \leq 0.965$

濃度 II　$0.977 \leq \mu_2 \leq 1.057$

$$濃度III \qquad 0.861 \leq \mu_3 \leq 0.941$$

となる．

2 つの水準の母平均の差 $\mu_i - \mu_j$ の 95% 信頼区間は

$$(\overline{y}_{i\cdot} - \overline{y}_{j\cdot}) \pm t(\phi_E, 0.05) \times \sqrt{\frac{2V_E}{r}} \tag{8B.47}$$

である．

8B.7　二元配置

因子が 2 つある場合は二元配置分散分析を行う．2 つの因子 A と B を，A は a 水準，B は b 水準とし，A と B の各水準の組み合わせでの繰り返し数を r とする．

要因 B ＼ 要因 A	第 1 水準	⋯	第 b 水準	計
第 1 水準	$y_{111} \cdots y_{11r}$	⋯	$y_{1b1} \cdots y_{1br}$	$y_{1\cdot\cdot}$
⋮	⋮	⋮	⋮	⋮
第 a 水準	$y_{a11} \cdots y_{a1r}$	⋯	$y_{ab1} \cdots y_{abr}$	$y_{a\cdot\cdot}$
計	$y_{\cdot 1 \cdot}$	⋯	$y_{\cdot b \cdot}$	$y_{\cdots}$

表 8B.1　二元配置のデータ

$n = abr$ 個のデータを n 本の座標軸に対応させて，n 次元ベクトル $\boldsymbol{y}$ は

$$[y_{111}, \cdots, y_{11r}, \cdots, y_{1b1}, \cdots, y_{1br}, y_{211}, \cdots, y_{a11}, \cdots, y_{a1r}, \cdots, y_{ab1}, \cdots, y_{abr}]^t$$

と表される．

データは一般平均に 2 つの要因それぞれの単独の効果 (主効果) と 2 要因の相乗効果 (交互作用) および誤差が加わって構成されているとし，A が第 i 水準，B が第 j 水準での k 番目のデータ y_{ijk} を

$$\begin{aligned} y_{ijk} &= \mu_{ij} + \varepsilon_{ijk} \\ &= \mu + \alpha_i + \beta_j + \alpha\beta_{ij} + \varepsilon_{ijk} \end{aligned} \tag{8B.48}$$

$$1 \le i \le a,\ 1 \le j \le b,\ 1 \le k \le r$$
$$\varepsilon_{ijk} \sim N(0, \sigma^2)$$

と表す．α_i は要因 A の第 i 水準 (A_i) での主効果，β_j は要因 B の第 j 水準 (B_j) での主効果，$\alpha\beta_{ij}$ は A_iB_j における交互作用である．交互作用は A と B の水準の組み合わせによって生じる相乗効果で，A_iB_j での母平均 μ_{ij} のうち主効果の和で表せない部分をいう．これら 3 つの効果に対して 8B.10 節で以下の検定を行う．

A の主効果について

$$\begin{aligned} &H_0 : \alpha_1 = \cdots = \alpha_a = 0 \\ &H_1 : \alpha_1, \ldots, \alpha_a \text{のうち，少なくとも 1 つは 0 でない} \end{aligned} \tag{8B.49}$$

B の主効果について

$$\begin{aligned} &H_0 : \beta_1 = \cdots = \beta_b = 0 \\ &H_1 : \beta_1, \ldots, \beta_b \text{のうち，少なくとも 1 つは 0 でない} \end{aligned} \tag{8B.50}$$

交互作用について

$$\begin{aligned} &H_0 : \alpha\beta_{11} = \cdots = \alpha\beta_{ab} = 0 \\ &H_1 : \alpha\beta_{11}, \ldots, \alpha\beta_{ab} \text{のうち，少なくとも 1 つは 0 でない} \end{aligned} \tag{8B.51}$$

(8B.48) に従って母平均ベクトル $\boldsymbol{\mu}$ を，一般平均，要因 A の効果，要因 B の効果，交互作用の和で表し，これらに対応するベクトルを $\mathbf{1}, \boldsymbol{a}_1, \ldots, \boldsymbol{a}_a, \boldsymbol{b}_1, \ldots, \boldsymbol{b}_b, \boldsymbol{c}_1, \cdots, \boldsymbol{c}_{a\times b}$ とする．$a = 2, b = 3, r = 2$ のとき

$\mathbf{1}, \boldsymbol{a}_1, \boldsymbol{a}_2, \boldsymbol{b}_1, \ldots, \boldsymbol{b}_3, \boldsymbol{c}_1, \cdots, \boldsymbol{c}_6$ は

$$\begin{aligned}
\mathbf{1} &= [1\ 1\ 1\ 1\ 1\ 1\ 1\ 1\ 1\ 1\ 1\ 1]^t \\
\boldsymbol{a}_1 &= [1\ 1\ 1\ 1\ 1\ 1\ 0\ 0\ 0\ 0\ 0\ 0]^t \\
\boldsymbol{a}_2 &= [0\ 0\ 0\ 0\ 0\ 0\ 1\ 1\ 1\ 1\ 1\ 1]^t \\
\boldsymbol{b}_1 &= [1\ 1\ 0\ 0\ 0\ 0\ 1\ 1\ 0\ 0\ 0\ 0]^t \\
\boldsymbol{b}_2 &= [0\ 0\ 1\ 1\ 0\ 0\ 0\ 0\ 1\ 1\ 0\ 0]^t \\
\boldsymbol{b}_3 &= [0\ 0\ 0\ 0\ 1\ 1\ 0\ 0\ 0\ 0\ 1\ 1]^t \\
\boldsymbol{c}_1 &= [1\ 1\ 0\ 0\ 0\ 0\ 0\ 0\ 0\ 0\ 0\ 0]^t \\
&\vdots \\
\boldsymbol{c}_6 &= [0\ 0\ 0\ 0\ 0\ 0\ 0\ 0\ 0\ 0\ 1\ 1]^t
\end{aligned} \tag{8B.52}$$

となり $\boldsymbol{\mu}$ は

$$\boldsymbol{\mu} = \mu\mathbf{1} + \alpha_1\boldsymbol{a}_1 + \alpha_2\boldsymbol{a}_2 + \beta_1\boldsymbol{b}_1 + \beta_2\boldsymbol{b}_2 + \beta_3\boldsymbol{b}_3 + \alpha\beta_{11}\boldsymbol{c}_1 + \cdots \alpha\beta_{23}\boldsymbol{c}_6 \tag{8B.53}$$

になる．要因 A が a 水準，要因 B が b 水準のとき

$$\begin{aligned}
\mathbf{1} &= \boldsymbol{a}_1 + \cdots + \boldsymbol{a}_a \\
&= \boldsymbol{b}_1 + \cdots + \boldsymbol{b}_b \\
&= \boldsymbol{c}_1 + \cdots + \boldsymbol{c}_{a\times b}
\end{aligned}$$

である．(要因 A の第 a 水準と要因 B の第 b 水準の交互作用 $\alpha\beta_{ab}\boldsymbol{c}_{a\times b}$ において添え字 ab は，$\alpha\beta_{ab}$ では a と b は個々の数値すなわち A と B の水準番号，$\boldsymbol{c}$ については a と b の積で表す．）$\mathbf{1}, \boldsymbol{a}_1, \ldots, \boldsymbol{a}_a, \boldsymbol{b}_1, \ldots, \boldsymbol{b}_b, \boldsymbol{c}_1, \ldots, \boldsymbol{c}_{a\times b}$ を計画行列 X にまとめ，係数ベクトルを $\boldsymbol{\theta} = [\mu,\ \alpha_1,\ \cdots,\ \alpha_a,\ \beta_1,\ \cdots,\ \beta_b,\ \alpha\beta_{11},\ \cdots,\ \alpha\beta_{a\times b}]^t$

として，$a=2, b=3, r=2$ の場合では

$$
\begin{bmatrix}
1 & 1 & 0 & 1 & 0 & 0 & 1 & & 0 \\
\vdots & \vdots & \vdots & 1 & 0 & \vdots & 1 & & \vdots \\
\vdots & \vdots & \vdots & 0 & 1 & \vdots & 0 & & \vdots \\
\vdots & \vdots & \vdots & \vdots & 1 & 0 & \vdots & & \vdots \\
\vdots & \vdots & \vdots & \vdots & 0 & 1 & \vdots & \cdots & \vdots \\
\vdots & 1 & 0 & 0 & 0 & 1 & \vdots & & \vdots \\
\vdots & 0 & 1 & 1 & 0 & 0 & \vdots & & \vdots \\
\vdots & \vdots & \vdots & 1 & 0 & \vdots & \vdots & & \vdots \\
\vdots & \vdots & \vdots & 0 & 1 & \vdots & \vdots & & \vdots \\
\vdots & \vdots & \vdots & \vdots & 1 & 0 & \vdots & & 0 \\
\vdots & \vdots & \vdots & \vdots & 0 & 1 & \vdots & & 1 \\
1 & 0 & 1 & 0 & 0 & 1 & 0 & & 1
\end{bmatrix}
\begin{bmatrix}
\mu \\ \alpha_1 \\ \alpha_2 \\ \beta_1 \\ \beta_2 \\ \beta_3 \\ \alpha\beta_{11} \\ \vdots \\ \alpha\beta_{23}
\end{bmatrix}
\tag{8B.54}
$$

$$
\mathbf{1} \quad \boldsymbol{a}_1 \quad \boldsymbol{a}_2 \quad \boldsymbol{b}_1 \quad \boldsymbol{b}_2 \quad \boldsymbol{b}_3 \quad \boldsymbol{c}_1 \quad \cdots \quad \boldsymbol{c}_6 \qquad \boldsymbol{\theta}
$$

計画行列$\boldsymbol{X}$

となり，$\boldsymbol{y}$ は $\boldsymbol{y} = \boldsymbol{X\theta} + \boldsymbol{\varepsilon}$ と表される．

8B.8　二元配置：空間の分割 (1)

一般に部分空間の基底は，部分空間に含まれるあらゆるベクトルをその一次結合で表すことのできるものでなければならない．(8B.54) の二元配置の計画行列 X において，列ベクトル $\boldsymbol{a}_1, \dots, \boldsymbol{a}_a, \boldsymbol{b}_1, \dots, \boldsymbol{b}_b, \boldsymbol{c}_1, \dots, \boldsymbol{c}_{a\times b}$ のうち，それが可能なのは，最小単位である 1 組の A と B の水準の組み合わせに対応する $\boldsymbol{c}_1, \dots, \boldsymbol{c}_{a\times b}$ であり，$\boldsymbol{c}_1, \dots, \boldsymbol{c}_{a\times b}$ が推定空間の基底になる．abr 次元空間を水準の組合せごとの ab 個の r 次元空間に分けて考えると，1 つの r 次元空間は一元配置での r 次元空間に相当し，$\boldsymbol{c}_1, \dots, \boldsymbol{c}_{a\times b}$ はそれぞれの組合せの r 次元空間に含まれる．

水準の組合せ A_iB_j の r 個のデータの母平均は μ_{ij} で，この組み合わせの $\boldsymbol{\mu}$

の成分は $\mu_{ij}\boldsymbol{c}_c$ になる．(ただし添え字 $c = (i-1)b + j$)　$\boldsymbol{\mu}$ はこれを $\boldsymbol{c}_1$ から $\boldsymbol{c}_{a\times b}$ までたし合わせたベクトルで

$$\boldsymbol{\mu} = \mu_{11}\boldsymbol{c}_1 + \cdots + \mu_{1b}\boldsymbol{c}_b + \mu_{21}\boldsymbol{c}_{b+1} + \cdots + \mu_{ab}\boldsymbol{c}_{a\times b} \tag{8B.55}$$

と表される．

いま 1 つの r 次元空間に注目し，r 次元空間を $\boldsymbol{c}_c$ と $\boldsymbol{c}_c$ に直交する部分とに分解すると，$\boldsymbol{c}_c$ に直交する $r-1$ 次元空間の $\boldsymbol{y}$ の成分には母平均の成分は含まれていない．ab 個の r 次元空間で $\boldsymbol{c}_1, \ldots, \boldsymbol{c}_{a\times b}$ に直交する $(r-1)$ 次元空間を合わせると，この $ab(r-1)$ 次元空間の $\boldsymbol{y}$ の成分には母平均の成分は含まれず，$\boldsymbol{\varepsilon}$ の成分だけが含まれているので，これが誤差空間になる．$\boldsymbol{c}_1, \ldots, \boldsymbol{c}_{a\times b}$ でつくる ab 次元空間が推定空間で，$\boldsymbol{\mu}$ はこの中にあるベクトルである．

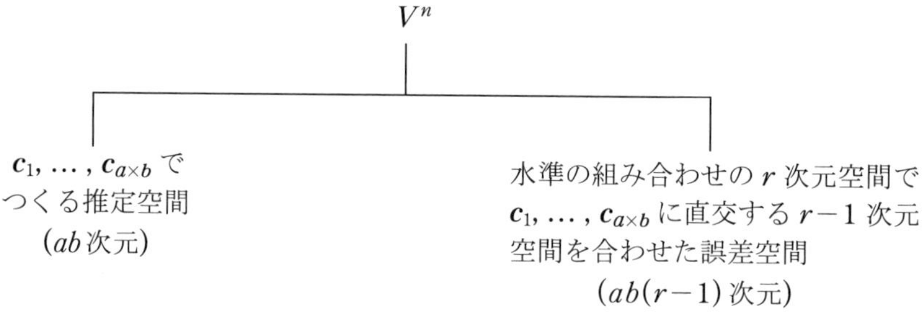

8B.9　二元配置：空間の分割 (2)

二元配置のデータの構造 (8B.48) はベクトルをもちいて

$$\begin{aligned}\boldsymbol{y} = \mu\mathbf{1} + \alpha_1\boldsymbol{a}_1 + \cdots + \alpha_a\boldsymbol{a}_a + \beta_1\boldsymbol{b}_1 + \cdots + \beta_b\boldsymbol{b}_b \\ + \alpha\beta_{11}\boldsymbol{c}_1 + \cdots + \alpha\beta_{ab}\boldsymbol{c}_{a\times b} + \boldsymbol{\varepsilon}\end{aligned} \tag{8B.56}$$

と表される．(8B.56) において要因の主効果と交互作用について

$$\sum \alpha_i = 0 \qquad \sum \beta_j = 0 \qquad \sum_i \alpha\beta_{ij} = 0 \qquad \sum_j \alpha\beta_{ij} = 0 \tag{8B.57}$$

の制約を付ける．ベクトル $\boldsymbol{\alpha}, \boldsymbol{\beta}$ を

$$\boldsymbol{\alpha} = [\alpha_1, \cdots, \alpha_1, \cdots, \alpha_a, \cdots, \alpha_a]^t$$

$$=\alpha_1 \boldsymbol{a}_1 + \cdots + \alpha_a \boldsymbol{a}_a \tag{8B.58}$$

$$\boldsymbol{\beta} = [\beta_1, \ \cdots \ , \beta_b, \ \cdots \ , \beta_1, \ \cdots, \beta_b]^t$$

$$=\beta_1 \boldsymbol{b}_1 + \cdots + \beta_b \boldsymbol{b}_b \tag{8B.59}$$

と定義すると

$$\sum \alpha_i = 0 \Rightarrow br \ (\alpha_1 + \cdots + \alpha_a) = 0$$

より $\sum \alpha_i = 0$ の制約は $\boldsymbol{\alpha}^t \mathbf{1} = 0$ を示している．同様に $\sum \beta_j = 0$ から $\boldsymbol{\beta}^t \mathbf{1} = 0$ である．これはベクトル $\boldsymbol{\alpha}, \boldsymbol{\beta}$ がそれぞれ $\mathbf{1}$ に直交する $\boldsymbol{\mu}$ の成分ということである．

前節から推定空間は $\boldsymbol{c}_1, \ldots, \boldsymbol{c}_{a \times b}$ で生成する ab 次元空間であった．$\boldsymbol{a}_i, \boldsymbol{b}_j$ はそれぞれ $\boldsymbol{c}_1, \ldots, \boldsymbol{c}_{a \times b}$ のうち，いくつかをたし合わせて作られているので推定空間のベクトルであり，$\boldsymbol{a}_1, \ldots, \boldsymbol{a}_a$ はたがいに直交しているのでこの a 本で a 次元空間を形成する．これを $L(A)$ とすると $\boldsymbol{a}_1 + \cdots + \boldsymbol{a}_a = \mathbf{1}$ なので，$\mathbf{1}$ は $L(A)$ に含まれる．また，$\boldsymbol{b}_1, \ldots, \boldsymbol{b}_b$ もたがいに直交しているので，この b 本で b 次元空間を形成し，これを $L(B)$ とすると，$\boldsymbol{b}_1 + \cdots + \boldsymbol{b}_b = \mathbf{1}$ なので $\mathbf{1}$ は $L(B)$ にも含まれる．$\mathbf{1}$ は $L(A)$ と $L(B)$ の両方に含まれ，$L(A)$ と $L(B)$ の共通部分は $\mathbf{1}$ のみなので，$L(A), L(B)$ をそれぞれ $\mathbf{1}$ と $\mathbf{1}$ に直交する部分とに直和分解して

$$\begin{array}{llll} L(A) = & \mathbf{1} & + & L(A)^{\perp}{}_1 \\ a\text{次元} & 1\text{次元} & & a-1\text{次元} \\ L(B) = & \mathbf{1} & + & L(B)^{\perp}{}_1 \\ b\text{次元} & 1\text{次元} & & b-1\text{次元} \end{array}$$

とする．$L(A) \cap L(B) = \mathbf{1}$ なので，$L(A)$ と $L(B)$ を合わせた空間は

$$L(A) + L(B) = \mathbf{1} + L(A)^{\perp}{}_1 + L(B)^{\perp}{}_1 \tag{8B.60}$$

となる．(8B.58) から $\boldsymbol{\alpha}$ は $\boldsymbol{a}_1, \ldots, \boldsymbol{a}_a$ の一次結合で作られており，$\sum \alpha_i = 0$ の制約から $\mathbf{1}$ に直交しているので，$\boldsymbol{\alpha}$ は $L(A)^{\perp}{}_1$ の $\boldsymbol{\mu}$ の成分である．また $\boldsymbol{\beta}$ は $L(B)^{\perp}{}_1$ の $\boldsymbol{\mu}$ の成分である．

2 つの部分空間が (8B.60) の関係にあるとき，$L(A)^{\perp}{}_1$ と $L(B)^{\perp}{}_1$ は直交す

る[4]．したがって，$L(A)$ と $L(B)$ を合わせた空間は $\mathbf{1}$，$L(A)$ の $\mathbf{1}$ に直交する部分，$L(B)$ の $\mathbf{1}$ に直交する部分の 3 つに直交分解されている．

(8B.57) の残りの制約条件

$$\sum_i \alpha\beta_{ij} = 0 \qquad \sum_j \alpha\beta_{ij} = 0$$

は交互作用に関するものであり，このうち $\sum_j \alpha\beta_{ij} = 0$ は要因 B についてたし合わせた値が 0，すなわち $\boldsymbol{a}_1, \dots, \boldsymbol{a}_a$ との内積が 0 ということで

$\sum_j \alpha\beta_{ij} = 0$ は

$$\begin{aligned} &i = 1\text{のとき} \begin{bmatrix}\alpha\beta_{11}, & \alpha\beta_{11}, & \cdots & ,\alpha\beta_{ab}, & \alpha\beta_{ab}\end{bmatrix} \boldsymbol{a}_1 = 0 \\ &\qquad\vdots \\ &i = a\text{のとき} \begin{bmatrix}\alpha\beta_{11}, & \alpha\beta_{11}, & \cdots & ,\alpha\beta_{ab}, & \alpha\beta_{ab}\end{bmatrix} \boldsymbol{a}_a = 0 \end{aligned} \tag{8B.61}$$

となる．$\begin{bmatrix}\alpha\beta_{11}, & \alpha\beta_{11}, & \cdots & ,\alpha\beta_{ab}, & \alpha\beta_{ab}\end{bmatrix}^t$ をベクトル $\boldsymbol{\alpha\beta}$ と定義すると (8B.61) は

$$(\boldsymbol{\alpha\beta})^t \boldsymbol{a}_1 = 0, \dots, (\boldsymbol{\alpha\beta})^t \boldsymbol{a}_a = 0$$

であり，$\boldsymbol{a}_1, \dots, \boldsymbol{a}_a$ は $L(A)$ の基底なので $\sum_j \alpha\beta_{ij} = 0$ の制約は $\boldsymbol{\alpha\beta}$ が $L(A)$ と直交することを示している．同様に $\sum_i \alpha\beta_{ij} = 0$ の制約は

$$(\boldsymbol{\alpha\beta})^t \boldsymbol{b}_1 = 0, \dots, (\boldsymbol{\alpha\beta})^t \boldsymbol{b}_b = 0$$

で $\boldsymbol{\alpha\beta}$ が $\boldsymbol{b}_1, \dots, \boldsymbol{b}_b$ と直交し $L(B)$ と直交するベクトルであることを示している．$\boldsymbol{\alpha\beta}$ は

$$\begin{aligned} \boldsymbol{\alpha\beta} &= \begin{bmatrix}\alpha\beta_{11}\alpha\beta_{11} & \cdots & \alpha\beta_{ab}\alpha\beta_{ab}\end{bmatrix}^t \\ &= \alpha\beta_{11}\boldsymbol{c}_1 + \alpha\beta_{12}\boldsymbol{c}_2 + \cdots + \alpha\beta_{ab}\boldsymbol{c}_{a\times b} \end{aligned} \tag{8B.62}$$

であり，推定空間の基底 $\boldsymbol{c}_1, \dots, \boldsymbol{c}_{a\times b}$ の一次結合で交互作用の成分を表したベクトルで (8B.56) の $\mathbf{1}$，$\alpha_1\boldsymbol{a}_1 + \cdots + \alpha_a\boldsymbol{a}_a$，$\beta_1\boldsymbol{b}_1 + \cdots + \beta_b\boldsymbol{b}_b$ 以外 $\boldsymbol{\mu}$ の成分である．これは部分空間でいえば上記のように $L(A)$ と $L(B)$ の両方に直交する $\boldsymbol{\mu}$

[4] 5.4 節 (5) 参照.

の成分であり，$L(A)$ と $L(B)$ のいずれにも含まれない $\boldsymbol{\mu}$ の成分ということである．したがってこの成分が存在する場合は母平均を 2 つの要因の和で表すことはできない．

以上から，推定空間は

$$\text{推定空間} = \mathbf{1} + {L(A)^{\perp}}_1 + {L(B)^{\perp}}_1 + \text{推定空間の中で} L(A) + L(B) \text{に直交する部分} \tag{8B.63}$$

の 4 つに直交分解され，母平均ベクトル $\boldsymbol{\mu}$ も 4 つの成分に分けられる．

$$\begin{aligned}
\boldsymbol{\mu} =& \mu\mathbf{1} && \in \mathbf{1}\text{ベクトル} \\
&+ \alpha_1 \boldsymbol{a}_1 + \cdots + \alpha_a \boldsymbol{a}_a (\text{要因 } A \text{ の主効果}) && \in {L(A)^{\perp}}_1 \\
&+ \beta_1 \boldsymbol{b}_1 + \cdots + \beta_b \boldsymbol{b}_b \ (\text{要因 } B \text{ の主効果}) && \in {L(B)^{\perp}}_1 \\
&+ \alpha\beta_{11} \boldsymbol{c}_1 + \cdots + \alpha\beta_{ab} \boldsymbol{c}_{a\times b} (\text{交互作用}) && \in \text{推定空間の中で} \\
& && \quad L(A) + L(B) \text{に} \\
& && \quad \text{直交する部分}
\end{aligned}$$

$\boldsymbol{\mu}$ の 4 つの成分はたがいに直交しているので，

$${L(A)^{\perp}}_1 \text{の成分} \alpha_1 \boldsymbol{a}_1 + \cdots + \alpha_a \boldsymbol{a}_a \text{が存在すれば } A \text{ の主効果あり} \tag{8B.64}$$

$${L(B)^{\perp}}_1 \text{の成分} \beta_1 \boldsymbol{b}_1 + \cdots + \beta_b \boldsymbol{b}_b \text{が存在すれば } B \text{ の主効果あり} \tag{8B.65}$$

$$\begin{aligned} &L(A) + L(B) \text{に直交する成分} \alpha\beta_{11} \boldsymbol{c}_1 + \cdots + \alpha\beta_{ab} \boldsymbol{c}_{a\times b} \\ &\qquad\qquad\qquad\qquad \text{が存在すれば交互作用あり} \end{aligned} \tag{8B.66}$$

と，それぞれ独立に判定することができる．

分割された推定空間の次元は

$$\begin{array}{lllll}
\text{推定空間} = & \mathbf{1} \ + & {L(A)^{\perp}}_1 \ + & {L(B)^{\perp}}_1 & + \text{「} L(A) + L(B) \text{ に直交する部分」} \\
ab\text{次元} & 1\text{次元} & a-1\text{次元} & b-1\text{次元} & \qquad (a-1)(b-1)\text{次元}
\end{array}$$

となる．誤差空間の次元は $abr - ab = ab(r-1)$ 次元である．

二元配置で繰り返しのない場合，要因 A を a 水準，要因 B を b 水準としてデータは ab 個得られる．ab 個のデータからベクトル空間は ab 次元になるが，要因 A が a 水準，要因 B が b 水準のとき推定空間は ab 次元になり，誤差空間に相当する部分が存在しない．ab 次元の推定空間は (8B.63) のように分割されるが，交互作用が存在しない場合は，$L(A)+L(B)$ に直交する $ab-a-b+1$ 次元の部分に含まれる $\boldsymbol{y}$ の成分は誤差ベクトル ε の成分のみなので，これを誤差空間の ε の成分として扱うことができる．

8B.10　二元配置：変動の分解と F 検定

前節からベクトル空間は

$$V^n = \mathbf{1} + L(A)^{\perp}{}_{1} + L(B)^{\perp}{}_{1}$$
$$+ \text{推定空間の } L(A)+L(B) \text{ に直交する部分} + \text{誤差空間}$$

と直交分解され，これに対応したデータベクトル $\boldsymbol{y}$ の分解は

$$\boldsymbol{y} = \boldsymbol{y}_1 + \boldsymbol{y}_{A}{}^{\perp}{}_{1} + \boldsymbol{y}_{B}{}^{\perp}{}_{1} + \boldsymbol{y}_{\text{推}}{}^{\perp}{}_{L(A+B)} + \boldsymbol{y}_{\text{誤差空間}}$$

ただし$\boldsymbol{y}_{A}{}^{\perp}{}_{1}$は$L(A)$の中の$\mathbf{1}$に直交する部分の$\boldsymbol{y}$の成分

$\boldsymbol{y}_{\text{推}}{}^{\perp}{}_{L(A+B)}$は推定空間の中の$L(A)+L(B)$に直交する部分の$\boldsymbol{y}$の成分

となる．それぞれの変動[5] は

$$S_A = (\boldsymbol{y}_{A}{}^{\perp}{}_{1})^t(\boldsymbol{y}_{A}{}^{\perp}{}_{1})$$
$$S_B = (\boldsymbol{y}_{B}{}^{\perp}{}_{1})^t(\boldsymbol{y}_{B}{}^{\perp}{}_{1})$$
$$S_{A\times B} = (\boldsymbol{y}_{\text{推}}{}^{\perp}{}_{L(A+B)})^t(\boldsymbol{y}_{\text{推}}{}^{\perp}{}_{L(A+B)})$$
$$S_E = (\boldsymbol{y}_{\text{誤差空間}})^t(\boldsymbol{y}_{\text{誤差空間}})$$
$$S_T = (\boldsymbol{y}-\boldsymbol{y}_1)^t(\boldsymbol{y}-\boldsymbol{y}_1)$$

ここで

$$A = \begin{bmatrix}\boldsymbol{a}_1, & \cdots & ,\boldsymbol{a}_a\end{bmatrix} \qquad B = \begin{bmatrix}\boldsymbol{b}_1, & \cdots & ,\boldsymbol{b}_b\end{bmatrix}$$
$$C = \begin{bmatrix}\boldsymbol{c}_1, & \cdots & ,\boldsymbol{c}_{a\times b}\end{bmatrix}$$
$$P_{A}{}^{\perp}{}_{1} = P_A - P_1,\ P_{B}{}^{\perp}{}_{1} = P_B - P_1,$$
$$P_{\text{推定空間}} = P_C$$
$$P_{\text{推}}{}^{\perp}{}_{L(A+B)} = P_C - P_{A}{}^{\perp}{}_{1} - P_{B}{}^{\perp}{}_{1} - P_1$$

---

[5] 変動については 8B.4 節 (8B.30)

として，各変動はそれぞれの部分空間への直交射影行列を係数行列とするデータベクトル $\boldsymbol{y}$ の二次形式で表される．

$$\begin{aligned} S_A &= (\boldsymbol{y}_{A}{}^{\perp}{}_{1})^t(\boldsymbol{y}_{A}{}^{\perp}{}_{1}) \\ &= (P_{A}{}^{\perp}{}_{1}\boldsymbol{y})^t P_{A}{}^{\perp}{}_{1}\boldsymbol{y} \\ &= \boldsymbol{y}^t P_{A}{}^{\perp}{}_{1}\boldsymbol{y} \end{aligned} \tag{8B.67}$$

同様にして

$$S_B = \boldsymbol{y}^t P_{B}{}^{\perp}{}_{1}\boldsymbol{y} \tag{8B.68}$$

$$S_{A\times B} = \boldsymbol{y}^t P_{推}{}^{\perp}{}_{L(A+B)}\boldsymbol{y} \tag{8B.69}$$

$$S_E = \boldsymbol{y}^t(I_n - P_C)\boldsymbol{y} \tag{8B.70}$$

$$S_T = \boldsymbol{y}^t(I_n - P_1)\boldsymbol{y} \tag{8B.71}$$

である．二元配置の仮説 (8B.64)，(8B.65)，(8B.66) に対して検定統計量 F_0 は

$$F_0 = \frac{S_A/(a-1)}{S_E/ab(r-1)} \tag{8B.72}$$

$$F_0 = \frac{S_B/(b-1)}{S_E/ab(r-1)} \tag{8B.73}$$

$$F_0 = \frac{S_{A\times B}/(a-1)(b-1)}{S_E/ab(r-1)} \tag{8B.74}$$

となり，これらはそれぞれ独立に分子の部分空間の母平均の成分 $\frac{1}{\sigma^2}\boldsymbol{\mu}_i^t\boldsymbol{\mu}_i$ を非心度とする F 分布にしたがう．そこで，これらの統計量が非心度 0 の F 分布にしたがわない場合には，分子の $\boldsymbol{y}$ の成分に $\boldsymbol{\mu}$ の成分が含まれているといえる．すなわち

$$\frac{S_A/(a-1)}{S_E/ab(r-1)} \geq F((a-1), ab(r-1), 0.05)$$

の場合は $L(A)^{\perp}{}_{1}$ の $\boldsymbol{\mu}$ の成分 $\alpha_1\boldsymbol{a}_1 + \cdots + \alpha_a\boldsymbol{a}_a$ が存在して A の主効果あり

$$\frac{S_B/(b-1)}{S_E/ab(r-1)} \geq F((b-1), ab(r-1), 0.05)$$

の場合は $L(B)^{\perp}{}_{1}$ に $\boldsymbol{\mu}$ の成分 $\beta_1\boldsymbol{b}_1 + \cdots + \beta_b\boldsymbol{b}_b$ が存在して B の主効果あり

$$\frac{S_{A\times B}/(a-1)(b-1)}{S_E/ab(r-1)} \geq F((a-1)(b-1), ab(r-1), 0.05)$$

の場合は，推定空間の中の $L(A)+L(B)$ に直交する部分に $\boldsymbol{\mu}$ の成分 $\alpha\beta_{11}\boldsymbol{c}_1+\cdots+\alpha\beta_{ab}\boldsymbol{c}_{a\times b}$ が存在して交互作用あり
と，各々独立に判断することができる．

分散分析表

要因	変動	自由度	分散	F検定
A	S_A	$a-1$	$V_A=S_A/(a-1)$	V_A/V_E
B	S_B	$b-1$	$V_B=S_B/(b-1)$	V_B/V_E
$A\times B$	$S_{A\times B}$	$(a-1)(b-1)$	$V_{A\times B}=S_{A\times B}/(a-1)(b-1)$	$V_{A\times B}/V_E$
誤差	S_E	$n-ab$	$V_E=S_E/(n-ab)$	
計	S_T	$n-1$		

$n=abr$

例 8B.2

ボルトの締め付けに対する座金と潤滑油の影響を調べるため，平座金とばね座金に対して 3 種類の潤滑油 A,B,C による摩擦係数を調べた．

座金＼潤滑油	A	B	C
平座金	**0.158**	**0.116**	**0.103**
	0.132	**0.145**	**0.123**
ばね座金	**0.174**	**0.131**	**0.147**
	0.189	**0.161**	**0.132**

分散分析表

要因	変動	自由度	分 散	F_0
座　金	0.00205	1	0.00205	7.551
潤滑油	0.00285	**2**	0.00143	5.239
交互作用	0.00022	**2**	0.00011	0.404
誤差	0.00163	**6**	0.00027	
計	0.00675	**11**		

小数点以下 6 桁目を四捨五入して表示

座金について　　$F(1, \mathbf{6}, \mathbf{0.05}) = \mathbf{5.987}$

$F_0 = \mathbf{7.551} > \mathbf{5987}$より有意$(\alpha = \mathbf{0.05})$

潤滑油について　　$F(\mathbf{2}, \mathbf{6}, \mathbf{0.05}) = \mathbf{5.143}$

$F_0 = \mathbf{5.239} > \mathbf{5.143}$より有意$(\alpha = \mathbf{0.05})$

交互作用について　$F(\mathbf{2}, \mathbf{6}, \mathbf{0.05}) = \mathbf{5.143}$

$F_0 = \mathbf{0.404} < \mathbf{5.143}$より交互作用は存在しない

8B.11　二元配置：母平均の推定

要因効果がないとする帰無仮説が棄却された場合は，母平均の推定を行う．交互作用がない場合，2 つの要因効果がともに有意のときは，$L(A)$ の $\mathbf{1}$ に直交する部分 $L(A)^{\perp}{}_{1}, L(B)$ の $\mathbf{1}$ に直交する部分 $L(B)^{\perp}{}_{1}$ に $\boldsymbol{\mu}$ の成分が含まれ，母平均ベクトルは

$$\boldsymbol{\mu} = \mu\mathbf{1} + \boldsymbol{\mu}_{A}{}^{\perp}{}_{1} + \boldsymbol{\mu}_{B}{}^{\perp}{}_{1}$$

で，構造モデルは

$$y_{ijk} = \mu + \alpha_i + \beta_j + \varepsilon_{ijk} \tag{8B.75}$$

となる．μ, α_i, β_j をそれぞれ $\mathbf{1}$ ベクトル，$L(A)$ の $\mathbf{1}$ に直交する部分，$L(B)$ の $\mathbf{1}$ に直交する部分への $\boldsymbol{y}$ の正射影で推定する．前節の直交射影行列をもちいて，$\mathbf{1}$ ベクトルへの $\boldsymbol{y}$ の正射影は

$$P_1\boldsymbol{y} = \begin{bmatrix} \overline{y}_{\cdots} \\ \vdots \\ \overline{y}_{\cdots} \end{bmatrix} \tag{8B.76}$$

より $\hat{\mu} = \overline{y}_{\cdots}$

$L(A)$ の $\mathbf{1}$ に直交する部分の $\boldsymbol{y}$ の成分は

$$\begin{aligned} \hat{\boldsymbol{\mu}}_{A \dot{\perp} 1} &= P_{A \dot{\perp} 1}\boldsymbol{y} \\ &= \begin{bmatrix} \overline{y}_{1\cdot\cdot} - \overline{y}_{\cdots} \\ \vdots \\ \overline{y}_{a\cdot\cdot} - \overline{y}_{\cdots} \end{bmatrix} \\ &= (\overline{y}_{1\cdot\cdot} - \overline{y}_{\cdots})\boldsymbol{a}_1 + \cdots + (\overline{y}_{a\cdot\cdot} - \overline{y}_{\cdots})\boldsymbol{a}_a \end{aligned} \tag{8B.77}$$

となる．$\boldsymbol{\mu}_{A \dot{\perp} 1}$ を $L(A)$ の基底 $\boldsymbol{a}_1, \dots, \boldsymbol{a}_a$ の一次結合で $\alpha_1\boldsymbol{a}_1 + \cdots + \alpha_a\boldsymbol{a}_a$ と表したので

$$\hat{\alpha}_i = \overline{y}_{i\cdot\cdot} - \overline{y}_{\cdots} \tag{8B.78}$$

が得られる．同様にして

$$\hat{\beta}_j = \overline{y}_{\cdot j\cdot} - \overline{y}_{\cdots} \tag{8B.79}$$

となる．交互作用がない場合は A_iB_j の母平均は 2 つの要因の効果 α_i, β_j の和で表されるので μ_{ij} は

$$\begin{aligned} \hat{\mu}_{ij} &= \hat{\mu} + \hat{\alpha}_i + \hat{\beta}_j \\ &= \overline{y}_{i\cdot\cdot} + \overline{y}_{\cdot j\cdot} - \overline{y}_{\cdots} \end{aligned} \tag{8B.80}$$

により推定される．

交互作用が有意でなく，さらに1つの要因のみが有意の場合は，有意となった要因を A とすると母平均ベクトルは

$$\boldsymbol{\mu} = \mu\mathbf{1} + \boldsymbol{\mu}_{A^{\perp}{}_1}$$

構造モデルは

$$y_{ijk} = \mu + \alpha_i + \varepsilon_{ijk} \tag{8B.81}$$

となり，要因 A についての繰り返し数 br の一元配置になる．

交互作用が有意の場合，母平均ベクトルは

$$\boldsymbol{\mu} = \mu\mathbf{1} + \boldsymbol{\mu}_{A^{\perp}{}_1} + \boldsymbol{\mu}_{B^{\perp}{}_1} + \boldsymbol{\mu}^{\perp}{}_{L(A+B)}$$

となり，推定空間の $L(A) + L(B)$ 以外の部分にも $\boldsymbol{\mu}$ の成分が存在している．したがって $\boldsymbol{\mu}$ は $L(A)$ や $L(B)$ の基底ではなく，推定空間の基底 $\boldsymbol{c}_1, \dots, \boldsymbol{c}_{a\times b}$ の一次結合によって表す．

$$\begin{aligned}\boldsymbol{\mu} &= \mu\mathbf{1} + \boldsymbol{\mu}_{A^{\perp}{}_1} + \boldsymbol{\mu}_{B^{\perp}{}_1} + \boldsymbol{\mu}^{\perp}{}_{L(A+B)} \\ &= \mu_{11}\boldsymbol{c}_1 + \cdots + \mu_{ab}\boldsymbol{c}_{a\times b}\end{aligned} \tag{8B.82}$$

これを推定空間の $\boldsymbol{y}$ の成分で推定して，$\boldsymbol{c}_1, \dots, \boldsymbol{c}_{a\times b}$ への $\boldsymbol{y}$ の正射影で $\mu_{11}, \dots, \mu_{ab}$ を推定する．要因 A が第 i 水準，要因 B が第 j 水準における $\boldsymbol{c}_{ij}$ 上の $\boldsymbol{y}$ の成分は

$$P_{c_{ij}}\boldsymbol{y} = \overline{y}_{ij\cdot}$$

となるので

$$\boldsymbol{y}_{\text{推定空間}} = \overline{y}_{11\cdot}\boldsymbol{c}_1 + \cdots + \overline{y}_{ab\cdot}\boldsymbol{c}_{a\times b} \tag{8B.83}$$

と表される．交互作用が存在する場合は A_iB_j での母平均は2つの要因の和では表せず，$\boldsymbol{c}_c$ 上の $\boldsymbol{y}$ の成分として r 個のデータの平均値により推定することになる．

$$\hat{\mu}_{ij} = \overline{y}_{ij\cdot} \tag{8B.84}$$

$\boldsymbol{\mu}$ の交互作用の成分 $\alpha\beta_{11}\boldsymbol{c}_1 + \cdots + \alpha\beta_{ab}\boldsymbol{c}_{a\times b}$ の推定値は推定空間の $\boldsymbol{y}$ の成分から $\mathbf{1}, L(A)^{\perp}{}_1, L(B)^{\perp}{}_1$ 上の成分を除いて

$$\begin{aligned}\hat{\boldsymbol{\mu}}^{\perp}{}_{L(A+B)} &= \boldsymbol{y}_{\text{推定空間}} - \boldsymbol{y}_1 - \boldsymbol{y}_A{}^{\perp}{}_1 - \boldsymbol{y}_B{}^{\perp}{}_1 \\ &= \sum_i \sum_j (\overline{y}_{ij\cdot} - \overline{y}_{i\cdot\cdot} - \overline{y}_{\cdot j\cdot} + \overline{y}_{\cdots})\boldsymbol{c}_{ij}\end{aligned}$$

となる．したがって要因 A が第 i 水準，要因 B が第 j 水準における交互作用の値は

$$\hat{\alpha\beta}_{ij} = \overline{y}_{ij\cdot} - \overline{y}_{i\cdot\cdot} - \overline{y}_{\cdot j\cdot} + \overline{y}_{\cdots} \tag{8B.85}$$

により推定される．

つぎに母平均の 95% 信頼区間については，以下の田口の公式によって推定誤差をもとめる．

田口の公式

$$n_e = \frac{\text{全データ数}}{\mu\text{の推定に無視しない要因の自由度の和}}$$

(n_eを有効反復数という)

として推定誤差は $\dfrac{\sigma^2}{n_e}$ によりもとめられる．

n_e の分母の自由度とは，1 つの部分空間の $\dfrac{1}{\sigma^2}\boldsymbol{y}_i^t\boldsymbol{y}_i$ がしたがうカイ二乗分布の自由度のことであり，それは部分空間の次元に等しく，部分空間の次元はその中の独立なベクトルの最大本数に等しい．したがって分母は推定空間の $L(A)^{\perp}{}_1, L(B)^{\perp}{}_1$ などの $\boldsymbol{\mu}$ の成分においてその中の独立なベクトルの最大本数の和になる．これらは

一元配置

$$\begin{aligned}\text{推定空間の次元} =& a \\ =& \alpha_1\boldsymbol{a}_1, \ldots, \alpha_a\boldsymbol{a}_a \text{の中の独立なベクトルの数} \\ &+ \mu\mathbf{1}\text{の本数}\end{aligned}$$

二元配置　交互作用のない場合

$$\boldsymbol{\mu}\text{の含まれる部分の次元} = (a-1) + (b-1) + 1$$

$$
\begin{aligned}
&= \alpha_1 \boldsymbol{a}_1, \dots, \alpha_a \boldsymbol{a}_a \text{の中の独立なベクトルの数} \\
&\quad + \beta_1 \boldsymbol{b}_1, \dots, \beta_b \boldsymbol{b}_b \text{の中の独立なベクトルの数} \\
&\quad + \mu \mathbf{1} \text{の本数}
\end{aligned}
$$

二元配置　交互作用のある場合

$$
\begin{aligned}
\boldsymbol{\mu}\text{の含まれる部分の次元} &= (a-1)+(b-1)+1+(a-1)(b-1) \\
&= ab \\
&= \mu_{ij}\boldsymbol{c}_k\text{の数}
\end{aligned}
$$

であり，それぞれ推定する独立な母数の数に等しいので，有効反復数は

$$
n_e = \frac{\text{全データ数}}{\text{推定する独立な母数の数}}
$$

となり，1 つの母数の推定にもちいることのできる平均したデータ数になっている．

一元配置

$$
\begin{aligned}
n_e &= \frac{ar}{a} \\
&= r
\end{aligned}
$$

二元配置　交互作用のない場合

$$
\begin{aligned}
n_e &= \frac{abr}{a-1+b-1+1} \\
&= \frac{abr}{a+b-1}
\end{aligned}
$$

二元配置　交互作用のある場合

$$
\begin{aligned}
n_e &= \frac{abr}{a-1+b-1+(a-1)(b-1)+1} \\
&= \frac{abr}{ab} \\
&= r
\end{aligned}
$$

である．

以上の有効反復数をもちいて二元配置の母平均の 95% 信頼区間は交互作用のない場合

$$\hat{\mu}_{ij} = \overline{y}_{i..} + \overline{y}_{.j.} - \overline{y}_{...}$$

$\overline{y}_{i..} + \overline{y}_{.j.} - \overline{y}_{...}$ の分散は

$$\frac{\sigma^2}{abr/(a+b-1)}$$

なので

$$\frac{\overline{y}_{i..} + \overline{y}_{.j.} - \overline{y}_{...} - \mu_{ij}}{\sqrt{V_E}/\sqrt{\frac{abr}{a+b-1}}} \sim t(\phi_E)$$

より $\dfrac{\overline{y}_{i..} + \overline{y}_{.j.} - \overline{y}_{...} - \mu_{ij}}{\sqrt{V_E}/\sqrt{\frac{abr}{a+b-1}}}$ の 95% は $-t(\phi_E, 0.05)$ から $t(\phi_E, 0.05)$ の間に入り，

$$-t(\phi_E, 0.05) \leq \frac{\overline{y}_{i..} + \overline{y}_{.j.} - \overline{y}_{...} - \mu_{ij}}{\sqrt{V_E}/\sqrt{\frac{abr}{a+b-1}}} \leq t(\phi_E, 0.05)$$

これを変形して $\mu_{ij} = \mu + \alpha_i + \beta_j$ の 95% 信頼区間は

$$\overline{y}_{i..} + \overline{y}_{.j.} - \overline{y}_{...} \pm t(\phi_E, 0.05)\frac{\sqrt{V_E}}{\sqrt{\frac{abr}{a+b-1}}} \tag{8B.86}$$

交互作用のある場合

$$\hat{\mu}_{ij} = \overline{y}_{ij.}$$

$\overline{y}_{ij.}$ の分散は $\dfrac{\sigma^2}{r}$ なので

$$\frac{\overline{y}_{ij.} - \mu_{ij}}{\frac{\sqrt{V_E}}{\sqrt{r}}} \sim t(\phi_E)$$

より

$$\overline{y}_{ij.} \pm t(\phi_E, 0.05)\frac{\sqrt{V_E}}{\sqrt{r}} \tag{8B.87}$$

となる．

例 8B.2 では 2 つの要因は有意，交互作用は存在しないので，水準の組合せの母平均は 2 つの要因効果の和で

$$\begin{aligned}\hat{\mu}_{ij} &= \hat{\mu} + \hat{\alpha}_i + \hat{\beta}_j \\ &= \overline{y}_{i\cdot\cdot} + \overline{y}_{\cdot j\cdot} - \overline{y}_{\cdots}\end{aligned} \tag{8B.80}$$

により推定される．座金 (要因 A) の効果は (小数点以下 5 桁目を四捨五入)

$$\hat{\alpha}_1 = \overline{y}_{1\cdot\cdot} - \overline{y}_{\cdots} = \mathbf{0.1295} - \mathbf{0.1426} = -\mathbf{0.0131}$$

$$\hat{\alpha}_2 = \overline{y}_{2\cdot\cdot} - \overline{y}_{\cdots} = \mathbf{0.1557} - \mathbf{0.1426} = \mathbf{0.0131}$$

潤滑油 (要因 B) の効果は

$$\hat{\beta}_1 = \overline{y}_{\cdot 1\cdot} - \overline{y}_{\cdots} = \mathbf{0.1633} - \mathbf{0.1426} = \mathbf{0.0207}$$

$$\hat{\beta}_2 = \overline{y}_{\cdot 2\cdot} - \overline{y}_{\cdots} = \mathbf{0.1383} - \mathbf{0.1426} = -\mathbf{0.0043}$$

$$\hat{\beta}_3 = \overline{y}_{\cdot 3\cdot} - \overline{y}_{\cdots} = \mathbf{0.1263} - \mathbf{0.1426} = -\mathbf{0.0163}$$

摩擦が大きい方がねじの締め付け強度は大きくなるので，座金は水準 2(ばね座金)，潤滑油は水準 1(潤滑油 A) を選択する．このとき期待される摩擦係数の値は

$$\begin{aligned}\hat{\mu}_{12} &= \overline{y}_{2\cdot\cdot} + \overline{y}_{\cdot 1\cdot} - \overline{y}_{\cdots} \\ &= \mathbf{0.1557} + \mathbf{0.1633} - \mathbf{0.1426} = \mathbf{0.1764}\end{aligned}$$

μ_{21} の 95% 信頼区間は (8B.86) から

$$t(6, 0.05) = \mathbf{2.447}, \qquad V_E = \mathbf{0.00027}, \qquad \sqrt{\frac{abr}{a+b-1}} = \sqrt{3}$$

より

$$\mathbf{0.1764} - t(6, 0.05)\sqrt{\frac{\mathbf{0.00027}}{3}} \leq \mu_{21} \leq \mathbf{0.1764} + t(6, 0.05)\sqrt{\frac{\mathbf{0.00027}}{3}}$$

$$\mathbf{0.153} \leq \mu_{21} \leq \mathbf{0.200}$$

参考文献

[1] 高橋敬子　2009　「分散分析の基礎」 プレアデス出版
[2] 柳井晴夫，竹内啓　1983　ＵＰ応用数学選書「射影行列・一般逆行列・特異値分解」 東京大学出版会

Chapter 9

主成分分析

9.1 データの散布図と第 1 主成分

主成分分析は，相関のある p 個の項目 (変数) について n 個の個体で取られたデータに対して，独立な変数を再編成して，より少ない数の変数でデータを説明する手法である．新たな変数の基準は情報量を最大にするものとする．データは正規分布にしたがうとし，この場合，情報量は分散が大きいほど大きくなるので [1]，全体の分散を最大にする変数をもとめる．いま 2 変数の場合を考え，n 人について表 9.1 のデータが得られているとする．

	身長 (変数 1)	体重 (変数 2)
個人番号 1	x_{11}	x_{12}
⋮	⋮	⋮
個人番号 n	x_{n1}	x_{n2}

表 9.1　2 変数データ

データについては以降，表 9.1 の値から各変数平均をひいた平均偏差をデータとしてもちいる．すなわち i 番目の個人の第 j 変数の値として

$$x_{ij} - \overline{x}_j \qquad i = 1, \dots, n \qquad j = 1, 2 \tag{9.1}$$

をもちいる．データは変数ごとに列ベクトルで表して $\boldsymbol{x}_1, \boldsymbol{x}_2$ とし，$\boldsymbol{x}_1$ と $\boldsymbol{x}_2$ を

まとめて行列 X で表す.

$$X = \begin{bmatrix} x_{11} - \overline{x}_1 & x_{12} - \overline{x}_2 \\ \vdots & \vdots \\ x_{n1} - \overline{x}_1 & x_{n2} - \overline{x}_2 \end{bmatrix} \tag{9.2}$$

個人ごとのデータは X の行ベクトルで表され，これを

$$\begin{aligned} \boldsymbol{x}^{(1)} &= \begin{bmatrix} x_{11} - \overline{x}_1, & x_{12} - \overline{x}_2 \end{bmatrix} \\ &\vdots \\ \boldsymbol{x}^{(n)} &= \begin{bmatrix} x_{n1} - \overline{x}_1, & x_{n2} - \overline{x}_2 \end{bmatrix} \end{aligned} \tag{9.3}$$

と表す.[1)]

$$X = \begin{bmatrix} \boldsymbol{x}_1, & \boldsymbol{x}_2 \end{bmatrix} = \begin{bmatrix} \boldsymbol{x}^{(1)} \\ \vdots \\ \boldsymbol{x}^{(n)} \end{bmatrix} \tag{9.4}$$

行ベクトルの要素は個人の 2 変数の値であり，n 人について (9.3) の 2 変数の値をプロットしたものが散布図になる．散布図の原点を $(\overline{x}_1, \overline{x}_2)$ とすると，散布図の n 個の点の座標は (9.3) の行ベクトルの要素であり，各点は行ベクトルの終点に対応している.

[1)] $\boldsymbol{x}^{(i)}$ の要素 $x_{i1} - \overline{x}_1$，$x_{i2} - \overline{x}_2$ は変数平均 (列平均) からの偏差であり，各個人の平均 (行平均) からの偏差ではないので $\boldsymbol{x}^{(i)}$ は平均偏差ベクトルにはならない.

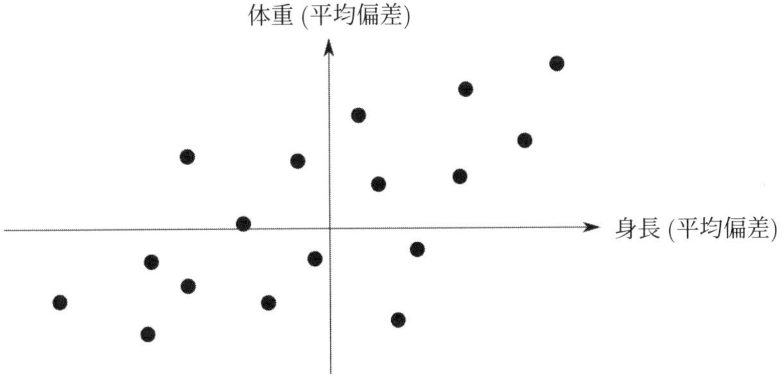

図 9.1　2 変数データの散布図

2 つの変数に相関がある場合，散布図の n 個の点はランダムには散らばらず，図 9.1 のように方向性が見られる．主成分分析はこの方向に対応する軸をもとめる手法である．いまデータの最も散らばっている方向に原点を通る 1 本の軸を考え，n 個の点からこの軸に垂線を下す．図 9.2 は 1 つの点 P_i に注目したもので，P_i から下した垂線の足を Q_i とする．原点 O から Q_i までのベクトル $\overrightarrow{OQ_i}$ は，点 P_i を終点とする行ベクトル $\boldsymbol{x}^{(i)}$ から軸上に射影した $\boldsymbol{x}^{(i)}$ の成分である．$\overrightarrow{OQ_i}$ の長さについてはピタゴラスの定理から

$$\|\overrightarrow{OP_i}\|^2 = \|\overrightarrow{OQ_i}\|^2 + \|\overrightarrow{P_iQ_i}\|^2 \tag{9.5}$$

となるので，ベクトルの直交分解については成分の長さの 2 乗の間で計算を行う．n 本の行ベクトル $\boldsymbol{x}^{(1)}, \ldots, \boldsymbol{x}^{(n)}$ について原点から垂線の足までの長さの 2 乗の合計が最も大きくなる軸を f_1 とすると，f_1 軸は n 本の行ベクトルの成分を全体として最大に保存している軸であり，n 個の点から下した垂線の長さの 2 乗の合計が最も短くなっているので，$\boldsymbol{x}^{(1)}, \ldots, \boldsymbol{x}^{(n)}$ を軸上に射影したときに失われる成分——f_1 で表した場合の損失——が最小になる．

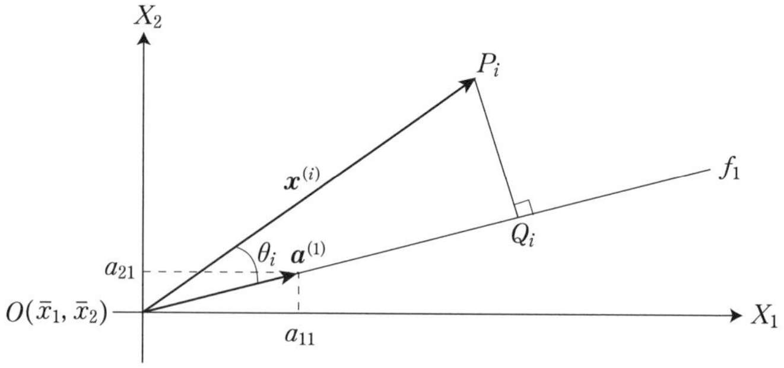

図 9.2　射影軸

この f_1 軸を第 1 主成分軸という．1 本の行ベクトル $\boldsymbol{x}^{(i)}$ の f_1 への正射影について，その長さ $\|\overrightarrow{OQ_i}\|$ は図 9.2 から，$\boldsymbol{x}^{(i)}$ と f_1 との成す角を θ_i とすると

$$\|\overrightarrow{OQ_i}\| = \|\boldsymbol{x}^{(i)}\| \cos\theta_i \tag{9.6}$$

である．f_1 はベクトルではないので f_1 上に単位ベクトル $\boldsymbol{a}^{(1)} = [a_{11},\ a_{21}]$ を考えると[2)]，$\boldsymbol{x}^{(i)}$ と $\boldsymbol{a}^{(1)}$ との内積は 1.4 節から

$$\begin{aligned}(\boldsymbol{x}^{(i)}, \boldsymbol{a}^{(1)}) &= \|\boldsymbol{x}^{(i)}\|\|\boldsymbol{a}^{(1)}\| \cos\theta_i \\ &= \|\boldsymbol{x}^{(i)}\| \cos\theta_i \end{aligned} \tag{9.7}$$

となり，$\boldsymbol{x}^{(i)}$ の f_1 への正射影の長さ (9.6) は $\boldsymbol{x}^{(i)}$ と $\boldsymbol{a}^{(1)}$ との内積に等しくなる．

$$\|\overrightarrow{OQ_i}\| = (\boldsymbol{x}^{(i)}, \boldsymbol{a}^{(1)}) \tag{9.8}$$

$(\boldsymbol{x}^{(i)}, \boldsymbol{a}^{(1)})$ は $\cos\theta_i$ の符号すなわち θ_i によっては負の値もとるので，(9.6) は符号付きの長さになる．

(9.5) から $\|\overrightarrow{OQ_i}\|$ の 2 乗を考え，内積は 1 つの数値なので (9.8) を 2 乗した値は

$$\begin{aligned}\|\overrightarrow{OQ_i}\|^2 &= (\boldsymbol{x}^{(i)}, \boldsymbol{a}^{(1)})^2 \qquad (9.9)\\ &= ([x_{i1} - \overline{x}_1,\ x_{i2} - \overline{x}_2], [a_{11},\ a_{21}])^2\end{aligned}$$

---

2) $\boldsymbol{a}^{(1)}$ は $\boldsymbol{x}^{(i)}$ とおなじ空間のベクトルなので，成分表記は $\boldsymbol{a}^{(1)} = [a_{11},\ a_{12}]$ とするべきであるが，9.1 節末および 9.3 節からこのベクトルは分散共分散行列 S の固有ベクトルである．したがって固有ベクトルの成分表示 $\boldsymbol{a}_1 = \begin{bmatrix} a_{11} \\ a_{21} \end{bmatrix}$ から $\boldsymbol{a}^{(1)} = [a_{11},\ a_{21}]$ とする．

$$= \{a_{11}(x_{i1} - \overline{x}_1) + a_{21}(x_{i2} - \overline{x}_2)\}^2$$
$$= a_{11}^2(x_{i1} - \overline{x}_1)^2 + 2a_{11}a_{21}(x_{i1} - \overline{x}_1)(x_{i2} - \overline{x}_2) + a_{21}^2(x_{i2} - \overline{x}_2)^2 \quad (9.10)$$

となる.[3)] (9.10) は変数の部分を行列にまとめて

$$\|\overrightarrow{OQ_i}\|^2 = [a_{11},\ a_{21}] \begin{bmatrix} (x_{i1} - \overline{x}_1)^2 & (x_{i1} - \overline{x}_1)(x_{i2} - \overline{x}_2) \\ (x_{i1} - \overline{x}_1)(x_{i2} - \overline{x}_2) & (x_{i2} - \overline{x}_2)^2 \end{bmatrix} \begin{bmatrix} a_{11} \\ a_{21} \end{bmatrix} \quad (9.11)$$

と表される. f_1 への正射影の長さの 2 乗の合計は, (9.11) を $\boldsymbol{x}^{(1)}, \dots, \boldsymbol{x}^{(n)}$ について合計して

$$\sum_{i=1}^{n} \|\overrightarrow{OQ_i}\|^2 = [a_{11},\ a_{21}] \begin{bmatrix} \sum(x_{i1} - \overline{x}_1)^2 & \sum(x_{i1} - \overline{x}_1)(x_{i2} - \overline{x}_2) \\ \sum(x_{i1} - \overline{x}_1)(x_{i2} - \overline{x}_2) & \sum(x_{i2} - \overline{x}_2)^2 \end{bmatrix} \begin{bmatrix} a_{11} \\ a_{21} \end{bmatrix}$$

となるが, この値はデータを増やせば大きくなるので, n で割ってデータ数の影響を除く.

$$\sum_{i=1}^{n} \|\overrightarrow{OQ_i}\|^2/n$$
$$= [a_{11},\ a_{21}] \begin{bmatrix} \sum(x_{i1} - \overline{x}_1)^2/n & \sum(x_{i1} - \overline{x}_1)(x_{i2} - \overline{x}_2)/n \\ \sum(x_{i1} - \overline{x}_1)(x_{i2} - \overline{x}_2)/n & \sum(x_{i2} - \overline{x}_2)^2/n \end{bmatrix} \begin{bmatrix} a_{11} \\ a_{21} \end{bmatrix} \quad (9.12)$$

(9.12) の行列は 7.8 節から変数 $\boldsymbol{x}_1, \boldsymbol{x}_2$ の分散共分散行列 S である. $[a_{11},\ a_{21}]$ は f_1 上の単位ベクトルであり, 行ベクトルであるが, $[a_{11},\ a_{21}]$ を列ベクトルの転置としてあつかうと (9.12) は

$$\sum_{i=1}^{n} \|\overrightarrow{OQ_i}\|^2/n = [a_{11},\ a_{21}] S \begin{bmatrix} a_{11} \\ a_{21} \end{bmatrix}$$
$$= \boldsymbol{a}_1^t S \boldsymbol{a}_1 \quad (9.13)$$

となって, n 本の行ベクトルの f_1 への正射影の長さの 2 乗平均は, 変数の分散共分散行列 S を係数行列とする $\boldsymbol{a}_1 = \begin{bmatrix} a_{11} \\ a_{21} \end{bmatrix}$ の二次形式で表される. 4.6 節

[3)] 2 本のベクトルの内積は, 対応する要素の積の和としてもとめられる.

から二次形式 $\boldsymbol{a}_1^t S\boldsymbol{a}_1$ は，$\boldsymbol{a}_1$ を S の最大固有値 $\lambda_{\max}$ に対応する正規化固有ベクトルとしたとき最大値として $\lambda_{\max}$ をとる．

9.2 第1主成分の分散

9.1 節では行ベクトルの正射影の長さから第1主成分軸を考えたが，9.2 節では，はじめに揚げた新しい変数の基準——変数ベクトルの一次結合の中で分散が最大になるもの——により，第1主成分を考える．変数ベクトル $\boldsymbol{x}_1, \boldsymbol{x}_2$ は n 次元ベクトルなので，9.2 節は n 次元空間で考える．

(9.13) の右辺は

$$\begin{aligned}\boldsymbol{a}_1^t S\boldsymbol{a}_1 &= \boldsymbol{a}_1^t X^t X\boldsymbol{a}_1/n \\ &= (X\boldsymbol{a}_1)^t(X\boldsymbol{a}_1)/n \end{aligned} \tag{9.14}$$

と表される．$X\boldsymbol{a}_1$ は変数ベクトルの一次結合による1本のベクトルで，$\boldsymbol{x}_1, \boldsymbol{x}_2$ が平均偏差ベクトルなので $X\boldsymbol{a}_1$ も平均偏差ベクトルで[4)]，$(X\boldsymbol{a}_1)^t(X\boldsymbol{a}_1)/n$ は $X\boldsymbol{a}_1$ の分散である．9.1 節末より，(9.14) の値は $\boldsymbol{a}_1$ を S の最大固有値に対応する正規化固有ベクトルとしたとき最大になる．したがって，分散が最大になる $\boldsymbol{x}_1, \boldsymbol{x}_2$ の一次結合を第1主成分ベクトル $\boldsymbol{f}_1$ とすると，$\boldsymbol{f}_1$ はこの $\boldsymbol{a}_1$ を一次結合の係数として

$$\begin{aligned}\boldsymbol{f}_1 &= X\boldsymbol{a}_1 \\ &= a_{11}\boldsymbol{x}_1 + a_{21}\boldsymbol{x}_2 \end{aligned} \tag{9.15}$$

ただし $\boldsymbol{a}_1$ は S の最大固有値に対応する正規化固有ベクトル

でもとめられる．(9.14) の最大値はこの $\boldsymbol{a}_1$ により

$$\boldsymbol{a}_1^t S\boldsymbol{a}_1 = V(\boldsymbol{f}_1) \tag{9.16}$$

[4)] 2変数の場合，$X\boldsymbol{a}_1$ の第 i 行は

$$a_{11}(x_{i1} - \overline{x}_1) + a_{21}(x_{i2} - \overline{x}_2) = (a_{11}x_{i1} + a_{21}x_{i2}) - (a_{11}\overline{x}_1 + a_{21}\overline{x}_2)$$

である．n 個のデータについて，右辺第1項の平均は

$$\frac{\sum_{i=1}^n (a_{11}x_{i1} + a_{21}x_{i2})}{n} = a_{11}\overline{x}_1 + a_{21}\overline{x}_2$$

より $X\boldsymbol{a}_1$ は平均偏差．

となり，(9.13)，(9.16) から，n 本の行ベクトルの f_1 への正射影の長さの 2 乗平均は変数ベクトルの一次結合の分散に等しく，その最大値は S の最大固有値に対応する正規化固有ベクトルを一次結合の係数としたとき，S の最大固有値として得られる．

また (9.15) は

$$\boldsymbol{f}_1 = a_{11}\begin{bmatrix} x_{11}-\overline{x}_1 \\ \vdots \\ x_{n1}-\overline{x}_1 \end{bmatrix} + a_{21}\begin{bmatrix} x_{12}-\overline{x}_2 \\ \vdots \\ x_{n2}-\overline{x}_2 \end{bmatrix} \tag{9.17}$$

であり，$\boldsymbol{f}_1$ の要素は個人の 2 変数の値を合成 (一次結合) したものになっている．この (9.17) の各行 $a_{11}(x_{i1}-\overline{x}_1)+a_{21}(x_{i2}-\overline{x}_2)$ を個人の第 1 主成分得点 f_{i1} $(i=1,\ldots,n)$ という．第 1 主成分 $\boldsymbol{f}_1$ は (9.17) で表される n 人の得点を要素とするベクトルである．

1 本の行ベクトル $\boldsymbol{x}^{(i)}$ の f_1 軸への正射影の長さについては (9.8) から，

$$\begin{aligned} \|\overrightarrow{OQ_i}\| &= (\boldsymbol{x}^{(i)}, \boldsymbol{a}^{(1)}) \\ &= a_{11}(x_{i1}-\overline{x}_1)+a_{21}(x_{i2}-\overline{x}_2) \end{aligned} \tag{9.18}$$

となる．これは (9.17) の第 i 行である i 番目の個人の第 1 主成分得点に等しい．つまり個人の 2 変数の値の一次結合である第 1 主成分得点は，その個人の行ベクトル $\boldsymbol{x}^{(i)}$ の f_1 軸への正射影の長さに等しい．1 つの軸において軸上の点の原点からの長さはその軸での座標なので，個人の第 1 主成分得点は f_1 軸での座標になっている．

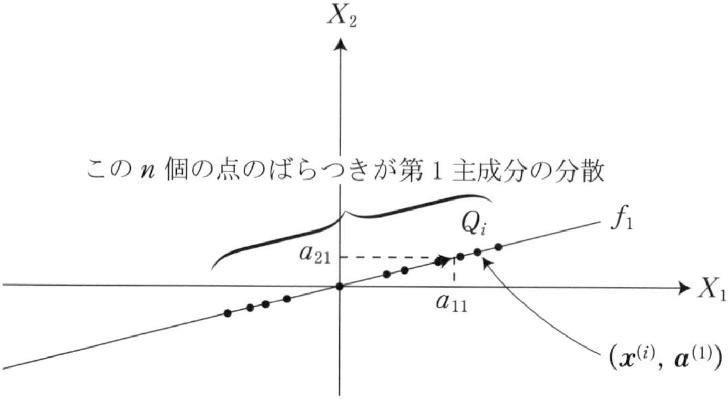

図 9.3　f_1 軸と第 1 主成分得点

i 番目の個人の行ベクトル $\boldsymbol{x}^{(i)}$ から f_1 軸に下ろした垂線の足 Q_i の f_1 軸上の座標は

$$(\boldsymbol{x}^{(i)}, \boldsymbol{a}^{(1)}) = a_{11}(x_{i1} - \overline{x}_1) + a_{21}(x_{i2} - \overline{x}_2)$$

であり，これは i 番目の個人の第 1 主成分得点である．
この座標の値を個人番号の順に並べたものが第 1 主成分ベクトル $\boldsymbol{f}_1$ である．

以上，変数の一次結合 $X\boldsymbol{a}_1$ の分散は，f_1 軸への行ベクトルの正射影の長さの 2 乗平均 $\sum\|\overrightarrow{OQ_i}\|^2/n$ に等しく，この 2 つはともに二次形式 $\boldsymbol{a}_1^t S\boldsymbol{a}_1$ で表される．分散が最大となる第 1 主成分ベクトル $\boldsymbol{f}_1$ は，S の最大固有値に対応する正規化固有ベクトル $\boldsymbol{a}_1$ を係数とする変数ベクトルの一次結合である．

9.3　ラグランジュの未定乗数法による主成分の解法

9.2 節から変数ベクトルの一次結合の分散は二次形式 $\boldsymbol{a}^t S\boldsymbol{a}$ で表され，その最大値は分散共分散行列 S の最大固有値，分散を最大にする各変数の係数はその最大固有値に対応する正規化固有ベクトル $\boldsymbol{a}_1$ であった．$\boldsymbol{a}_1$ は長さが 1 に制約されているので，二次形式 $\boldsymbol{a}^t S\boldsymbol{a}$ を最大にする $\boldsymbol{a}_1$ をもとめる問題は，$\boldsymbol{a}_1^t\boldsymbol{a}_1 = 1$ の制約条件付きで最大値をもとめる問題として考えることができる．9.3 節では制約条件がある場合に関数の極値をもとめるラグランジュの未定乗数法により $\boldsymbol{a}_1$ をもとめる．

2 変数の場合の分散共分散行列 S の要素は (9.12) に示されているが，標本分散を

$$s_{11} = \frac{\sum(x_{i1} - \overline{x}_1)^2}{n}, \qquad s_{22} = \frac{\sum(x_{i2} - \overline{x}_2)^2}{n}$$

標本共分散を

$$s_{12} = s_{21} = \frac{\sum(x_{i1} - \overline{x}_1)(x_{i2} - \overline{x}_2)}{n}$$

として分散共分散行列は

$$S = \begin{bmatrix} s_{11} & s_{12} \\ s_{21} & s_{22} \end{bmatrix}$$

と表される．ラグランジュの未定乗数法は λ を未定乗数として $\boldsymbol{a}_1$ と λ の関数 $L(\boldsymbol{a}_1, \lambda)$ をつくり，これを $\boldsymbol{a}_1$ と λ で偏微分する．

$$\begin{aligned} L(\boldsymbol{a}_1, \lambda) &= \boldsymbol{a}_1^t S \boldsymbol{a}_1 - \lambda(\boldsymbol{a}_1^t \boldsymbol{a}_1 - 1) \\ &= a_{11}^2 s_{11} + 2a_{11}a_{21}s_{12} + a_{21}^2 s_{22} - \lambda(a_{11}^2 + a_{21}^2 - 1) \end{aligned}$$

第 2 式を a_{11}, a_{21}, λ でそれぞれ偏微分して 0 とおき

$$\begin{aligned} \frac{\partial L}{\partial a_{11}} &= 2a_{11}s_{11} + 2a_{21}s_{12} - 2a_{11}\lambda = 0 \\ \frac{\partial L}{\partial a_{21}} &= 2a_{11}s_{12} + 2a_{21}s_{22} - 2a_{21}\lambda = 0 \\ \frac{\partial L}{\partial \lambda} &= a_{11}^2 + a_{21}^2 - 1 = 0 \end{aligned}$$

第 3 式は $\boldsymbol{a}_1^t \boldsymbol{a}_1 = 1$ の制約条件になっているので，第 1 式と第 2 式から

$$\frac{\partial L}{\partial \boldsymbol{a}_1} = \begin{bmatrix} s_{11} & s_{12} \\ s_{21} & s_{22} \end{bmatrix} \begin{bmatrix} a_{11} \\ a_{21} \end{bmatrix} - \lambda \begin{bmatrix} a_{11} \\ a_{21} \end{bmatrix} = \begin{bmatrix} 0 \\ 0 \end{bmatrix}$$

より

$$S\boldsymbol{a}_1 = \lambda \boldsymbol{a}_1 \tag{9.19}$$

が得られる．(9.19) は S の固有値問題であり，主成分の分散すなわち二次形式 $\boldsymbol{a}^t S \boldsymbol{a}$ を最大にする $\boldsymbol{a}_1$ は S の最大固有値に対応する固有ベクトルであること (9.1 節，9.2 節) がラグランジュ未定乗数法によっても示された．

S は対称行列なのでその次数に等しい個数の固有値，固有ベクトルが得られる．いま次数を 2 としているので

- 固有値 λ_1，λ_1 に対応する固有ベクトル $\boldsymbol{a}_1 = \begin{bmatrix} a_{11} \\ a_{21} \end{bmatrix}$
- 固有値 λ_2，λ_2 に対応する固有ベクトル $\boldsymbol{a}_2 = \begin{bmatrix} a_{12} \\ a_{22} \end{bmatrix}$

である．($\lambda_1 > \lambda_2$ とする)　(9.19) からそれぞれの固有値，固有ベクトルについて

$$S\boldsymbol{a}_1 = \lambda_1 \boldsymbol{a}_1 \tag{9.19}$$

$$S\boldsymbol{a}_2 = \lambda_2 \boldsymbol{a}_2 \tag{9.20}$$

が成り立つ．$S\boldsymbol{a}_1 = \lambda_1 \boldsymbol{a}_1$ の両辺に左から $\boldsymbol{a}_1^t$ を掛けると，制約条件から $\boldsymbol{a}_1^t \boldsymbol{a}_1 = 1$ なので

$$\boldsymbol{a}_1^t S \boldsymbol{a}_1 = \lambda_1 \tag{9.21}$$

になる．(9.16) から左辺は第 1 主成分の分散 $V(\boldsymbol{f}_1)$ であり，9.1 節，9.2 節で二次形式の考察から得られたのと同様，第 1 主成分の分散は S の最大固有値に等しくなっている．(9.19) の解 $\boldsymbol{a}_1$ により第 1 主成分は

$$\boldsymbol{f}_1 = X\boldsymbol{a}_1 \tag{9.15}$$

としてもとめられる．

第 2 主成分も $\boldsymbol{x}_1$ と $\boldsymbol{x}_2$ の一次結合で表されるので係数を b_1, b_2 として

$$\begin{aligned} \boldsymbol{f}_2 &= b_1 \boldsymbol{x}_1 + b_2 \boldsymbol{x}_2 \\ &= X\boldsymbol{b} \qquad \text{ただし}\boldsymbol{b} = \begin{bmatrix} b_1 \\ b_2 \end{bmatrix} \end{aligned} \tag{9.22}$$

とおく．第 2 主成分は第 1 主成分と無相関で，かつ分散が最大になるように取る．無相関性は

$$\boldsymbol{f}_1^t \boldsymbol{f}_2 = 0$$

であり，$S = (X^t X)/n$ は対称行列なので

$$\boldsymbol{f}_1^t \boldsymbol{f}_2 = (X\boldsymbol{a}_1)^t (X\boldsymbol{b})$$

$$
\begin{aligned}
&= \boldsymbol{a}_1^t X^t X \boldsymbol{b} \\
&= n\boldsymbol{a}_1^t S \boldsymbol{b} \\
&= n(S\boldsymbol{a}_1)^t \boldsymbol{b} \\
&= n\lambda_1 \boldsymbol{a}_1^t \boldsymbol{b}
\end{aligned} \tag{9.23}
$$

これが 0 になるためには，$n \neq 0, \lambda_1 \neq 0$ なので，

$$
\boldsymbol{a}_1^t \boldsymbol{b} = 0 \tag{9.24}
$$

が成り立つ必要がある．

第 2 主成分の分散は

$$
\begin{aligned}
V(\boldsymbol{f}_2) &= \frac{1}{n}(X\boldsymbol{b})^t X\boldsymbol{b} \\
&= \boldsymbol{b}^t S \boldsymbol{b}
\end{aligned} \tag{9.25}
$$

となる．(9.25) の値の大きさを制限するため

$$
\boldsymbol{b}^t \boldsymbol{b} = 1 \tag{9.26}
$$

の条件をつけ，(9.25) を最大にする $\boldsymbol{b}$ をラグランジュ未定乗数法によりもとめる．(9.24)，(9.26) の制約式の未定乗数を τ, λ として方程式は

$$
L(\boldsymbol{b}, \lambda, \tau) = \boldsymbol{b}^t S \boldsymbol{b} - \lambda(\boldsymbol{b}^t \boldsymbol{b} - 1) - \tau(\boldsymbol{a}_1^t \boldsymbol{b})
$$

となる．$L(\boldsymbol{b}, \lambda, \tau)$ の偏微分は，τ, λ については制約式とおなじになるので，第 1 主成分の場合と同様にして

$$
\frac{\partial L}{\partial \boldsymbol{b}} = S \begin{bmatrix} b_1 \\ b_2 \end{bmatrix} - \lambda \begin{bmatrix} b_1 \\ b_2 \end{bmatrix} - \frac{\tau}{2} \begin{bmatrix} a_{11} \\ a_{21} \end{bmatrix} = \begin{bmatrix} 0 \\ 0 \end{bmatrix} \tag{9.27}
$$

となる．(9.27) に左から $\boldsymbol{a}_1^t = [a_{11},\ a_{21}]$ を掛けると

$$
[a_{11},\ a_{21}] S \begin{bmatrix} b_1 \\ b_2 \end{bmatrix} - \lambda [a_{11},\ a_{21}] \begin{bmatrix} b_1 \\ b_2 \end{bmatrix} - \frac{\tau}{2} [a_{11},\ a_{21}] \begin{bmatrix} a_{11} \\ a_{21} \end{bmatrix} = 0
$$

制約条件から $\boldsymbol{a}_1^t\boldsymbol{a}_1 = 1$, $\boldsymbol{a}_1^t\boldsymbol{b} = 0$ なので

$$\boldsymbol{a}_1^t S\boldsymbol{b} - \frac{\tau}{2} = 0 \tag{9.28}$$

となる．(9.28) で S は対称行列なので

$$(S\boldsymbol{a}_1)^t\boldsymbol{b} - \frac{\tau}{2} = 0$$
$$\lambda_1\boldsymbol{a}_1^t\boldsymbol{b} - \frac{\tau}{2} = 0$$

$\boldsymbol{a}_1^t\boldsymbol{b} = 0$ より $\tau/2 = 0$ になり，(9.27) は

$$S\boldsymbol{b} = \lambda\boldsymbol{b} \tag{9.29}$$

となるので，$\boldsymbol{b}$ は S の固有ベクトルである．また (9.24) から $\boldsymbol{b}$ は $\boldsymbol{a}_1$ に直交しているので，S の 2 番目の固有値 λ_2 に対応する固有ベクトル ((9.26) から正規化固有ベクトル)$\boldsymbol{a}_2$ である．したがって (9.29) は

$$S\boldsymbol{a}_2 = \lambda_2\boldsymbol{a}_2$$

となり，第 2 主成分は

$$\boldsymbol{f}_2 = X\boldsymbol{a}_2 \tag{9.30}$$

また (9.16)，(9.21) から第 2 主成分の分散は

$$V(\boldsymbol{f}_2) = \lambda_2 \tag{9.31}$$

になる．

以上は 2 変数についてであるが，$p \geq 3$ の場合も同様であり，一般に p 変数の場合，S は $p \times p$ 対称行列になり，p 個の固有値と p 本の固有ベクトルがもとめられ，p 個の主成分 (n 人分の主成分得点を要素とするベクトル)

$$\boldsymbol{f}_1 = X\boldsymbol{a}_1 = a_{11}\boldsymbol{x}_1 + \cdots + a_{p1}\boldsymbol{x}_p$$
$$\vdots$$
$$\boldsymbol{f}_p = X\boldsymbol{a}_p = a_{1p}\boldsymbol{x}_1 + \cdots + a_{pp}\boldsymbol{x}_p$$

が得られる．9.2 節は n 次元空間で考えてきたが，次節は変数を座標軸とする p 次元空間で考える．$p = 2$ の場合が図 9.1 の散布図の描かれている 2 次元空間である．

9.4 主成分の分散，共分散

9.2 節から主成分の分散は二次形式 $\boldsymbol{a}^t S \boldsymbol{a}$ で表され，$\boldsymbol{a}$ を分散共分散行列 S の最大固有値 λ_1 に対応する固有ベクトルとしたとき，最大値として λ_1 をとる．変数が p 個の場合，S は $p \times p$ 対称行列で，S の p 本の正規化固有ベクトル $\boldsymbol{a}_1, \dots, \boldsymbol{a}_p$ を列ベクトルとする行列を A とすると

$$A = \begin{bmatrix} \boldsymbol{a}_1, & \cdots & , \boldsymbol{a}_p \end{bmatrix}, \qquad \boldsymbol{a}_i = \begin{bmatrix} a_{1i} \\ \vdots \\ a_{pi} \end{bmatrix} \tag{9.32}$$

$p \times p$ 行列 A は列ベクトルの長さが 1 で，4.4 節からこれらはたがいに直交しているので直交行列である．S は A により直交対角化され $A^t S A = \Lambda$ すなわち

$$\underset{A^t}{\begin{bmatrix} \boldsymbol{a}_1^t \\ \vdots \\ \boldsymbol{a}_p^t \end{bmatrix}} \underset{S}{S} \underset{A}{\begin{bmatrix} \boldsymbol{a}_1, & \cdots & , \boldsymbol{a}_p \end{bmatrix}} = \underset{\Lambda}{\begin{bmatrix} \lambda_1 & & O \\ & \ddots & \\ O & & \lambda_p \end{bmatrix}} \tag{9.33}$$

が得られる．

(9.33) は p 次元空間の標準基底から $\boldsymbol{a}_1, \dots, \boldsymbol{a}_p$ への基底変換であり，A が基底変換の行列である[5]．A は直交行列なので回転による基底変換で，新しい基底 $\boldsymbol{a}_1, \dots, \boldsymbol{a}_p$ は標準基底を回転したものになっている．9.1 節 (図 9.2) で，$\boldsymbol{a}_1$ は 2 次元空間において第 1 主成分軸 f_1 上に取った単位ベクトルであった．し

[5] (9.33) は (4.15) の相似変換に相当する．また (3.3) で従来の基底を標準基底 E，新しい基底を B，基底変換の行列を P とすると

$$B = EP = P$$

となり，従来の基底が標準基底の場合は基底変換の行列が新しい基底の行列になる．

たがって p 次元空間において，p 本の主成分軸 $f_1, \dots, f_p$ は S の固有ベクトル $\boldsymbol{a}_1, \dots, \boldsymbol{a}_p$ の方向にある軸である．

また (9.16)，(9.21) から第 1, …, 第 p 主成分の分散は S の固有値 $\lambda_1, \dots, \lambda_p$ であり，(9.33) の右辺の対角要素にこの値が現れている．Λ の非対角要素は回転前の座標で

$$\boldsymbol{a}_i^t S \boldsymbol{a}_j = \frac{1}{n}(X\boldsymbol{a}_i)^t X\boldsymbol{a}_j \tag{9.34}$$

で，第 i 主成分と第 j 主成分の共分散であるが，(9.33) の右辺ではこれは 0 なので，異なる主成分同士は無相関になっている．9.3 節で第 2 主成分を第 1 主成分と無相関になるようにもとめたので，これは当然である．

以上，相関のある p 個の変数を独立な p 変数に再編成することは，行列としては分散共分散行列 S を新たな変数の分散を要素とする対角行列に変換することに相当している．

これで，はじめに掲げた相関のある p 個の変数から独立な変数への再編成は達成された．つぎにはじめの p 変数のもつ情報量が，失われることなく新たな変数に移行したかどうかを確かめる．変数が正規分布にしたがうデータで構成される場合，変数の分散は変数のもつ情報量を表す．もともとの変数 $\boldsymbol{x}_1, \dots, \boldsymbol{x}_p$ の分散は $s_{11}, \dots, s_{pp}$ で S の対角要素であり，また上記から主成分の分散は Λ の対角要素であった．そこで Λ の対角要素の和が S の対角要素の和と等しければ，$\boldsymbol{x}_1, \dots, \boldsymbol{x}_p$ を組み合わせてつくられた p 個の主成分に，はじめの p 変数の情報量が受け継がれていることになる．Λ と S のトレース (対角和) について A が直交行列なので，(9.33) は

$$A^{-1}SA = \Lambda \tag{9.35}$$

となり，2.7 節から行列の積のトレースは 2 つの行列の順番を入れ替えても変化しないので

$$\begin{aligned} \operatorname{tr}\Lambda &= \operatorname{tr}(A^{-1}SA) \\ &= \operatorname{tr}\{(SA)A^{-1}\} \\ &= \operatorname{tr} S \end{aligned} \tag{9.36}$$

より

$$\lambda_1 + \cdots + \lambda_p = s_{11} + \cdots + s_{pp} \tag{9.37}$$

が成り立つ．(9.37) から，主成分の分散の合計はもとの変数の分散の合計に等しくなっており，p 変数のデータの情報量は p 個の主成分に保存されていることがわかる．

また (9.37) から，1 つの主成分 f_k の分散 λ_k が固有値の合計に占める割合は全体の情報量の中で第 k 主成分が占める割合になる．これを第 k 主成分の寄与率という．

$$\text{第 } k \text{ 主成分の寄与率} = \frac{\lambda_k}{\sum_{i=1}^{p} \lambda_i} \qquad (\text{ただし} k \leq p) \tag{9.38}$$

$\lambda_1, \dots, \lambda_p$ は大きさの順になっているので，λ_1 から λ_k までの和が固有値の合計に占める割合は第 k 主成分までの累積寄与率になる．

$$\text{第 } k \text{ 主成分までの累積寄与率} = \frac{\sum_{j=1}^{k} \lambda_j}{\sum_{i=1}^{p} \lambda_i} \tag{9.39}$$

(9.38)，(9.39) が言えるためには，固有値 $\lambda_1, \dots, \lambda_p$ は正または 0 でなければならないが，7.8 節から S は正定値行列であり，S の固有値は正の値である．したがって主成分の寄与率，累積寄与率は (9.38)，(9.39) で定義される．

9.5　主成分負荷量

第 i 主成分

$$\boldsymbol{f}_i = a_{1i}\boldsymbol{x}_1 + \cdots + a_{pi}\boldsymbol{x}_p \tag{9.40}$$

において，$\boldsymbol{f}_i$ の上に射影した 1 つの変数ベクトルの成分が相当大きければ，$\boldsymbol{f}_i$ はその変数によってかなりの部分が説明されることになる．変数 $\boldsymbol{x}_1$ に注目して，$\boldsymbol{x}_1$ の $\boldsymbol{f}_i$ 上の成分は $\boldsymbol{f}_i$ と $\boldsymbol{x}_1$ との角度を θ として $\|\boldsymbol{x}_1\| \cos\theta$ になるが，$\boldsymbol{x}_1$ の大きさに影響されないように $\boldsymbol{f}_i$ と $\boldsymbol{x}_1$ との間の $\cos\theta$，すなわち $\boldsymbol{f}_i$ と $\boldsymbol{x}_1$ との相関係数で表して $\boldsymbol{x}_1$ の $\boldsymbol{f}_i$ に対する主成分負荷量という．

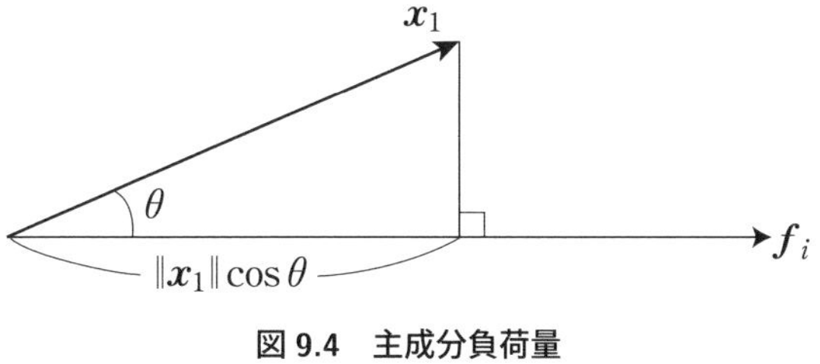

図 9.4　主成分負荷量

$\boldsymbol{f}_i$ と $\boldsymbol{x}_1$ の相関係数 $r(\boldsymbol{f}_i, \boldsymbol{x}_1)$ は第 i 主成分の標準偏差を $D(\boldsymbol{f}_i), \boldsymbol{x}_1$ の標準偏差を $D(\boldsymbol{x}_1)$，第 i 主成分と $\boldsymbol{x}_1$ の共分散を $\mathrm{cov}(\boldsymbol{f}_i, \boldsymbol{x}_1)$ とすると，(7.37) から

$$r(\boldsymbol{f}_i, \boldsymbol{x}_1) = \frac{\mathrm{cov}(\boldsymbol{f}_i, \boldsymbol{x}_1)}{D(\boldsymbol{f}_i)D(\boldsymbol{x}_1)} \tag{9.41}$$

である．分子について

$$\begin{aligned}\mathrm{cov}(\boldsymbol{f}_i, \boldsymbol{x}_1) &= \frac{1}{n}\boldsymbol{x}_1^t \boldsymbol{f}_i \\ &= \frac{1}{n}\boldsymbol{x}_1^t \left[\boldsymbol{x}_1, \quad \cdots \quad, \boldsymbol{x}_p\right] \boldsymbol{a}_i \\ &= \frac{1}{n}\left[\boldsymbol{x}_1^t \boldsymbol{x}_1, \quad \cdots \quad, \boldsymbol{x}_1^t \boldsymbol{x}_p\right] \boldsymbol{a}_i \end{aligned} \tag{9.42}$$

(9.42) は分散共分散行列 S の第 1 行と $\boldsymbol{a}_i$ の積であり，$S\boldsymbol{a}_i$ の第 1 要素である．$\boldsymbol{a}_i$ は S の固有ベクトルなので

$$S\boldsymbol{a}_i = \lambda_i \boldsymbol{a}_i$$

より，右辺の第 1 要素は $\lambda_i a_{1i}$ なので

$$\mathrm{cov}(\boldsymbol{f}_i, \boldsymbol{x}_i) = \lambda_i a_{1i} \tag{9.43}$$

になる．また $D(\boldsymbol{f}_i) = \sqrt{\lambda_i}$ より，(9.41) は

$$\begin{aligned} r(\boldsymbol{f}_i, \boldsymbol{x}_1) &= \frac{\lambda_i a_{1i}}{D(\boldsymbol{x}_1)\sqrt{\lambda_i}} \\ &= \frac{\sqrt{\lambda_i} a_{1i}}{D(\boldsymbol{x}_1)} \qquad \text{ただし} D(\boldsymbol{x}_1) \text{は} \boldsymbol{x}_1 \text{の標準偏差} \end{aligned}$$

となる．一般に主成分 $\boldsymbol{f}_i$ に対する変数 $\boldsymbol{x}_j$ の主成分負荷量は

$$r(\boldsymbol{f}_i, \boldsymbol{x}_j) = \frac{\sqrt{\lambda_i} a_{ji}}{D(\boldsymbol{x}_j)} \tag{9.44}$$

でもとめられる．

9.6 グラフ表示

主成分分析の結果のグラフ表示は，2 次元平面上に第 1 主成分軸，第 2 主成分軸を直交するようにとり，(9.17) で得られる n 人の第 1，第 2 主成分得点

$(f_{11}, f_{12}), \ldots, (f_{n1}, f_{n2})$ をプロットする．さらにおなじ平面上に (別にスケールを取り)，p 個の変数について第 1 主成分と第 2 主成分に対する主成分負荷量 $(r(\boldsymbol{f}_1, \boldsymbol{x}_1), r(\boldsymbol{f}_2, \boldsymbol{x}_1)), \ldots, (r(\boldsymbol{f}_1, \boldsymbol{x}_p), r(\boldsymbol{f}_2, \boldsymbol{x}_p))$ をベクトルで表示する．n 人のプロットの 2 つの主成分の値から各人の特性を，また各人と主成分負荷量との位置関係から個人と変数との関係を読み取ることができる．

9.7 相関行列による場合

ここまでの主成分や主成分の分散は，分散共分散行列をもちいて計算してきたが，p 個の変数において，それぞれの単位が異なっていたり，ばらつきが大きくちがう場合などは分散共分散行列の代わりに相関係数を要素とする相関行列をもちいる．7.8 節から第 i 変数と第 j 変数の相関係数は

$$r_{ij} = \frac{s_{ij}}{\sqrt{s_{ii}}\sqrt{s_{jj}}} \tag{7.37'}$$

でもとめられ，変数の標準偏差を D で表すと

$$r_{ij} = \frac{1}{n}\sum_{k=1}^{n}\left\{\frac{(x_{ki} - \overline{x}_i)}{D(\boldsymbol{x}_i)} \times \frac{(x_{kj} - \overline{x}_j)}{D(\boldsymbol{x}_j)}\right\} \tag{7.36'}$$

となるので，相関係数は標準化した変量での共分散ということができた．したがって相関行列をもちいる場合は，主成分得点などの計算はデータベクトルの各要素を

$$\frac{(x_{ij} - \overline{x}_j)}{D(\boldsymbol{x}_j)} \qquad (\text{添字}i\text{は個人番号}) \tag{9.45}$$

により標準化してもちいる．分散共分散行列をもちいた場合と相関行列をもちいた場合で結果はおなじにはならない．

9.8 特異値分解

分散共分散行列 S は X を n 行 p 列のデータ行列として

$$S = \frac{1}{n}X^t X$$

であり，X の特異値分解

$$X = U\Sigma V^t \tag{9.46}$$

において特異値が $\sigma_1, \dots, \sigma_p$，右特異ベクトルが $\boldsymbol{v}_1, \dots, \boldsymbol{v}_p$ のとき，S の正規化固有ベクトル $\boldsymbol{a}_1, \dots, \boldsymbol{a}_p$ は

$$\boldsymbol{a}_1 = \boldsymbol{v}_1, \dots, \boldsymbol{a}_p = \boldsymbol{v}_p \tag{9.47}$$

としてもとめられる．S の正規化固有ベクトルを列ベクトルとする (9.32) の行列 A は (9.46) の V に相当するので，S の直交対角化 $A^tSA = \Lambda$ は

$$\begin{aligned} A^tSA &= V^tSV = V^t(X^tX/n)V \\ &= V^t(U\Sigma V^t)^t(U\Sigma V^t)V/n \\ &= \Sigma^t\Sigma/n \end{aligned}$$

これが Λ に等しいので S の固有値は

$$\lambda_1 = \frac{\sigma_1^2}{n}, \dots, \lambda_p = \frac{\sigma_p^2}{n} \tag{9.48}$$

によりもとめられる．また主成分ベクトル $\boldsymbol{f}_1, \dots, \boldsymbol{f}_p$ は p 本をまとめて行列 F で表すと

$$F = \begin{bmatrix} X\boldsymbol{a}_1, & \cdots & , X\boldsymbol{a}_p \end{bmatrix} = XA \tag{9.49}$$

となるが，(9.47) より $A = V$ なので (9.49) は

$$\begin{aligned} F = XV &= (U\Sigma V^t)V \\ &= U\Sigma \end{aligned} \tag{9.50}$$

となり，$\boldsymbol{f}_1, \dots, \boldsymbol{f}_p$ は行列 $U\Sigma$ の列ベクトルとして得られる．すなわち主成分ベクトルは X の左特異ベクトルの特異値倍

$$\boldsymbol{f}_1 = \sigma_1\boldsymbol{u}_1, \dots, \boldsymbol{f}_p = \sigma_p\boldsymbol{u}_p \tag{9.51}$$

でもとめられる．

例 9 灌漑用ため池の水質調査

（「水質汚濁指標による奈良市内ため池の水環境評価」岩永亮一，八丁信正，松野裕　2015 水環境学会誌 V0l.38　より許可を得て抜粋)

奈良市内の 220 個のため池から 41 個を抽出し，灌漑期，非灌漑期に 266 サンプルを採取して以下の 8 項目を測定した．データは原データおよびその対数変換，ルート変換の中から，コルゴモロフ・スミルノフ検定により正規近似を確認できたものをもちいた．

x_1：水素イオン濃度	x_5：リン
x_2：伝導性	x_6：化学的酸素要求量
x_3：透視度	x_7：クロロフィル
x_4：窒素	x_8：水中懸濁物質

主成分分析結果

第1主成分

固有値 $\lambda_1 = 4.402$

固有ベクトル

$$\boldsymbol{a}_1 = [0.321\ 0.186\ -0.391\ 0.313\ 0.309\ 0.425\ 0.405\ 0.414]^t$$

各変数の主成分負荷量

x_1	x_2	x_3	x_4	x_5	x_6	x_7	x_8
0.674	0.389	−0.820	0.658	0.647	0.891	0.850	0.869

寄与率 55%

第2主成分

固有値 $\lambda_2 = 1.034$

固有ベクトル

$$\boldsymbol{a}_2 = [0.418\ 0.829\ 0.127\ -0.051\ 0.014\ -0.092\ -0.279\ -0.181]^t$$

各変数の主成分負荷量

x_1	x_2	x_3	x_4	x_5	x_6	x_7	x_8
0.425	0.843	0.129	−0.051	−0.014	−0.094	−0.283	−0.184

寄与率 12.9%

第 2 主成分までの累積寄与率は 67.9% である．
第 1 主成分の主成分負荷量は透視度 x_3 以外の変数は正の値であり，透視度の負の値および他の変数の正の値から，第 1 主成分は有機物汚濁に関する特性値と考えられる．
第 2 主成分の主成分負荷量は伝導性 x_2 が高く，第 2 主成分は無機物汚濁に関する特性値と考えられる．

213 ページのバイプロットから 2 つのため池に特徴的な傾向が見られる．ため池 A は第 2 主成分得点が高く，集水域からの水の流入や湧水，地下水によって電解質濃度が影響を受けていると思われる．ため池 B は有機物汚濁が大きく，養魚池としても利用されていることが原因と思われる．

以上は 8 項目すべてを変数として主成分分析を行った結果であるが，論文では x_4 から x_8 の 5 項目に対して再度主成分分析を行い，水質汚濁指標の構築を行っている．(掲載略)

また非灌漑期，灌漑期間の比較 (Mann - Whitney の U 検定)，水質汚濁指標と 8 項目との相関分析なども行われているが，例 9 では主成分分析の結果のみ表示した．

第 1 主成分，第 2 主成分についてのバイプロット

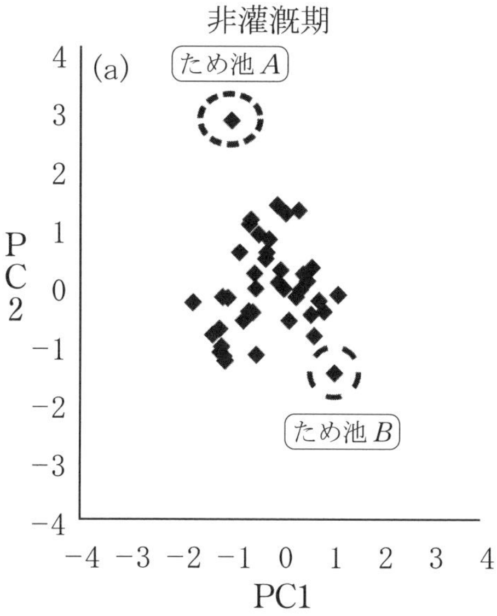

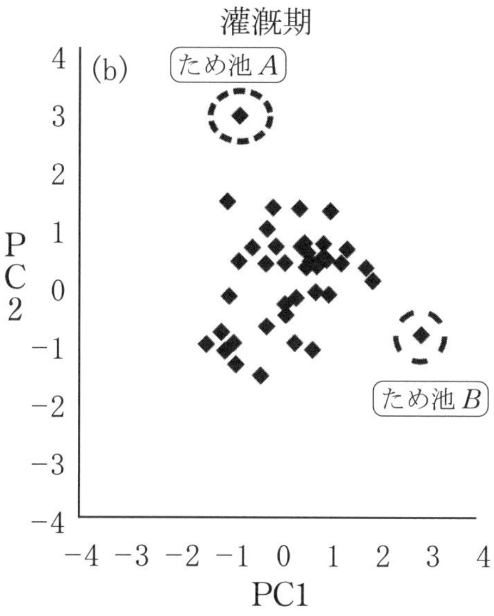

参考文献

[1] 大原康博　神奈川大学情報科学科情報理論講義サイト

[2] 加納学　2002　「主成分分析」初心者向けテキスト
manabukano.brilliantfuture.net/document/text-PCA.pdf 第 2 版

[3] 金谷健一 2003　これならわかる応用数学教室　共立出版

Chapter

10

正準相関分析

10.1　正準相関係数

A 組 (p 変数)，B 組 (q 変数) の 2 つの組の変数群について，n 個の個体でデータが測定されており，その同時確率分布を $(p+q)$ 変量正規分布とする．正準相関分析は 2 組のデータに共通して含まれる成分をもとめる手法であり，上記の場合，最大となる共通成分は 2 組の相関を最大にすることで得られる [1]．データは変数平均からの偏差で表して A 組のデータを $\boldsymbol{x}_1,\dots,\boldsymbol{x}_p$，$B$ 組のデータを $\boldsymbol{y}_1,\dots,\boldsymbol{y}_q$ とする．$\boldsymbol{x}$ と $\boldsymbol{y}$ はそれぞれの組の中で一次独立であるが，たがいに相関があり，また他の組の複数のデータとも相関を持つ．

以下では，それぞれのデータに線形変換を施して 2 組の相関を最大にする．この線形変換をもとめるのが前半の目的であり，後半では回帰との関係について考察する．

$$
\begin{array}{cccc}
A\text{組} & \begin{bmatrix} x_{11}-\overline{x}_1 \\ \vdots \\ x_{n1}-\overline{x}_1 \end{bmatrix} & \cdots & \begin{bmatrix} x_{1p}-\overline{x}_p \\ \vdots \\ x_{np}-\overline{x}_p \end{bmatrix} \\
 & \boldsymbol{x}_1 & & \boldsymbol{x}_p \\
B\text{組} & \begin{bmatrix} y_{11}-\overline{y}_1 \\ \vdots \\ y_{n1}-\overline{y}_1 \end{bmatrix} & \cdots & \begin{bmatrix} y_{1q}-\overline{y}_q \\ \vdots \\ y_{nq}-\overline{y}_q \end{bmatrix} \\
 & \boldsymbol{y}_1 & & \boldsymbol{y}_q
\end{array}
\tag{10.1}
$$

$\boldsymbol{x}_1, \dots, \boldsymbol{x}_p, \boldsymbol{y}_1, \dots, \boldsymbol{y}_q$ をそれぞれ行列 X, Yで表す.

$$\underset{n \times p}{X = \begin{bmatrix} \boldsymbol{x}_1, & \cdots & , \boldsymbol{x}_p \end{bmatrix}} \qquad \underset{n \times q}{Y = \begin{bmatrix} \boldsymbol{y}_1, & \cdots & , \boldsymbol{y}_q \end{bmatrix}} \tag{10.2}$$

7.8 節からそれぞれの分散共分散行列 S_{xx}, S_{yy} および X と Yについての S_{xy} は

$$\begin{aligned} S_{xx} &= \frac{1}{n} X^t X \\ S_{yy} &= \frac{1}{n} Y^t Y \\ S_{xy} &= \frac{1}{n} X^t Y, \qquad S_{yx} = \frac{1}{n} Y^t X \end{aligned} \tag{10.3}$$

となる.

このデータセットから, A 組の p 個の変数の一次結合と B 組の q 個の変数の一次結合とで, 相関が最大となる組合せをもとめる. すなわち $\boldsymbol{x}_1, \dots, \boldsymbol{x}_p$ の一次結合を A 組の正準変数

$$\begin{aligned} \boldsymbol{f} &= a_1 \boldsymbol{x}_1 + \cdots + a_p \boldsymbol{x}_p \\ &= X\boldsymbol{a} \qquad \text{ただし} \boldsymbol{a} = \begin{bmatrix} a_1 \\ \vdots \\ a_p \end{bmatrix} \end{aligned} \tag{10.4}$$

$\boldsymbol{y}_1, \dots, \boldsymbol{y}_q$ の一次結合を B 組の正準変数

$$\begin{aligned} \boldsymbol{g} &= b_1 \boldsymbol{y}_1 + \cdots + b_q \boldsymbol{y}_q \\ &= Y\boldsymbol{b} \qquad \text{ただし} \boldsymbol{b} = \begin{bmatrix} b_1 \\ \vdots \\ b_q \end{bmatrix} \end{aligned} \tag{10.5}$$

として, $\boldsymbol{f}$ と $\boldsymbol{g}$ の相関係数 r_{fg} を最大にするような一次結合の係数 $a_1, \dots, a_p$ と $b_1, \dots, b_q$ をもとめる. この相関係数を正準相関係数といい

$$r_{fg} = \frac{\boldsymbol{f}\text{と}\boldsymbol{g}\text{の共分散}}{\sqrt{\boldsymbol{f}\text{の分散}}\sqrt{\boldsymbol{g}\text{の分散}}} \tag{10.6}$$

で定義する．r_{fg} は p と q の小さい方の値までの個数が得られる．

$\boldsymbol{x}_1, \ldots, \boldsymbol{x}_p, \boldsymbol{y}_1, \ldots, \boldsymbol{y}_q$ が平均偏差ベクトルなので $\boldsymbol{f}, \boldsymbol{g}$ も平均偏差ベクトルで，$\boldsymbol{f}$ の分散は

$$
\begin{aligned}
V(\boldsymbol{f}) &= \frac{1}{n}\boldsymbol{f}^t\boldsymbol{f} \\
&= \frac{1}{n}(X\boldsymbol{a})^t(X\boldsymbol{a}) = \frac{1}{n}\boldsymbol{a}^t X^t X\boldsymbol{a} \\
&= \boldsymbol{a}^t S_{xx}\boldsymbol{a}
\end{aligned}
\tag{10.7}
$$

同様に

$$
V(\boldsymbol{g}) = \boldsymbol{b}^t S_{yy}\boldsymbol{b} \tag{10.8}
$$

$\boldsymbol{f}$ と $\boldsymbol{g}$ の共分散は

$$
\mathrm{cov}(\boldsymbol{f}, \boldsymbol{g}) = \boldsymbol{a}^t S_{xy}\boldsymbol{b} \tag{10.9}
$$

となり，(10.6) は

$$
r_{fg} = \frac{\boldsymbol{a}^t S_{xy}\boldsymbol{b}}{\sqrt{\boldsymbol{a}^t S_{xx}\boldsymbol{a}}\sqrt{\boldsymbol{b}^t S_{yy}\boldsymbol{b}}} \tag{10.10}
$$

で表される．(10.10) は $\boldsymbol{a}^t S_{xx}\boldsymbol{a} = 1$，$\boldsymbol{b}^t S_{yy}\boldsymbol{b} = 1$ の場合に $r_{fg} = \boldsymbol{a}^t S_{xy}\boldsymbol{b}$ になるので

$$
\boldsymbol{a}^t S_{xx}\boldsymbol{a} = 1 \tag{10.11}
$$

$$
\boldsymbol{b}^t S_{yy}\boldsymbol{b} = 1 \tag{10.12}
$$

の条件の下で $\boldsymbol{a}^t S_{xy}\boldsymbol{b}$ を最大にする $\boldsymbol{a}, \boldsymbol{b}$ がもとめる線形変換である．これは (10.11)，(10.12) の制約条件の下で (10.10) の値を最大にする問題であり，ラグランジュの未定乗数法をもちいて $\boldsymbol{a}, \boldsymbol{b}$ をもとめる．λ, τ を未定乗数として

$$
L(\boldsymbol{a}, \boldsymbol{b}, \lambda, \tau) = \boldsymbol{a}^t S_{xy}\boldsymbol{b} - \frac{1}{2}\lambda(\boldsymbol{a}^t S_{xx}\boldsymbol{a} - 1) - \frac{1}{2}\tau(\boldsymbol{b}^t S_{yy}\boldsymbol{b} - 1) \tag{10.13}
$$

とおき，$\boldsymbol{a}, \boldsymbol{b}$ で偏微分して 0 とおく．λ と τ に $\frac{1}{2}$ の係数をつけたのは最終的に係数を 1 にするためである．$p = 2, q = 2$ の場合の各項の偏微分の計算過程を節末に記す．(10.13) の偏微分は

$$
\frac{\partial L}{\partial \boldsymbol{a}} = S_{xy}\boldsymbol{b} - \lambda S_{xx}\boldsymbol{a} \tag{10.14}
$$

$$\frac{\partial L}{\partial \boldsymbol{b}} = S_{yx}\boldsymbol{a} - \tau S_{yy}\boldsymbol{b} \tag{10.15}$$

となる．(10.14)，(10.15) をそれぞれ $\boldsymbol{0}$ とおき (10.14) より

$$S_{xy}\boldsymbol{b} = \lambda S_{xx}\boldsymbol{a} \tag{10.16}$$

両辺に左から $\boldsymbol{a}^t$ をかけると，制約条件から $\boldsymbol{a}^t S_{xx}\boldsymbol{a} = 1$ なので

$$\boldsymbol{a}^t S_{xy}\boldsymbol{b} = \lambda \tag{10.17}$$

(10.15) についても同様に

$$S_{yx}\boldsymbol{a} = \tau S_{yy}\boldsymbol{b} \tag{10.18}$$

両辺に左から $\boldsymbol{b}^t$ をかけ，左辺は

$$\boldsymbol{b}^t S_{yx}\boldsymbol{a} = (\boldsymbol{a}^t S_{xy}\boldsymbol{b})^t \tag{10.19}$$

なので

$$\boldsymbol{a}^t S_{xy}\boldsymbol{b} = \tau \tag{10.20}$$

となり，(10.17)，(10.20) から

$$\lambda = \tau = \boldsymbol{a}^t S_{xy}\boldsymbol{b} \tag{10.21}$$

が得られる．$\boldsymbol{a}^t S_{xx}\boldsymbol{a} = 1$，$\boldsymbol{b}^t S_{yy}\boldsymbol{b} = 1$ の条件下でのラグランジュ乗数がもとめる正準相関係数になっているので，λ について式を考える．

(10.16)，(10.18) をまとめると

$$\begin{bmatrix} \boldsymbol{0} & S_{xy} \\ S_{yx} & \boldsymbol{0} \end{bmatrix} \begin{bmatrix} \boldsymbol{a} \\ \boldsymbol{b} \end{bmatrix} = \lambda \begin{bmatrix} S_{xx} & \boldsymbol{0} \\ \boldsymbol{0} & S_{yy} \end{bmatrix} \begin{bmatrix} \boldsymbol{a} \\ \boldsymbol{b} \end{bmatrix} \tag{10.22}$$

となる．(10.22) は一般化固有値問題であり (節末に通常の固有値問題への解法を示す)，(10.22) の最大固有値 λ_1 を第 1 正準相関係数，λ_1 に対応する固有ベクトル $\boldsymbol{a}_1, \boldsymbol{b}_1$ をそれぞれ A 組と B 組の第 1 正準変数の係数ベクトルとする．第 2 正準変数は第 1 正準変数と無相関の変数を考えて，$(X\boldsymbol{a}_1)^t(X\boldsymbol{a}_2) = (Y\boldsymbol{b}_1)^t(Y\boldsymbol{b}_2) = (X\boldsymbol{a}_1)^t(Y\boldsymbol{b}_2) = (X\boldsymbol{a}_2)^t(Y\boldsymbol{b}_1) = 0$ より

$$\boldsymbol{a}_1^t S_{xx}\boldsymbol{a}_2 = 0 \qquad \boldsymbol{b}_1^t S_{yy}\boldsymbol{b}_2 = 0 \tag{10.23}$$

$$\boldsymbol{a}_1^t S_{xy} \boldsymbol{b}_2 = 0 \qquad \boldsymbol{b}_1^t S_{yx} \boldsymbol{a}_2 = 0 \tag{10.24}$$

の条件を (10.11), (10.12) に加えてラグランジュ未定乗数法をもちいると (10.22) の一般化固有値問題が得られる．したがって (10.22) の λ_2 が第 2 正準相関係数，λ_2 に対応する固有ベクトル $\boldsymbol{a}_2, \boldsymbol{b}_2$ が第 2 正準変数の係数ベクトルになる．

ラグランジュの未定乗数法　$\boldsymbol{a}^t S_{xx} \boldsymbol{a}$, $\boldsymbol{b}^t S_{yy} \boldsymbol{b}$, $\boldsymbol{a}^t S_{xy} \boldsymbol{b}$ の偏微分

$$\frac{\partial}{\partial \boldsymbol{a}} \boldsymbol{a}^t S_{xy} \boldsymbol{b}$$

$S_{xy}\boldsymbol{b}$ は $\boldsymbol{a}$ を含まないので，$\boldsymbol{a}$ で偏微分する場合は定数とみなし，

$S_{xy}\boldsymbol{b}$ は 2 行 1 列なので $\begin{bmatrix} B_1 \\ B_2 \end{bmatrix}$ とおく．(B_1, B_2 はスカラー)

$$\frac{\partial}{\partial \boldsymbol{a}} \boldsymbol{a}^t \begin{bmatrix} B_1 \\ B_2 \end{bmatrix} = \begin{bmatrix} \dfrac{\partial}{\partial a_1}(a_1 B_1 + a_2 B_2) \\ \dfrac{\partial}{\partial a_2}(a_1 B_1 + a_2 B_2) \end{bmatrix} = \begin{bmatrix} B_1 \\ B_2 \end{bmatrix} = S_{xy} \boldsymbol{b}$$

$$\frac{\partial}{\partial \boldsymbol{b}} \boldsymbol{a}^t S_{xy} \boldsymbol{b}$$

$\boldsymbol{a}$ で偏微分した場合と同様，$\boldsymbol{a}^t S_{xy}$ を定数とみなして 1 行 2 列のベクトル $[A_1 \ A_2]$ とおき

$$\frac{\partial}{\partial \boldsymbol{b}} \boldsymbol{a}^t S_{xy} \boldsymbol{b} = \begin{bmatrix} A_1 \\ A_2 \end{bmatrix} = (\boldsymbol{a}^t S_{xy})^t = S_{yx} \boldsymbol{a}$$

$$\frac{\partial}{\partial \boldsymbol{a}} \boldsymbol{a}^t S_{xx} \boldsymbol{a}$$

$\boldsymbol{a}^t S_{xx} \boldsymbol{a} = (\boldsymbol{x}_1^t \boldsymbol{x}_1) a_1^2 + (\boldsymbol{x}_2^t \boldsymbol{x}_2) a_2^2 + 2(\boldsymbol{x}_1^t \boldsymbol{x}_2) a_1 a_2$ より

$$\frac{\partial}{\partial a_1} \boldsymbol{a}^t S_{xx} \boldsymbol{a} = 2a_1 \boldsymbol{x}_1^t \boldsymbol{x}_1 + 2a_2 \boldsymbol{x}_1^t \boldsymbol{x}_2$$

$$\frac{\partial}{\partial a_2} \boldsymbol{a}^t S_{xx} \boldsymbol{a} = 2a_2 \boldsymbol{x}_2^t \boldsymbol{x}_2 + 2a_1 \boldsymbol{x}_1^t \boldsymbol{x}_2$$

$$\therefore \frac{\partial}{\partial \boldsymbol{a}} \boldsymbol{a}^t S_{xx} \boldsymbol{a} = 2 \begin{bmatrix} \boldsymbol{x}_1^t \boldsymbol{x}_1 & \boldsymbol{x}_1^t \boldsymbol{x}_2 \\ \boldsymbol{x}_1^t \boldsymbol{x}_2 & \boldsymbol{x}_2^t \boldsymbol{x}_2 \end{bmatrix} \begin{bmatrix} a_1 \\ a_2 \end{bmatrix}$$

$$= 2 S_{xx} \boldsymbol{a}$$

$$\therefore \frac{\partial}{\partial \boldsymbol{a}} \frac{\lambda}{2} (\boldsymbol{a}^t S_{xx} \boldsymbol{a} - 1) = \lambda S_{xx} \boldsymbol{a}$$

$$\frac{\partial}{\partial \boldsymbol{b}} \boldsymbol{b}^t S_{yy} \boldsymbol{b}$$

$\boldsymbol{a}^t S_{xx} \boldsymbol{a}$の場合と同様に計算して

$$\frac{\partial}{\partial \boldsymbol{b}} \boldsymbol{b}^t S_{yy} \boldsymbol{b} = 2 S_{yy} \boldsymbol{b}$$

$$\therefore \frac{\partial}{\partial \boldsymbol{b}} \frac{\tau}{2} (\boldsymbol{b}^t S_{yy} \boldsymbol{b} - 1) = \tau S_{yy} \boldsymbol{b}$$

一般化固有値問題から通常の固有値問題へ

(10.16)，(10.18) を $\boldsymbol{A}$ についての方程式にするため，$\boldsymbol{b}$ を消去する．

$$S_{xy} \boldsymbol{b} - \lambda S_{xx} \boldsymbol{a} = \boldsymbol{0} \tag{10.16'}$$

$$S_{yx} \boldsymbol{a} - \lambda S_{yy} \boldsymbol{b} = \boldsymbol{0} \tag{10.18'}$$

とし，(10.16') に λ をかけ，(10.18') に左から $S_{xy} S_{yy}^{-1}$ をかける．この 2 つをたすと

$$S_{xy} S_{yy}^{-1} S_{yx} \boldsymbol{a} - \lambda^2 S_{xx} \boldsymbol{a} = \boldsymbol{0}$$

となる．これに左から S_{xx}^{-1} をかけると

$$S_{xx}^{-1} S_{xy} S_{yy}^{-1} S_{yx} \boldsymbol{a} = \lambda^2 \boldsymbol{a}$$

となり，固有ベクトル $\boldsymbol{a}$ についての通常の固有値問題が得られる．$\boldsymbol{b}$ についても同様にして

$$S_{yy}^{-1} S_{yx} S_{xx}^{-1} S_{xy} \boldsymbol{b} = \lambda^2 \boldsymbol{b}$$

が得られる．

10.2　正準変数

正準変数はデータベクトルの一次結合でつくられるベクトルで，A 組の正準変数を $\boldsymbol{f}$，B 組の正準変数を $\boldsymbol{g}$ とする．((10.4),(10.5))　(10.22) の固有値 λ_1

に対応する固有ベクトル $\boldsymbol{a}_1, \boldsymbol{b}_1$ を係数として，第1正準変数は

$$\begin{aligned} &A\text{組} \quad \boldsymbol{f}_1 = X\boldsymbol{a}_1 = a_{11}\boldsymbol{x}_1 + \cdots + a_{p1}\boldsymbol{x}_p \\ &B\text{組} \quad \boldsymbol{g}_1 = Y\boldsymbol{b}_1 = b_{11}\boldsymbol{y}_1 + \cdots + b_{q1}\boldsymbol{y}_q \end{aligned} \tag{10.25}$$

となる．この $\boldsymbol{f}_1$ と $\boldsymbol{g}_1$ が A 組と B 組のそれぞれのデータの線形結合の中で相関が最大となるものであり，2つの組に共通して含まれる成分とみなされる．

第2正準変数は (10.22) の2番目に大きい固有値 λ_2 が第2正準相関係数になり，対応する固有ベクトル $\boldsymbol{a}_2, \boldsymbol{b}_2$ により第2正準変数

$$\begin{aligned} &A\text{組} \quad \boldsymbol{f}_2 = X\boldsymbol{a}_2 = a_{12}\boldsymbol{x}_1 + \cdots + a_{p2}\boldsymbol{x}_p \\ &B\text{組} \quad \boldsymbol{g}_2 = Y\boldsymbol{b}_2 = b_{12}\boldsymbol{y}_1 + \cdots + b_{q2}\boldsymbol{y}_q \end{aligned} \tag{10.26}$$

がもとめられる．以降，第1正準変数，第2正準変数の両方と無相関になる第3正準変数は固有値 λ_3 に対応する固有ベクトル $\boldsymbol{a}_3, \boldsymbol{b}_3$ により $\boldsymbol{f}_3 = X\boldsymbol{a}_3, \boldsymbol{g}_3 = Y\boldsymbol{b}_3, \ldots$ と，p と q の小さい方の値までのペアが順次もとめられる．このうち有意な正準相関係数はつぎのカイ二乗検定によりもとめる．

k 番目までの正準相関係数が有意であるとき，$k+1$ 番目の正準相関係数について

$$\chi_k^2 = -\{n - (p+q+3)/2\} \log \left\{ \prod_{j=k+1}^{m} (1 - \lambda_j^2) \right\}$$

ただし$m = \mathrm{rank}(X^t Y)$

λ_jは (10.22) の j 番目の固有値

として$\chi_k^2 \geq \chi^2\{(p-k)(q-k), \alpha\}$の場合に危険率$\alpha$で$k+1$番目の正準相関係数は有意とする．

$p \leq q$ として正準変数 $\boldsymbol{f}_1, \ldots, \boldsymbol{f}_p, \boldsymbol{g}_1, \ldots, \boldsymbol{g}_p$ は，おなじ次元の $\boldsymbol{f}$ と $\boldsymbol{g}$ は相関があり，かつ他の次元の正準変数とは無相関になるようにしてもとめる．おなじ組の正準変数については10.1節から

$$\boldsymbol{a}_i^t S_{xx} \boldsymbol{a}_i = 1 \tag{10.11}$$

$$\boldsymbol{b}_i^t S_{yy} \boldsymbol{b}_i = 1 \tag{10.12}$$

$$\boldsymbol{a}_i^t S_{xx} \boldsymbol{a}_j = 0 \qquad \boldsymbol{b}_i^t S_{yy} \boldsymbol{b}_j = 0 \qquad (i \neq j) \tag{10.23}$$

また異なる組の正準変数についてはラグランジュ未定乗数法の解

$$\boldsymbol{a}_i^t S_{xy} \boldsymbol{b}_i = \lambda_i \tag{10.17}$$

および

$$\boldsymbol{a}_i^t S_{xy} \boldsymbol{b}_j = 0 \qquad (i \neq j) \tag{10.24}$$

であった．これらは係数および λ を行列にまとめて

$$A = \begin{bmatrix} \boldsymbol{a}_1, & \cdots & ,\boldsymbol{a}_p \end{bmatrix} \qquad B = \begin{bmatrix} \boldsymbol{b}_1, & \cdots & ,\boldsymbol{b}_p \end{bmatrix} \qquad \Lambda = \begin{bmatrix} \lambda_1 & & O \\ & \ddots & \\ O & & \lambda_p \end{bmatrix}$$

と置き

$$A^t S_{xx} A = I_p, \qquad B^t S_{yy} B = I_p \tag{10.27}$$

$$A^t S_{xy} B = \Lambda \tag{10.28}$$

と表される．一方，これを $\boldsymbol{f}_i = X\boldsymbol{a}_i, \boldsymbol{g}_i = Y\boldsymbol{b}_i$ をもちいて表すと，

$$\boldsymbol{f}_i^t \boldsymbol{f}_i = \boldsymbol{a}_i^t X^t X \boldsymbol{a}_i = n\boldsymbol{a}_i^t S_{xx} \boldsymbol{a}_i = n$$

$$\boldsymbol{f}_i^t \boldsymbol{g}_i = \boldsymbol{a}_i^t X^t Y \boldsymbol{b}_i = n\lambda_i$$

であり，行列で表すと

$$A^t X^t X A = nI_p, \qquad B^t Y^t Y B = nI_p, \qquad A^t X^t Y B = n\Lambda \tag{10.29}$$

となるが，以降は (10.27)，(10.28) をもちいて考える．[1)]

10.3　特異値分解

　正準相関係数

$$r_{fg} = \frac{\boldsymbol{a}^t S_{xy} \boldsymbol{b}}{\sqrt{\boldsymbol{a}^t S_{xx} \boldsymbol{a}}\sqrt{\boldsymbol{b}^t S_{yy} \boldsymbol{b}}} \tag{10.10}$$

[1)] $S_{xx} = \frac{1}{n} X^t X = (X/\sqrt{n})^t (X/\sqrt{n})$ より (10.27)，(10.28) と (10.29) は基底の長さが異なることになる．[2]I4.4 節参照.

を最大にする $\boldsymbol{f} = X\boldsymbol{a}$ と $\boldsymbol{g} = Y\boldsymbol{b}$ の係数 $\boldsymbol{a}, \boldsymbol{b}$ は

$$\boldsymbol{a}^t S_{xx} \boldsymbol{a} = 1 \tag{10.11}$$

$$\boldsymbol{b}^t S_{yy} \boldsymbol{b} = 1 \tag{10.12}$$

の制約の下でラグランジュ未定乗数法により，(10.22) から得られる固有ベクトルとしてもとめられた．10.3 節ではこの係数 $\boldsymbol{a}, \boldsymbol{b}$ を特異値分解によりもとめる．

(10.10) の分子 $\boldsymbol{a}^t S_{xy} \boldsymbol{b}$ は S_{xy} を係数行列とする $\boldsymbol{a}$ と $\boldsymbol{b}$ の双一次形式である．二次形式は双一次形式において 2 つの変数ベクトルがおなじ変数の場合で，双一次形式の特別なケースとみなせる．以降，(10.10)，(10.11)，(10.12) を行列で表して，$A^t S_{xx} A = I_p$，$B^t S_{yy} B = I_p$ の制約の下で $A^t S_{xy} B$ を最大にする A, B をもとめる．

双一次形式の最大値については，ten Berge によりつぎのことが示されている [3].　いま双一次形式のトレース

$$g(X) = \mathrm{tr}(X_1^t Z X_2) \tag{10.30}$$

を考え，X_1, X_2 はそれぞれ長さが 1 でたがいに直交する r 本の列ベクトルをもつとする．すなわち $X_1^t X_1 = X_2^t X_2 = I_r$．$X_1, X_2$ は正方行列ではないので 2 章で定義した直交行列ではなく，列直交行列とよばれる．係数行列 Z の特異値分解を

$$Z = U \varSigma V^t \tag{10.31}$$

$$U, V\text{は直交行列}, \varSigma\text{は対角行列}$$

として，U_r を U の第 1 列から第 r 列を列とする行列，V_r を V の第 1 列から第 r 列を列とする行列とする．$g(X)$ の上限は (10.30) の X_1 を U_r，X_2 を V_r としたときに得られ[2)]，その値は Z の第 $1, \ldots,$ 第 r 特異値の和 $\mathrm{tr}\, \varSigma_r$ になる．

$$\begin{aligned} g(X) &\leq \mathrm{tr}(U_r^t Z V_r) \\ \mathrm{tr}(U_r^t Z V_r) &= \mathrm{tr}\, \varSigma_r \end{aligned} \tag{10.32}$$

[2)] ten Berge (1993) では (10.32) は任意の直交行列 N により $X_1 = U_r N, X_2 = V_r N$ とされており，回転により一意には定まらないが，以下の展開では $N = I_r$ と固定して進める．(現代統計学 2017 日本評論社 5.1 節)

正準相関分析は

$$A^t S_{xx} A = I_p, \qquad B^t S_{yy} B = I_p \tag{10.27}$$

の制約の下で $A^t S_{xy} B$ を最大にする A, B をもとめる．(10.30) の変数行列は (列) 直交行列になっていなければならないが，A, B についての条件は (10.27) のみであり A, B は直交行列ではない．しかし (10.27) は右辺がともに I_p なので，左辺をおなじ行列の積で表すことができれば直交行列が得られる．$A^t S_{xx} A$ において S_{xx} は対称行列で，S_{xx} の固有値 $\lambda_1, \dots, \lambda_p$ に対応する正規化固有ベクトルを列ベクトルとする行列を P とすると P は直交行列で，S_{xx} は P により

$$P^t S_{xx} P = \Lambda \tag{10.33}$$

と対角化される．Λ は $\lambda_1, \dots, \lambda_p$ を要素とする対角行列である．(10.33) から S_{xx} は

$$S_{xx} = P \Lambda P^t \tag{10.34}$$

と表される．7.8 節から S_{xx} は正定値行列で $\lambda_i > 0$ なので，$\sqrt{\lambda_1}, \dots, \sqrt{\lambda_p}$ を要素とする対角行列を $\Lambda^{\frac{1}{2}}$ として Λ は $\Lambda = \Lambda^{\frac{1}{2}} \Lambda^{\frac{1}{2}}$ と書けて

$$S_{xx} = P \Lambda^{\frac{1}{2}} \Lambda^{\frac{1}{2}} P^t \tag{10.35}$$

である．P は直交行列で $P^t P = I_p$ なので (10.35) は

$$S_{xx} = P \Lambda^{\frac{1}{2}} P^t P \Lambda^{\frac{1}{2}} P^t \tag{10.36}$$

と表せ [4]，$P \Lambda^{\frac{1}{2}} P^t$ を $S_{xx}^{\frac{1}{2}}$ とおくと (節末に注)，(10.36) は

$$S_{xx} = S_{xx}^{\frac{1}{2}} S_{xx}^{\frac{1}{2}} \tag{10.37}$$

となる．$(P \Lambda^{\frac{1}{2}} P^t)^t = P \Lambda^{\frac{1}{2}} P^t$ より $S_{xx}^{\frac{1}{2}}$ は対称行列で，(10.27) は

$$\begin{aligned} A^t S_{xx} A &= A^t S_{xx}^{\frac{1}{2}} S_{xx}^{\frac{1}{2}} A \\ &= (S_{xx}^{\frac{1}{2}} A)^t (S_{xx}^{\frac{1}{2}} A) \end{aligned} \tag{10.38}$$

となり，これが I_p に等しいので $S_{xx}^{\frac{1}{2}}A$ は直交行列である．同様にして $S_{yy}^{\frac{1}{2}}B$ も直交行列になっている．そこで (10.30) の列直交行列 X_1, X_2 を $S_{xx}^{\frac{1}{2}}A$，$S_{yy}^{\frac{1}{2}}B$ に置き換え，式全体を正準相関係数 $A^tS_{xy}B$ に対応させるために (10.30) の係数行列 Z をいったん S_{xy} と置くと

$$(S_{xx}^{\frac{1}{2}}A)^tS_{xy}S_{yy}^{\frac{1}{2}}B = A^tS_{xx}^{\frac{1}{2}}S_{xy}S_{yy}^{\frac{1}{2}}B \tag{10.39}$$

となる．$A^tS_{xy}B$ に等しくなるように (10.39) に $S_{xx}^{-\frac{1}{2}}$, $S_{yy}^{-\frac{1}{2}}$ を掛けるが, (10.30) では (列) 直交行列の転置・係数行列・(列) 直交行列の順に並んでおり，また S_{xy} は $p \times q$ 行列なので $S_{xx}^{-\frac{1}{2}}$ と $S_{yy}^{-\frac{1}{2}}$ は

$$A^tS_{xy}B = A^tS_{xx}^{\frac{1}{2}}S_{xx}^{-\frac{1}{2}}S_{xy}S_{yy}^{-\frac{1}{2}}S_{yy}^{\frac{1}{2}}B \tag{10.40}$$

のように掛けられ，その結果 $S_{xx}^{-\frac{1}{2}}S_{xy}S_{yy}^{-\frac{1}{2}}$ が双一次形式の係数行列になる．$S_{xx}^{-\frac{1}{2}}S_{xy}S_{yy}^{-\frac{1}{2}}$ は，X と Y がそれぞれ 1 本のベクトル $\boldsymbol{x}, \boldsymbol{y}$ の場合は

$$r_{xy} = \frac{s_{xy}}{\sqrt{s_{xx}}\sqrt{s_{yy}}} \tag{7.37}$$

となり，一般的な 2 変数での相関係数になる．

$S_{xx}^{-\frac{1}{2}}S_{xy}S_{yy}^{-\frac{1}{2}}$ の特異値分解を

$$S_{xx}^{-\frac{1}{2}}S_{xy}S_{yy}^{-\frac{1}{2}} = U\Sigma V^t \tag{10.41}$$

とすると (10.32) から最大となる $A^tS_{xx}^{\frac{1}{2}}S_{xx}^{-\frac{1}{2}}S_{xy}S_{yy}^{-\frac{1}{2}}S_{yy}^{\frac{1}{2}}B$ においては $A^tS_{xx}^{\frac{1}{2}}$ が U_r^t に，$S_{yy}^{\frac{1}{2}}B$ が V_r に相当するので

$$U_r = \begin{bmatrix}\boldsymbol{u}_1, & \cdots & ,\boldsymbol{u}_r\end{bmatrix} \qquad V_r = \begin{bmatrix}\boldsymbol{v}_1, & \cdots & ,\boldsymbol{v}_r\end{bmatrix}$$

係数行列の	係数行列の
左特異ベクトル	右特異ベクトル

として

$$S_{xx}^{\frac{1}{2}}\boldsymbol{a}_1 = \boldsymbol{u}_1, \dots, S_{xx}^{\frac{1}{2}}\boldsymbol{a}_r = \boldsymbol{u}_r \tag{10.42}$$

$$S_{yy}^{\frac{1}{2}}\boldsymbol{b}_1 = \boldsymbol{v}_1, \dots, S_{yy}^{\frac{1}{2}}\boldsymbol{b}_r = \boldsymbol{v}_r \tag{10.43}$$

より

$$\boldsymbol{a}_1 = S_{xx}^{-\frac{1}{2}}\boldsymbol{u}_1, \dots, \boldsymbol{a}_r = S_{xx}^{-\frac{1}{2}}\boldsymbol{u}_r \tag{10.44}$$

$$\boldsymbol{b}_1 = S_{yy}^{-\frac{1}{2}}\boldsymbol{v}_1, \dots, \boldsymbol{b}_r = S_{yy}^{-\frac{1}{2}}\boldsymbol{v}_r \tag{10.45}$$

が得られ，$\boldsymbol{a}_1, \boldsymbol{b}_1$ が最大の正準相関係数を与えるための $\boldsymbol{x}_1, \dots, \boldsymbol{x}_p, \boldsymbol{y}_1, \dots, \boldsymbol{y}_q$ の線形変換，すなわち $\boldsymbol{x}_1, \dots, \boldsymbol{x}_p, \boldsymbol{y}_1, \dots, \boldsymbol{y}_q$ の係数ベクトルである．正準相関係数は (10.41) の Σ により $\lambda_1 = \sigma_1, \dots, \lambda_r = \sigma_r$ として得られ，最大の正準相関係数は $\lambda_1 = \sigma_1$ である．またこのとき

$$\begin{aligned}\boldsymbol{a}_i^t S_{xx}\boldsymbol{a}_i &= (S_{xx}^{-\frac{1}{2}}\boldsymbol{u}_i)^t S_{xx}(S_{xx}^{-\frac{1}{2}}\boldsymbol{u}_i)\\ &= \boldsymbol{u}_i^t S_{xx}^{-\frac{1}{2}} S_{xx} S_{xx}^{-\frac{1}{2}}\boldsymbol{u}_i\\ &= \boldsymbol{u}_i^t\boldsymbol{u}_i = 1\end{aligned}$$

同様に

$$\boldsymbol{b}_i^t S_{yy}\boldsymbol{b}_i = \boldsymbol{v}_i^t\boldsymbol{v}_i = 1$$

となり，(10.11)，(10.12) が成り立つ．このとき正準相関係数は

$$\begin{aligned}\boldsymbol{a}_i^t S_{xy}\boldsymbol{b}_i &= (S_{xx}^{-\frac{1}{2}}\boldsymbol{u}_i)^t S_{xy}(S_{yy}^{-\frac{1}{2}}\boldsymbol{v}_i)\\ &= \boldsymbol{u}_i^t S_{xx}^{-\frac{1}{2}} S_{xy} S_{yy}^{-\frac{1}{2}}\boldsymbol{v}_i\end{aligned}$$

であり，$S_{xx}^{-\frac{1}{2}} S_{xy} S_{yy}^{-\frac{1}{2}}$ の特異値分解により $\boldsymbol{u}_i, \boldsymbol{v}_i$ に対して

$$\begin{aligned}\boldsymbol{a}_i^t S_{xy}\boldsymbol{b}_i &= \boldsymbol{u}_i^t U\Sigma V^t\boldsymbol{v}_i\\ &= \lambda_i\end{aligned}$$

となる．

注) 平方根行列について

正定値対称行列 A が

$A = A^{\frac{1}{2}}A^{\frac{1}{2}}$

と表されるとき，$A^{\frac{1}{2}}$ を A の平方根行列という．A の正規化固有ベクトルを列ベクトルとする行列をPとして A は

$$A = P\Lambda P^t$$

と表されるが，A の平方根行列は

$$A^{\frac{1}{2}} = P\Lambda^{\frac{1}{2}}P^t$$

によりもとめられる [2].

10.4　正準変数の位置関係と回帰分析

10.4 節では A 組，B 組それぞれのデータベクトルにより張られる 2 つの部分空間の中で，第 1 正準変数 $\boldsymbol{f}_1$ と $\boldsymbol{g}_1$ の位置関係を考える．さらに重回帰分析の一般化として正準相関分析を考える．

正準相関係数を最大にする $\boldsymbol{a}_1$ と $\boldsymbol{b}_1$ は，ラグランジュ未定乗数法により

$$S_{xy}\boldsymbol{b}_1 = \lambda_1 S_{xx}\boldsymbol{a}_1 \tag{10.16'}$$

$$S_{yx}\boldsymbol{a}_1 = \tau_1 S_{yy}\boldsymbol{b}_1 \tag{10.18'}$$

を満たすものであった．(10.16’)，(10.18’) は行列の積で表すと，$\frac{1}{n}$ は両辺で相殺され，また $\tau_1 = \lambda_1$ なので

$$X^tY\boldsymbol{b}_1 = \lambda_1 X^tX\boldsymbol{a}_1 \tag{10.46}$$

$$Y^tX\boldsymbol{a}_1 = \lambda_1 Y^tY\boldsymbol{b}_1 \tag{10.47}$$

となる．(10.2) の X の列ベクトルで張る空間を $L(X)$，Y の列ベクトルで張る空間を $L(Y)$ とすると，$L(X), L(Y)$ への直交射影行列は

$$P_X = X(X^tX)^{-1}X^t \tag{10.48}$$

$$P_Y = Y(Y^tY)^{-1}Y^t \tag{10.49}$$

である．(10.46) の両辺に左から $X(X^tX)^{-1}$ を掛けると [5]

$$X(X^tX)^{-1}X^tY\boldsymbol{b}_1 = \lambda_1 X\boldsymbol{a}_1 \tag{10.50}$$

$X\boldsymbol{a}_1 = \boldsymbol{f}_1$，$Y\boldsymbol{b}_1 = \boldsymbol{g}_1$ なので (10.50) は

$$P_X\boldsymbol{g}_1 = \lambda_1\boldsymbol{f}_1 \tag{10.51}$$

となる．また (10.47) の両辺に左から $Y(Y^tY)^{-1}$ を掛けると

$$Y(Y^tY)^{-1}Y^tX\boldsymbol{a}_1 = \lambda_1 Y\boldsymbol{b}_1 \tag{10.52}$$

$$P_Y\boldsymbol{f}_1 = \lambda_1\boldsymbol{g}_1 \tag{10.53}$$

となる．(10.51)，(10.53) は，$\boldsymbol{g}_1$ を $L(X)$ へ直交射影したものが，$\boldsymbol{g}_1$ との相関が最大となる $L(X)$ のベクトル $\boldsymbol{f}_1$ の λ_1 倍，$\boldsymbol{f}_1$ を $L(Y)$ へ直交射影したものが $\boldsymbol{f}_1$ との相関が最大となる $L(Y)$ のベクトル $\boldsymbol{g}_1$ の λ_1 倍であり，$\boldsymbol{g}_1$ の $L(X)$ への直交射影は $\boldsymbol{f}_1$ 上に，$\boldsymbol{f}_1$ の $L(Y)$ への直交射影は $\boldsymbol{g}_1$ 上にある．これは $\boldsymbol{f}_1$ と $\boldsymbol{g}_1$ が互いに直交射影の関係にあるということである．このとき $\boldsymbol{f}_1$ と $\boldsymbol{g}_1$ の間の角度は最小になり，$\cos\theta$ すなわち相関係数が最大になる．10.2 節，10.3 節でもとめた相関が最大となる $\boldsymbol{f}_1$ と $\boldsymbol{g}_1$ は，$L(X)$ と $L(Y)$ の間で距離の最も短い 2 本のベクトルになっている．

次に $\boldsymbol{y}_1,\dots,\boldsymbol{y}_q$ の一次結合で表される $\boldsymbol{g}_1$ を，$\boldsymbol{x}_1,\dots,\boldsymbol{x}_p$ の一次結合で推測する．重回帰分析は 1 つの目的変数を複数個の説明変数の一次結合で推測するが，正準相関分析は目的変数も複数個あり，重回帰分析の一般化である．

$\boldsymbol{g}_1$ を $\boldsymbol{x}_1,\dots,\boldsymbol{x}_p$ の一次結合で表すので，$\boldsymbol{g}_1$ を $L(X)$ に射影すると射影されたベクトルは

$$P_X\boldsymbol{g}_1 = \lambda_1\boldsymbol{f}_1 \tag{10.51}$$

であり，$\boldsymbol{g}_1$ の直交射影は $\boldsymbol{f}_1$ に重なる．これは重回帰分析での $\boldsymbol{y}$ の推定空間への正射影

$$\begin{aligned}\hat{\boldsymbol{y}} &= P_X\boldsymbol{y}\\ &= X\hat{\boldsymbol{\beta}}\ ^{3)}\end{aligned} \tag{8A.15}$$

の拡張であり，$\lambda_1\boldsymbol{f}_1 = \lambda_1X\boldsymbol{a}_1$ は $X\hat{\boldsymbol{\beta}}$ に相当する．重回帰分析は正準相関分析において $L(Y)$ が 1 本のベクトル $\boldsymbol{y}$ となっている場合である．

正準相関分析による推定はいろいろな方面でもちいられており，気象予報では，全地球の海面を格子状に分けた過去の海面水温を説明変数とし，平均気

---

3) 8 章 A では推定回帰式は $\hat{\boldsymbol{y}} = X\boldsymbol{b}$ となっているが，10 章の $\boldsymbol{y}_1,\dots,\boldsymbol{y}_q$ の係数 $b_1,\dots,b_q$ との混同を避けるため $\hat{\boldsymbol{\beta}}$ をもちいる．

温，降水量を目的変数として予測式を立てている [6].（実際には予め主成分分析を行い，測定値そのものではなく，主成分をもちいる．）

10.5　正準負荷量，交差負荷量と冗長性

はじめに与えられた A 組の変数 $\boldsymbol{x}_1, \dots, \boldsymbol{x}_p$ と B 組の変数 $\boldsymbol{y}_1, \dots, \boldsymbol{y}_q$ はそれぞれの組の中では無相関ではなかったが，正準変数 $\boldsymbol{f}_1, \dots, \boldsymbol{f}_p$ はたがいに無相関，$\boldsymbol{g}_1, \dots, \boldsymbol{g}_p$ もたがいに無相関になっている．相関があるのは添え字のおなじ $\boldsymbol{f}_1$ と $\boldsymbol{g}_1, \dots, \boldsymbol{f}_p$ と $\boldsymbol{g}_p$ の p 個のペアのみである．

この 2 組において，正準変数とおなじ組の変数との相関係数を正準負荷量，他方の組の変数との相関係数を交差負荷量という．$\boldsymbol{f}_1, \boldsymbol{g}_1$ では

$$\begin{aligned}
&\boldsymbol{f}_1 \text{と} \boldsymbol{x}_1, \dots, \boldsymbol{x}_p \text{との各相関係数} \\
&\qquad \Rightarrow \text{正準負荷量} r(f_1, x_1), \dots, r(f_1, x_p) \\
&\boldsymbol{g}_1 \text{と} \boldsymbol{y}_1, \dots, \boldsymbol{y}_q \text{との各相関係数} \\
&\qquad \Rightarrow \text{正準負荷量} r(g_1, y_1), \dots, r(g_1, y_q) \\
&\boldsymbol{f}_1 \text{と} \boldsymbol{y}_1, \dots, \boldsymbol{y}_q \text{との各相関係数} \\
&\qquad \Rightarrow \text{交差負荷量} r(f_1, y_1), \dots, r(f_1, y_q) \\
&\boldsymbol{g}_1 \text{と} \boldsymbol{x}_1, \dots, \boldsymbol{x}_p \text{との各相関係数} \\
&\qquad \Rightarrow \text{交差負荷量} r(g_1, x_1), \dots, r(g_1, x_p)
\end{aligned}$$

相関係数は 2 本のベクトルのなす角 θ の $\cos\theta$ なので，正準負荷量は正準変数 $\boldsymbol{f}_1$ が $\boldsymbol{x}_i$ によってどのくらい説明されるか，$\boldsymbol{g}_1$ が $\boldsymbol{y}_i$ によってどのくらい説明されるかを示している．

また

$$\begin{aligned}
\mathrm{Re}(Y|X) &= \sum_{j=1}^{q} \frac{R^2_{y_j \cdot X}}{q} \\
\mathrm{Re}(X|Y) &= \sum_{j=1}^{p} \frac{R^2_{x_j \cdot Y}}{p}
\end{aligned}$$

を冗長性係数という．$\mathrm{Re}(Y|X)$ は X を説明変数とし，$\boldsymbol{y}_1, \dots, \boldsymbol{y}_q$ のそれぞれを目的変数としたときの重相関係数の 2 乗平均，$\mathrm{Re}(X|Y)$ は Y を説明変数とし，$\boldsymbol{x}_1, \dots, \boldsymbol{x}_p$ のそれぞれを目的変数としたときの重相関係数の 2 乗平均である

[5]．　冗長性は 2 組のデータに共通に含まれている情報になる．

ここまでデータの値をそのままもちいて分散共分散行列による (10.22) の固有値問題を解き，正準相関係数と正準変数をもとめた．しかし変数の単位が異なるような場合は，(10.1) の平均偏差データを $\sqrt{s_{x_{jj}}}$ や $\sqrt{s_{y_{jj}}}$ で割って標準化し，10.1 節の分散共分散行列の代わりに相関行列をもちいてその固有値，固有ベクトルから正準相関係数，正準変数をもとめる．分散共分散行列の代わりに相関行列をもちいた場合，固有値は変わらないので正準相関係数は変化しない．固有ベクトルは $\sqrt{s_{x_{jj}}}$ 倍，$\sqrt{s_{y_{jj}}}$ 倍になるが，相関行列は X,Y の要素が $\dfrac{1}{\sqrt{s_{x_{jj}}}}$，$\dfrac{1}{\sqrt{s_{y_{jj}}}}$ になっているので，正準変数も変わらない．

参考文献

[1] 赤穂昭太郎，梅山伸二 1999　正準相関分析への独立成分分析の拡張
情報論的学習理論ワークショップ

[2] 竹村彰通，谷口正信 2003
統計科学のフロンティアⅠ 統計学の基礎　岩波書店

[3] J.M.F. ten Berge 1993
Least Squares Optimization In Multivariate Analysis
DSWO Press (Leiden)

[4] 竹内寿一郎　正準相関分析 www.ae.keio.ac.jp/lab/soc/takeuchi
/lectures/6_Cancor.pdf

[5] 柳井晴夫, 高木廣文編著 1986　多変量解析ハンドブック　現代数学社

[6] 気象庁 気候・海洋気象部　2003　配信資料に関する技術情報（気象編）
第124号　―「３カ月予報資料の解説」について―

Chapter 11

対応分析

11.1　行プロファイル，列プロファイル

対応分析は分割表の2つの項目の相関が最大になるようにして2本の軸を定め，それぞれの項目の選択肢をプロットして，各項目内でどの選択肢が近い関係にあるかを調べるものである．2つの項目について，たとえば項目1は年齢「10歳台」，「20歳台」...，項目2は最も好きな主菜「カレー」，...，「焼き魚」などとして，分析の結果，年齢では「40歳台」と「50歳台」が近い位置にあったとすると，この2つの年代の食の好みは似ていると推察される．

年齢＼主菜	カレー	ハンバーグ	…	焼き魚
10～19				
20～29				
⋮				
80～				

対応分析は1960年代にフランスで開発された方法で，プロファイル，質量，慣性など独自の用語が多くある．また内容も一見，10章までの重回帰分析，主成分分析などとは趣が異なるが，数学的には質的変数の正準相関分析に相当する．本書では11.1節から11.3節で対応分析独自の用語，計算方法などを解説し，11.4節で正準相関分析として考える．

2 つの項目について，それぞれ m 個，n 個の選択肢があるとする．N 人を対象にそれぞれの項目で該当する選択肢を 1 つずつ選んでもらい，表 11.1 の分割表が得られたとする．表 11.1 で項目 1 が第 i 選択肢 ($i=1,\dots,m$)，項目 2 が第 j 選択肢 ($j=1,\dots,n$) を選んだ人数 (度数) を f_{ij}，第 i 行の度数 (f_{i1} から f_{in} の和) を $f_{i\cdot}$，第 j 列の度数 (f_{1j} から f_{mj} の和) を $f_{\cdot j}$ とする．

項目	項目 2				
項目 1	選択肢	1	$\cdots$	n	合計 (行計)
	1	f_{11}	$\cdots$	f_{1n}	$f_{1\cdot}$
	$\vdots$	$\vdots$		$\vdots$	$\vdots$
	m	f_{m1}	$\cdots$	f_{mn}	$f_{m\cdot}$
	合計 (列計)	$f_{\cdot 1}$	$\cdots$	$f_{\cdot n}$	N

$$f_{i\cdot}=\sum_j f_{ij} \qquad f_{\cdot j}=\sum_i f_{ij} \qquad N=\sum\sum f_{ij}$$

表 11.1 分割表 (度数表)

表 11.1 の度数表の mn 個の欄をセルといい，各セルの値を総度数 N で割って比率に変換したものが表 11.2 比率表になる．

項目	項目 2				
項目 1	選択肢	1	$\cdots$	n	合計 (行計)
	1	p_{11}	$\cdots$	p_{1n}	$p_{1\cdot}$ (第 1 行の質量)
	$\vdots$	$\vdots$		$\vdots$	$\vdots$
	m	p_{m1}	$\cdots$	p_{mn}	$p_{m\cdot}$ (第 m 行の質量)
	合計 (列計)	$p_{\cdot 1}$ (第 1 列の質量)	$\cdots$	$p_{\cdot n}$ (第 n 列の質量)	1

$$p_{ij}=f_{ij}/N \qquad p_{i\cdot}=\sum_j p_{ij} \qquad p_{\cdot j}=\sum_i p_{ij}$$

表 11.2 分割表 (比率表)

表 11.2 比率表で各行の行計 $p_{1\cdot}, \ldots, p_{m\cdot}$ を行の質量，各列の列計 $p_{\cdot 1}, \ldots, p_{\cdot n}$ を列の質量という．比率表のセルの部分は項目 1 と項目 2 の同時確率分布，行計は項目 1 の周辺確率分布，列計は項目 2 の周辺確率分布である．

<table>
<tr><td>項目</td><td colspan="3">項目 2</td></tr>
<tr><td rowspan="3">項目 1</td><td>選択肢</td><td>$1 \quad \cdots \quad n$</td><td>合計 (行計)</td></tr>
<tr><td>1
$\vdots$
m</td><td>項目 1 と項目 2 の同時確率分布
p_{ij}</td><td>$p_{1\cdot}$
$\vdots$
$p_{m\cdot}$
項目 1 の周辺確率分布</td></tr>
<tr><td>合計 (列計)</td><td>$p_{\cdot 1} \quad \cdots \quad p_{\cdot n}$
項目 2 の周辺確率分布</td><td>1</td></tr>
</table>

表 11.3　比率表と確率分布

また比率表の 1 つの行において n 個の要素を行計で割ったものを行プロファイル，1 つの列において m 個の要素を列計で割ったものを列プロファイルという．行プロファイルは各行における n 個の要素の構成比率，列プロファイルは各列における m 個の要素の構成比率である．

				合計
第 1 行	$p_{11}/p_{1\cdot}$	$\cdots$	$p_{1n}/p_{1\cdot}$	1
$\vdots$	$\vdots$		$\vdots$	$\vdots$
第 m 行	$p_{m1}/p_{m\cdot}$	$\cdots$	$p_{mn}/p_{m\cdot}$	1
行の重心	$p_{\cdot 1}$	$\cdots$	$p_{\cdot n}$	1

表 11.4　行プロファイル

	第 1 列	⋯	第 n 列	列の重心
	$p_{11}/p_{\cdot 1}$	⋯	$p_{1n}/p_{\cdot n}$	$p_{1\cdot}$
	⋮		⋮	⋮
	$p_{m1}/p_{\cdot 1}$	⋯	$p_{mn}/p_{\cdot n}$	$p_{m\cdot}$
合計	1	⋯	1	1

表 11.5　列プロファイル

行の項目と列の項目が独立のとき，比率表の個々のセルの値は周辺確率の積

$$p_{ij} = p_{i\cdot}p_{\cdot j} \tag{7.47}$$

である．このとき行プロファイルの要素 $p_{ij}/p_{i\cdot}$ は

$$\begin{aligned} p_{ij}/p_{\cdot j} &= p_{i\cdot}p_{\cdot j}/p_{i\cdot} \\ &= p_{\cdot j} \end{aligned} \tag{11.1}$$

列プロファイルの要素は

$$\begin{aligned} p_{ij}/p_{\cdot j} &= p_{i\cdot}p_{\cdot j}/p_{\cdot j} \\ &= p_{i\cdot} \end{aligned} \tag{11.2}$$

となる．したがって行と列が独立の場合，行プロファイルの n 個の要素はどの行でも列計 $p_{\cdot 1}, \dots, p_{\cdot n}$ となり，列プロファイルの m 個の要素はどの列でも行計 $p_{1\cdot}, \dots, p_{m\cdot}$ となる．この行と列が独立の場合の行プロファイルを行の重心，列プロファイルを列の重心という．重心はそれぞれのプロファイルの期待度数である．

11.2　カイ二乗距離

対応分析は主成分分析と同様に，データの分散が最大となる方向，2 番目に分散の大きい方向 ⋯ と順次直交するようにもとめていく．主成分分析などのデータの分散は座標空間内のユークリッド距離で表されるが，対応分析ではカイ二乗距離がもちいられる．理由はカイ二乗分布の再生性である．(7.29) から，自由度 ϕ_1 のカイ二乗分布にしたがう確率変数 X_1 と自由度 ϕ_2 のカイ二乗

分布にしたがう確率変数 X_2 の和は，X_1 と X_2 が独立の場合に自由度 $\phi_1 + \phi_2$ のカイ二乗分布にしたがう．行および列についてカイ二乗距離をもちいると，比率パターンがおなじ行同士を併合して 1 つの行とすることができ，これは結果に影響しない．列についても同様でこれを分布の同等性といい，この性質によって行数，列数の大きな分割表の解析が可能になる．[6][7]

カイ二乗統計量は 7.10 節から

> m 個の項目について観測度数 f_i と期待度数の差の 2 乗を期待度数で割った値の合計は近似的に自由度 $m-1$ のカイ二乗分布にしたがう．
>
> $$\sum \frac{\{f_i - E(f_i)\}^2}{E(f_i)} \sim \chi^2(m-1) \qquad i = 1, \ldots, m \tag{7.71}$$

であり，分割表の期待度数 $E(f_{ij})$ は，2 つの項目が独立の場合の各セルの度数である．比率表で 1 つの行についてのカイ二乗統計量は，(7.71) の観測度数を第 i 行の行プロファイル $p_{ij}/p_{i\cdot}$ とし，期待度数は (11.1) から行と列が独立の場合の行プロファイルの値 $p_{\cdot j}$ として

$$Ch_r^2(i) = \sum_{j=1}^{n} (p_{ij}/p_{i\cdot} - p_{\cdot j})^2 / p_{\cdot j} \tag{11.3}$$

となる．この平方根を第 i 行の行プロファイルから行の重心までのカイ二乗距離とする．列についても 1 つの列についてのカイ二乗統計量は第 j 列の列プロファイルと，(11.2) の期待度数 $p_{i\cdot}$ から

$$Ch_c^2(j) = \sum_{i=1}^{m} (p_{ij}/p_{\cdot j} - p_{i\cdot})^2 / p_{i\cdot} \tag{11.4}$$

となり，この平方根を第 j 列の列プロファイルから列の重心までのカイ二乗距離とする．すなわち 1 つの行の重心までのカイ二乗距離とは (距離という名前はついていても)，その行の n 個の要素のカイ二乗統計量の平方根，1 つの列の重心までのカイ二乗距離とは，その列の m 個の要素のカイ二乗統計量の平方根のことである．

また 2 つの行プロファイルの間のカイ二乗距離は

第 1 行の行プロファイル-第 2 行の行プロファイル間のカイ二乗距離

$$Ch_r(1,2) = \sqrt{\sum_{j=1}^{n}(p_{1j}/p_{1\cdot} - p_{2j}/p_{2\cdot})^2/p_{\cdot j}} \tag{11.5}$$

2 つの列プロファイルの間のカイ二乗距離は

第 3 列の列プロファイル-第 4 列の列プロファイル間のカイ二乗距離

$$Ch_c(3,4) = \sqrt{\sum_{i=1}^{m}(p_{i3}/p_{\cdot 3} - p_{i4}/p_{\cdot 4})^2/p_{i\cdot}} \tag{11.6}$$

となる．ユークリッド距離の場合，n 次元空間中の 2 点間のユークリッド距離は，2 組の n 個の座標 (2 つずつの座標は原点から同じ方向にあるとする) について原点 $(0,\dots,0)$ からの距離の差の 2 乗和の平方根である．2 つの行プロファイルの間のユークリッド距離は，行の重心 $(p_{\cdot 1},\dots,p_{\cdot n})$ からの距離の差の 2 乗和の平方根で

$$\begin{aligned}
&Dr(1,2)\\
&= \sqrt{\{(p_{11}/p_{1\cdot} - p_{\cdot 1}) - (p_{21}/p_{2\cdot} - p_{\cdot 1})\}^2 + \cdots + \{(p_{1n}/p_{1\cdot} - p_{\cdot n}) - (p_{2n}/p_{2\cdot} - p_{\cdot n})\}^2}\\
&= \sqrt{(p_{11}/p_{1\cdot} - p_{21}/p_{2\cdot})^2 + \cdots + (p_{1n}/p_{1\cdot} - p_{2n}/p_{2\cdot})^2}
\end{aligned}$$

となる．(11.5) はこの各項を期待値で割って

$$Ch_r(1,2) = \sqrt{(p_{11}/p_{1\cdot} - p_{21}/p_{2\cdot})^2/p_{\cdot 1} + \cdots + (p_{1n}/p_{1\cdot} - p_{2n}/p_{2\cdot})^2/p_{\cdot n}}$$

カイ二乗距離としたものである．

(11.3) の平方根は 1 つの行プロファイルについての重心までのカイ二乗距離であったが，m 本すべてでの行プロファイルから重心までのカイ二乗距離は単純な合計ではなく，行の重みを付けたカイ二乗統計量の和の平方根，すなわち

$$Chr = \sqrt{\sum_{i=1}^{m}\left[\left\{\sum_{j=1}^{n}(p_{ij}/p_{i\cdot} - p_{\cdot j})^2/p_{\cdot j}\right\}p_{i\cdot}\right]} \tag{11.7}$$

として定義される．また n 本の列プロファイルすべてでの列プロファイルから重心までのカイ二乗距離も，列の重みを付けたカイ二乗統計量の和の平方根

$$Chc = \sqrt{\sum_{j=1}^{n}\left[\left\{\sum_{i=1}^{m}(p_{ij}/p_{\cdot j} - p_{i\cdot})^2/p_{i\cdot}\right\}p_{\cdot j}\right]} \tag{11.8}$$

と定義される．((11.7)，(11.8) については 11.3 節，11.6 節参照)

11.3　対応分析の分散

対応分析は比率表の分散の大きい方向に軸を取って項目の選択肢をプロットする．11.3 節では比率表のカイ二乗統計量により対応分析の分散を定義する．7.10 節から分割表 (度数表) において，各セルの度数の期待度数からの差の 2 乗を期待度数で割ったものの合計

$$\chi^2 = \sum_{i=1}^{m}\sum_{j=1}^{n}\frac{\{f_{ij} - E(f_{ij})\}^2}{E(f_{ij})} \tag{7.75}$$

は，自由度 $(m-1)(n-1)$ のカイ二乗分布に近似的にしたがう．f_{ij} の期待度数は 2 つの項目が独立の場合の $Np_{ij} = Np_{i\cdot}p_{\cdot j}$ であり，$p_{i\cdot} = f_{i\cdot}/N$，$p_{\cdot j} = f_{\cdot j}/N$ から

$$E(f_{ij}) = \frac{f_{i\cdot}f_{\cdot j}}{N}$$

よりカイ二乗近似 (7.75) は

$$\chi^2 = \sum_{i=1}^{m}\sum_{j=1}^{n}\frac{(f_{ij} - f_{i\cdot}f_{\cdot j}/N)^2}{f_{i\cdot}f_{\cdot j}/N} \tag{11.9}$$

となる．(11.9) はピアソンのカイ二乗統計量とよばれる，独立性の検定のカイ二乗統計量である．(11.9) は度数を比率に置き換えると

$$\chi^2 = \sum_{i=1}^{m}\sum_{j=1}^{n}\frac{N(p_{ij} - p_{i\cdot}p_{\cdot j})^2}{p_{i\cdot}p_{\cdot j}} \tag{11.10}$$

となり，度数表のカイ二乗近似を比率で表した場合，(11.10) が近似的にカイ二乗分布にしたがう．

これに対して，はじめから比率データで考えた場合はカイ二乗近似は (11.10) には一致しない．2 つの項目が独立のとき比率表の各セルは

$$p_{ij} = p_{i\cdot}p_{\cdot j} \tag{7.47}$$

なので

$$Ch^2 = \sum_{i=1}^{m}\sum_{j=1}^{n}\frac{(p_{ij}-p_{i\cdot}p_{\cdot j})^2}{p_{i\cdot}p_{\cdot j}} \tag{11.11}$$

が比率を要素とした場合のカイ二乗統計量であり，ピアソンのカイ二乗統計量の $\frac{1}{N}$ になっている．ピアソンのカイ二乗統計量を χ^2 で表して，比率表のカイ二乗統計量は

$$\sum_{i=1}^{m}\sum_{j=1}^{n}\frac{(p_{ij}-p_{i\cdot}p_{\cdot j})^2}{p_{i\cdot}p_{\cdot j}} = \frac{\chi^2}{N} \tag{11.12}$$

となる．

(11.11) は比率表全体のカイ二乗統計量であるが，行の方向に考えた場合，m 本の行プロファイルについて行の重みを付けたカイ二乗統計量は (11.7) から

$$Chr^2 = \sum_{i=1}^{m}\left[\left\{\sum_{j=1}^{n}(p_{ij}/p_{i\cdot}-p_{\cdot j})^2/p_{\cdot j}\right\}p_{i\cdot}\right] \tag{11.7'}$$

であり，(11.7') を変形すると (11.11) が得られる．このことからわかるように，行プロファイルの重心からのカイ二乗距離でそれぞれ行の重みを付けるのは，この m 本の合計の 2 乗が (11.11) のカイ二乗統計量に等しくなるようにするためである．列の方向に考えた場合も同様にそれぞれ列の重みを付けると

$$Chc^2 = \sum_{j=1}^{n}\left[\left\{\sum_{i=1}^{m}(p_{ij}/p_{\cdot j}-p_{i\cdot})^2/p_{i\cdot}\right\}p_{\cdot j}\right] \tag{11.8'}$$

(11.8') を変形して (11.11) が得られる．以上から比率表のカイ二乗統計量は (11.11)，(11.7')，(11.8') の 3 つの式で表され，それらは独立性の検定のピアソンのカイ二乗統計量の $\frac{1}{N}$ に等しい．比率表のカイ二乗統計量を慣性 Φ^2 といい，対応分析における分散を Φ^2 で定義する．

$$\begin{aligned}
\Phi^2 = \frac{\chi^2}{N} &= \sum_{i=1}^{m}\sum_{j=1}^{n}\frac{(p_{ij}-p_{i\cdot}p_{\cdot j})^2}{p_{i\cdot}p_{j}} && (11.12)\\
&= \sum_{i=1}^{m}\left[\left\{\sum_{j=1}^{n}(p_{ij}/p_{i\cdot}-p_{\cdot j})^2/p_{\cdot j}\right\}p_{i\cdot}\right] && (11.7')\\
&= \sum_{j=1}^{n}\left[\left\{\sum_{i=1}^{m}(p_{ij}/p_{\cdot j}-p_{i\cdot})^2/p_{i\cdot}\right\}p_{\cdot j}\right] && (11.8')
\end{aligned}$$

つぎに Φ^2 を行列で表して比率表における分散共分散行列をもとめる．

$$\Phi^2 = \sum_{i=1}^{m}\sum_{j=1}^{n}\frac{(p_{ij}-p_{i\cdot}p_{\cdot j})^2}{p_{i\cdot}p_{\cdot j}} \tag{11.12}$$

は mn 個の

$$\frac{p_{ij}-p_{i\cdot}p_{\cdot j}}{\sqrt{p_{i\cdot}p_{\cdot j}}} \tag{11.13}$$

の 2 乗和である．2.7 節から $m\times n$ 行列 A の要素を a_{ij} $(i=1,\dots,m,\ j=1,\dots,n)$ とするとき

$$\begin{aligned}\mathrm{tr}(AA^t) &= \mathrm{tr}(A^tA)\\ &= \sum\sum a_{ij}^2\end{aligned} \tag{2.18}$$

であり，1 つの行列の要素の 2 乗和はその行列と転置行列との積のトレースとして得られる．したがって比率表の各セルにおける (11.13) を要素とする $m\times n$ 行列を Z とすると

$$Z = \begin{bmatrix}(p_{11}-p_{1\cdot}p_{\cdot 1})/\sqrt{p_{1\cdot}p_{\cdot 1}} & \cdots & (p_{1n}-p_{1\cdot}p_{\cdot n})/\sqrt{p_{1\cdot}p_{\cdot n}}\\ \vdots & & \vdots\\ (p_{m1}-p_{m\cdot}p_{\cdot 1})/\sqrt{p_{m\cdot}p_{\cdot 1}} & \cdots & (p_{mn}-p_{m\cdot}p_{\cdot n})/\sqrt{p_{m\cdot}p_{\cdot n}}\end{bmatrix} \tag{11.14}$$

Z 同士の積 ZZ^t，Z^tZ について (2.18) から

$$\begin{aligned}\mathrm{tr}(ZZ^t) &= \mathrm{tr}(Z^tZ)\\ &= \sum\sum\frac{(p_{ij}-p_{i\cdot}p_{\cdot j})^2}{p_{i\cdot}p_{\cdot j}}\\ &= \Phi^2\end{aligned} \tag{11.15}$$

となり，慣性 Φ^2 は ZZ^t および Z^tZ のトレースで表される．Z の行ベクトルを $\boldsymbol{z}^{(1)},\dots,\boldsymbol{z}^{(m)}$，列ベクトルを $\boldsymbol{z}_1,\dots,\boldsymbol{z}_n$ としてそれぞれのトレースは

$$\mathrm{tr}(ZZ^t) = \boldsymbol{z}^{(1)}{\boldsymbol{z}^{(1)}}^t + \cdots + \boldsymbol{z}^{(m)}{\boldsymbol{z}^{(m)}}^t \tag{11.16}$$

$$\mathrm{tr}(Z^tZ) = {\boldsymbol{z}_1}^t\boldsymbol{z}_1 + \cdots + {\boldsymbol{z}_n}^t\boldsymbol{z}_n \tag{11.17}$$

となる．(11.16) は行についてのカイ二乗統計量[1]，(11.17) は列についてのカイ二乗統計量であり，その値は等しく，ともに比率表全体のカイ二乗統計量である．ZZ^t の m^2 個の要素は Z の m 本の行ベクトル同士の内積，Z^tZ の n^2 個の要素は Z の n 本の列ベクトル同士の内積なので，ZZ^t は項目 1 の平方和積和行列 (分散共分散行列の n 倍)，Z^tZ は項目 2 の平方和積和行列 (分散共分散行列の m 倍) とみなすことができる．

＊＊＊＊＊＊＊＊＊＊＊　11.3 節までのまとめ　＊＊＊＊＊＊＊＊＊＊＊

比率表全体のカイ二乗統計量を慣性 Φ^2 といい，比率表の分散と定義する．慣性は各セルについての $(p_{ij} - p_{i\cdot}p_{\cdot j})/\sqrt{p_{i\cdot}p_{\cdot j}}$ の 2 乗和でもとめられ，$(p_{ij} - p_{i\cdot}p_{\cdot j})/\sqrt{p_{i\cdot}p_{\cdot j}}$ を要素とする $m \times n$ 行列を Z として，$\mathrm{tr}(ZZ^t), \mathrm{tr}(Z^tZ)$ に等しい．$\mathrm{tr}(ZZ^t)$ は行についてのカイ二乗統計量，$\mathrm{tr}(Z^tZ)$ は列についてのカイ二乗統計量である．カイ二乗統計量の平方根をカイ二乗距離とし，行，列それぞれで選択肢間の遠近をカイ二乗距離をもちいて表す．

11.4　正準相関分析

11.4 節では分割表 (比率表) の行と列を，正準相関分析における 2 組の変数群として固有値問題を解く．さらに特異値分解により，慣性 Φ^2 すなわち比率表のカイ二乗統計量の性質が明らかになる．

いま N 人を対象に 2 つの項目について質問し，それぞれの項目の選択肢の中から 1 つずつを選んでもらったとする．項目 1 の選択肢が m 個，項目 2 の選択肢が n 個の場合，選ばれた選択肢に 1，他の選択肢に 0 を付けると，得られた結果は表 11.6 のように表される．選択肢ごとの N 人分の数値を項目 1 では選択肢ベクトル $\boldsymbol{x}_1, \ldots, \boldsymbol{x}_m$，項目 2 では $\boldsymbol{y}_1, \ldots, \boldsymbol{y}_n$ とする．

---

[1] (11.14) の行列 Z の第 1 行について

$$\boldsymbol{z}^{(1)}\boldsymbol{z}^{(1)t} = \sum_{j=1}^{n} \frac{(p_{1j} - p_{1\cdot}p_{\cdot j})^2}{p_{1\cdot}p_{\cdot j}}$$

は第 1 行のカイ二乗統計量である．

	項目 1					項目 2				
回答者	選択肢	1	2	$\cdots$	m	選択肢	1	2	$\cdots$	n
No.1		0	1	$\cdots$	0		0	0	$\cdots$	1
$\vdots$		$\vdots$	$\vdots$	$\vdots$	$\vdots$		$\vdots$	$\vdots$	$\vdots$	$\vdots$
No.N		1	0	$\cdots$	0		1	0	$\cdots$	0
		$\boldsymbol{x}_1$	$\boldsymbol{x}_2$	$\cdots$	$\boldsymbol{x}_m$		$\boldsymbol{y}_1$	$\boldsymbol{y}_2$	$\cdots$	$\boldsymbol{y}_n$

表 11.6　2 つの項目の回答表 (例)

表 11.6 のデータに対する正準相関分析は，$\boldsymbol{x}_1, \dots, \boldsymbol{x}_m$ を列ベクトルとする $N \times m$ 行列を X，$\boldsymbol{y}_1, \dots, \boldsymbol{y}_n$ を列ベクトルとする $N \times n$ 行列を Y として

$$\underset{N \times m}{X} = \begin{bmatrix} \boldsymbol{x}_1, & \cdots & , \boldsymbol{x}_m \end{bmatrix} \qquad \underset{N \times n}{Y} = \begin{bmatrix} \boldsymbol{y}_1, & \cdots & , \boldsymbol{y}_n \end{bmatrix} \tag{11.18}$$

$\boldsymbol{x}_1, \dots, \boldsymbol{x}_m$ の一次結合 $X\boldsymbol{a} = a_1\boldsymbol{x}_1 + \cdots + a_m\boldsymbol{x}_m$ と $\boldsymbol{y}_1, \dots, \boldsymbol{y}_n$ の一次結合 $Y\boldsymbol{b} = b_1\boldsymbol{y}_1 + \cdots + b_n\boldsymbol{y}_n$ の相関が最大となる係数ベクトル $\boldsymbol{a} = \begin{bmatrix} a_1 \\ \vdots \\ a_m \end{bmatrix}$，$\boldsymbol{b} = \begin{bmatrix} b_1 \\ \vdots \\ b_n \end{bmatrix}$ をもとめる．これは後述のラグランジュ未定乗数法の方程式の固有ベクトルである．

分割表のみが与えられている場合は回答された選択肢ベクトル $\boldsymbol{x}_1, \dots, \boldsymbol{x}_m, \boldsymbol{y}_1, \dots, \boldsymbol{y}_n$ はわかっていないが，表 11.1 の分割表 (度数表) については，個々の要素 f_{ij} は項目 1 の第 i 選択肢のベクトル $\boldsymbol{x}_i$ と項目 2 の第 j 選択肢のベクトル $\boldsymbol{y}_j$ で，ともに 1 をつけた個人の数なので

$$f_{ij} = \boldsymbol{x}_i^t \boldsymbol{y}_j \qquad i = 1, \dots, m \qquad j = 1, \dots, n \tag{11.19}$$

より X^tY が $m \times n$ 分割表になる．

$$F = X^tY \tag{11.20}$$

正準相関分析を行うには，$X\boldsymbol{a}$ の分散，Yb の分散，$X\boldsymbol{a}$ と $Y\boldsymbol{b}$ の共分散が必要になる．$X\boldsymbol{a}$ の分散，$Y\boldsymbol{b}$ の分散[2)]は

$$
\begin{aligned}
V(X\boldsymbol{a}) &= \frac{1}{N}(X\boldsymbol{a})^t X\boldsymbol{a} \\
&= \frac{1}{N}\boldsymbol{a}^t X^t X\boldsymbol{a} \qquad (11.21) \\
V(Y\boldsymbol{b}) &= \frac{1}{N}(Y\boldsymbol{b})^t Y\boldsymbol{b} \\
&= \frac{1}{N}\boldsymbol{b}^t Y^t Y\boldsymbol{b} \qquad (11.22)
\end{aligned}
$$

$X\boldsymbol{a}$ と $Y\boldsymbol{b}$ の共分散は

$$
\begin{aligned}
\mathrm{Cov}(X\boldsymbol{a}, Y\boldsymbol{b}) &= \frac{1}{N}(X\boldsymbol{a})^t Y\boldsymbol{b} \\
&= \frac{1}{N}\boldsymbol{a}^t X^t Y\boldsymbol{b} \qquad (11.23)
\end{aligned}
$$

であり，これらにより正準相関係数がもとめられる．

$$
\begin{aligned}
r(X\boldsymbol{a}, Y\boldsymbol{b}) &= \frac{\mathrm{Cov}(X\boldsymbol{a}, Y\boldsymbol{b})}{\sqrt{V(X\boldsymbol{a})}\sqrt{V(Y\boldsymbol{b})}} \\
&= \frac{\boldsymbol{a}^t X^t Y\boldsymbol{b}}{\sqrt{\boldsymbol{a}^t X^t X\boldsymbol{a}}\sqrt{\boldsymbol{b}^t Y^t Y\boldsymbol{b}}} \qquad (11.24)
\end{aligned}
$$

(11.24) において X^tY は (11.20) から表 11.1 の分割表である．X^tX は

$$
X^t X = \begin{bmatrix} \boldsymbol{x}_1^t\boldsymbol{x}_1 & \boldsymbol{x}_1^t\boldsymbol{x}_2 & \cdots & \boldsymbol{x}_1^t\boldsymbol{x}_m \\ \vdots & \vdots & & \vdots \\ \boldsymbol{x}_m^t\boldsymbol{x}_1 & \boldsymbol{x}_m^t\boldsymbol{x}_2 & \cdots & \boldsymbol{x}_m^t\boldsymbol{x}_m \end{bmatrix}
$$

であるが，表 11.6 から X の各行 (個人) で m 個の選択肢のうち 1 は 1 つだけで残りの $m-1$ 個は 0 である．したがって X の列ベクトル $\boldsymbol{x}_1, \dots, \boldsymbol{x}_m$ のうち異なる 2 つの列ベクトルでは，N 個の成分は 1 と 0 または 0 と 0 であり

$$
\boldsymbol{x}_i^t\boldsymbol{x}_j = 0 \qquad i \neq j
$$

[2)] X の列ベクトルが平均偏差ベクトルの場合は $X\boldsymbol{a}$ の分散は (11.21) で表される．ここで考えているXは平均偏差にはなっていないが，(11.21)，(11.22)，(11.23) を分散，共分散とする．[5]

となる．$\boldsymbol{x}_i^t\boldsymbol{x}_i$ は項目 1 の第 i 選択肢を選んだ人数で，表 11.1 から $f_{i\cdot}$ である．したがって $f_{1\cdot},\dots,f_{m\cdot}$ を要素とする対角行列を D_r とし，$f_{\cdot 1},\dots,f_{\cdot n}$ を要素とする対角行列を D_c とすると

$$D_r = \begin{bmatrix} f_{1\cdot} & & O \\ & \ddots & \\ O & & f_{m\cdot} \end{bmatrix} \qquad D_c = \begin{bmatrix} f_{\cdot 1} & & O \\ & \ddots & \\ O & & f_{\cdot n} \end{bmatrix} \tag{11.25}$$

X^tX, Y^tY は

$$X^tX = D_r \tag{11.26}$$

$$Y^tY = D_c \tag{11.27}$$

となり，(11.24) は

$$r(X\boldsymbol{a}, Y\boldsymbol{b}) = \frac{\boldsymbol{a}^tF\boldsymbol{b}}{\sqrt{\boldsymbol{a}^tD_r\boldsymbol{a}}\sqrt{\boldsymbol{b}^tD_c\boldsymbol{b}}} \tag{11.28}$$

となる．(11.28) は分割表 (度数表) とその行計，列計で構成されており，選択肢ベクトルは含まれていない．(11.28) の分子分母を N で割って，F を比率表 P に，$f_{i\cdot}$ を $p_{i\cdot}$ に，$f_{\cdot j}$ を $p_{\cdot j}$ に置き換えても分数式は変わらないので，(11.25) の D_r, D_c を改めて

$$D_r = \begin{bmatrix} p_{1\cdot} & & O \\ & \ddots & \\ O & & p_{m\cdot} \end{bmatrix} \qquad D_c = \begin{bmatrix} p_{\cdot 1} & & O \\ & \ddots & \\ O & & p_{\cdot n} \end{bmatrix} \tag{11.29}$$

とおいて，(11.28) を

$$r(X\boldsymbol{a}, Y\boldsymbol{b}) = \frac{\boldsymbol{a}^tP\boldsymbol{b}}{\sqrt{\boldsymbol{a}^tD_r\boldsymbol{a}}\sqrt{\boldsymbol{b}^tD_c\boldsymbol{b}}} \tag{11.30}$$

とする．(11.30) が分割表 (比率表) から計算する場合の正準相関係数である．

10.1 節から正準相関分析の制約条件を

$$\begin{aligned} \boldsymbol{a}^tD_r\boldsymbol{a} &= 1 \\ \boldsymbol{b}^tD_c\boldsymbol{b} &= 1 \end{aligned} \tag{11.31}$$

とおき，ラグランジュ未定乗数法により，λ, τ を未定乗数として

$$L(\boldsymbol{a}, \boldsymbol{b}, \lambda, \tau) = \boldsymbol{a}^t P\boldsymbol{b} - \frac{1}{2}\lambda(\boldsymbol{a}^t D_r \boldsymbol{a} - 1) - \frac{1}{2}\tau(\boldsymbol{b}^t D_c \boldsymbol{b} - 1)$$

を $\boldsymbol{a}, \boldsymbol{b}$ で偏微分して 0 とおく．(11.31) の制約条件の下で $\lambda = \tau = \boldsymbol{a}^t P\boldsymbol{b}$ となり，ラグランジュ未定乗数 λ が項目 1 と項目 2 の相関係数になっている．さらに偏微分を 0 とおいた式から

$$P\boldsymbol{b} = \lambda D_r \boldsymbol{a} \tag{11.32}$$

$$P^t \boldsymbol{a} = \lambda D_c \boldsymbol{b} \tag{11.33}$$

が得られる．(11.33) より

$$\boldsymbol{b} = \frac{1}{\lambda} D_c^{-1} P^t \boldsymbol{a} \tag{11.34}$$

として (11.32) に代入し，$\boldsymbol{a}$ についての方程式をつくると

$$PD_c^{-1} P^t \boldsymbol{a} = \lambda^2 D_r \boldsymbol{a} \tag{11.35}$$

となるが，(11.35) は右辺にも行列を含む一般化固有値問題である．D_r は対角行列で $p_{i\cdot} > 0$ なので D_r を

$$D_r = D_r^{\frac{1}{2}} D_r^{\frac{1}{2}}$$

と分解して $\boldsymbol{d} = D_r^{\frac{1}{2}} \boldsymbol{a}$ とおくと

$$\boldsymbol{a} = D_r^{-\frac{1}{2}} \boldsymbol{d}$$

なので (11.35) は

$$D_r^{-\frac{1}{2}} PD_c^{-1} P^t D_r^{-\frac{1}{2}} \boldsymbol{d} = \lambda^2 \boldsymbol{d} \tag{11.36}$$

となり，(11.35) の一般化固有値問題は $\boldsymbol{d}$ を固有ベクトルとする通常の固有値問題として表すことができる．

(11.36) の左辺において (11.35) の D_r と同様対角行列 D_c^{-1} を $D_c^{-1} = D_c^{-\frac{1}{2}} D_c^{-\frac{1}{2}}$ と分解して

$$D_r^{-\frac{1}{2}} PD_c^{-1} P^t D_r^{-\frac{1}{2}} = D_r^{-\frac{1}{2}} PD_c^{-\frac{1}{2}} D_c^{-\frac{1}{2}} P^t D_r^{-\frac{1}{2}}$$

$$= (D_r^{-\frac{1}{2}} P D_c^{-\frac{1}{2}})(D_r^{-\frac{1}{2}} P D_c^{-\frac{1}{2}})^t \tag{11.37}$$

となり，(11.37) から (11.36) は

$$(D_r^{-\frac{1}{2}} P D_c^{-\frac{1}{2}})(D_r^{-\frac{1}{2}} P D_c^{-\frac{1}{2}})^t \boldsymbol{d} = \lambda^2 \boldsymbol{d} \tag{11.38}$$

と表される．同様にして $\boldsymbol{b}$ についての固有値問題は $\boldsymbol{f} = D_c^{\frac{1}{2}} \boldsymbol{b}$ として

$$(D_r^{-\frac{1}{2}} P D_c^{-\frac{1}{2}})^t (D_r^{-\frac{1}{2}} P D_c^{-\frac{1}{2}}) \boldsymbol{f} = \lambda^2 \boldsymbol{f} \tag{11.39}$$

となる．(11.38)，(11.39) で

$$\begin{aligned} Z_* &= D_r^{-\frac{1}{2}} P D_c^{-\frac{1}{2}} \\ &= \begin{bmatrix} p_{11}/\sqrt{p_{1\cdot}p_{\cdot 1}} & \cdots & p_{1n}/\sqrt{p_{1\cdot}p_{\cdot n}} \\ \vdots & & \vdots \\ p_{m1}/\sqrt{p_{m\cdot}p_{\cdot 1}} & \cdots & p_{mn}/\sqrt{p_{m\cdot}p_{\cdot n}} \end{bmatrix} \end{aligned} \tag{11.40}$$

とおくと，(11.38) は

$$Z_* Z_*^t \boldsymbol{d} = \lambda^2 \boldsymbol{d} \tag{11.41}$$

(11.39) は

$$Z_*^t Z_* \boldsymbol{f} = \lambda^2 \boldsymbol{f} \tag{11.42}$$

となる．Z_* は $m \times n$ 行列で，最大特異値を λ_0 として Z_* の特異値分解を

$$Z_* = U \varLambda V^t \tag{6.1}$$

$$= \begin{bmatrix} \boldsymbol{u}_0, & \cdots & ,\boldsymbol{u}_{m-1} \end{bmatrix} \begin{bmatrix} \lambda_0 & & O \\ & \ddots & \\ O & & \lambda_{m-1} \end{bmatrix} \begin{bmatrix} \boldsymbol{v}_0^t \\ \vdots \\ \boldsymbol{v}_{m-1}^t \end{bmatrix} \tag{6.2'}$$

ただし $m < n$ とする

とすると，(6.2') から Z_* は

$$Z_* = \lambda_0 \boldsymbol{u}_0 \boldsymbol{v}_0^t + \lambda_1 \boldsymbol{u}_1 \boldsymbol{v}_1^t + \cdots + \lambda_{m-1} \boldsymbol{u}_{m-1} \boldsymbol{v}_{m-1}^t \tag{11.43}$$

と表される．6.2 節から $Z_*Z_*^t$ と $Z_*^tZ_*$ の固有値は等しく $\lambda_0^2,\dots,\lambda_{m-1}^2$ であり，また $\boldsymbol{u}_0,\dots,\boldsymbol{u}_{m-1}$ は $Z_*Z_*^t$ の正規化固有ベクトル，$\boldsymbol{v}_0,\dots,\boldsymbol{v}_{m-1}$ は $Z_*^tZ_*$ の正規化固有ベクトルである．したがって正規化された $\boldsymbol{d},\boldsymbol{f}$ では $\boldsymbol{d}_0,\cdots,\boldsymbol{d}_{m-1}$ が $\boldsymbol{u}_0,\dots,\boldsymbol{u}_{m-1}$ となり $\boldsymbol{f}_0,\dots,\boldsymbol{f}_{m-1}$ が $\boldsymbol{v}_0,\dots,\boldsymbol{v}_{m-1}$ となる．

(11.41)，(11.42) において最大固有値は $\lambda^2=1$ になるが，この場合は (11.18) による 2 本の N 次元ベクトル $X\boldsymbol{a}$ と $Y\boldsymbol{b}$ が重なることになり，$\lambda^2=1$ を除外して 2 番目に大きい固有値から順に対応する固有ベクトルをもちいる．以下，$\lambda^2=1$ の成分の除外について考える．

(11.18) で $\boldsymbol{x}_1,\dots,\boldsymbol{x}_m$ の和，$\boldsymbol{y}_1,\dots,\boldsymbol{y}_n$ の和はともに $[1,\dots,1]_N^t=\boldsymbol{1}_N$ なので，$\boldsymbol{a}=[1,\dots,1]_m^t=\boldsymbol{1}_m$，$\boldsymbol{b}=[1,\dots,1]_n^t=\boldsymbol{1}_n$ とすると，$X\boldsymbol{a}=Y\boldsymbol{b}=\boldsymbol{1}_N$ となって $X\boldsymbol{a}$ と $Y\boldsymbol{b}$ が重なり，$\boldsymbol{1}_m$，$\boldsymbol{1}_n$ は $X\boldsymbol{a}$ と $Y\boldsymbol{b}$ の相関が 1，すなわち $\lambda^2=1$ の場合の X と Y の係数ベクトルである．$\boldsymbol{a}$，$\boldsymbol{b}$ はラグランジュ未定乗数法の固有ベクトルになっており，$\boldsymbol{d}=D_r^{1/2}\boldsymbol{a}$，$\boldsymbol{f}=D_c^{1/2}\boldsymbol{b}$ と置き換えた．$\lambda^2=1$ の場合の $\boldsymbol{a}=\boldsymbol{1}_m$，$\boldsymbol{b}=\boldsymbol{1}_n$ に対して $\boldsymbol{d}$，$\boldsymbol{f}$ は

$$\boldsymbol{d}_0=D_r^{1/2}[1,\ \cdots\ ,1]_m^t=[\sqrt{p_{1\cdot}},\ \cdots\ ,\sqrt{p_{m\cdot}}]^t$$
$$\boldsymbol{f}_0=D_c^{1/2}[1,\ \cdots\ ,1]_n^t=[\sqrt{p_{\cdot 1}},\ \cdots\ ,\sqrt{p_{\cdot n}}]^t$$

であり，それぞれ長さが 1 になっている．したがって上記から $\boldsymbol{d}_0$ は $\boldsymbol{u}_0$，$\boldsymbol{f}_0$ は $\boldsymbol{v}_0$ に等しい．

Z_* の特異値分解 (11.43) は $Z_*Z_*^t$ の正規化固有ベクトル $\boldsymbol{d}$，$Z_*^tZ_*$ の正規化固有ベクトル $\boldsymbol{f}$ をもちいて

$$Z_*=\sqrt{\lambda_0^2}\boldsymbol{d}_0\boldsymbol{f}_0^t+\sqrt{\lambda_1^2}\boldsymbol{d}_1\boldsymbol{f}_1^t+\cdots+\sqrt{\lambda_{m-1}^2}\boldsymbol{d}_{m-1}\boldsymbol{f}_{m-1}^t \tag{11.44}$$

と表される．

(11.44) で Z_* における λ_0^2 の成分は，$\lambda_0^2=1$ より

$$\begin{aligned}\sqrt{\lambda_0^2}\boldsymbol{d}_0\boldsymbol{f}_0^t&=\boldsymbol{d}_0\boldsymbol{f}_0^t\\&=\begin{bmatrix}\sqrt{p_{1\cdot}}\\ \vdots\\ \sqrt{p_{m\cdot}}\end{bmatrix}\begin{bmatrix}\sqrt{p_{\cdot 1}}&\cdots&\sqrt{p_{\cdot n}}\end{bmatrix}\end{aligned}$$

$$
= \begin{bmatrix} \sqrt{p_{1\cdot}p_{\cdot 1}} & \cdots & \sqrt{p_{1\cdot}p_{\cdot n}} \\ \vdots & & \vdots \\ \sqrt{p_{m\cdot}p_{\cdot 1}} & \cdots & \sqrt{p_{m\cdot}p_{\cdot n}} \end{bmatrix} \tag{11.45}
$$

となる．Z_* から最大固有値 λ_0^2 の成分を除いた行列は

$$
\begin{aligned}
& Z_* - \sqrt{\lambda_0^2}\boldsymbol{d}_0\boldsymbol{f}_0^t \\
&= \begin{bmatrix} p_{11}/\sqrt{p_{1\cdot}p_{\cdot 1}} & \cdots & p_{1n}/\sqrt{p_{1\cdot}p_{\cdot n}} \\ \vdots & & \vdots \\ p_{m1}/\sqrt{p_{m\cdot}p_{\cdot 1}} & \cdots & p_{mn}/\sqrt{p_{m\cdot}p_{\cdot n}} \end{bmatrix} - \begin{bmatrix} \sqrt{p_{1\cdot}p_{\cdot 1}} & \cdots & \sqrt{p_{1\cdot}p_{\cdot n}} \\ \vdots & & \vdots \\ \sqrt{p_{m\cdot}p_{\cdot 1}} & \cdots & \sqrt{p_{m\cdot}p_{\cdot n}} \end{bmatrix} \\
&= \begin{bmatrix} (p_{11} - p_{1\cdot}p_{\cdot 1})/\sqrt{p_{1\cdot}p_{\cdot 1}} & \cdots & (p_{1n} - p_{1\cdot}p_{\cdot n})/\sqrt{p_{1\cdot}p_{\cdot n}} \\ \vdots & & \vdots \\ (p_{m1} - p_{m\cdot}p_{\cdot 1})/\sqrt{p_{m\cdot}p_{\cdot 1}} & \cdots & (p_{mn} - p_{m\cdot}p_{\cdot n})/\sqrt{p_{m\cdot}p_{\cdot n}} \end{bmatrix}
\end{aligned} \tag{11.46}
$$

となるが，(11.46) は 11.3 節の行列 Z((11.14) 式) に等しい．(11.15) から Z の全要素の 2 乗和である $\mathrm{tr}\, ZZ^t$ と $\mathrm{tr}\, Z^tZ$ は比率表全体のカイ二乗統計量である．したがって比率表全体のカイ二乗統計量は，ラグランジュ未定乗数法の解から，行と列の相関が 1 になる方向の成分を除いて計算されたものになっている [4]．(11.41)，(11.42) の λ_i^2 に対応する正規化固有ベクトルは，Z_* の特異値分解から $\boldsymbol{d}_i = \boldsymbol{u}_i$，$\boldsymbol{f}_i = \boldsymbol{v}_i$ $(i = 1, \ldots, m-1)$ として得られる．ラグランジュ未定乗数法の解は 2 番目に大きい固有値に対する固有ベクトルを $\boldsymbol{a}_1$，$\boldsymbol{b}_1$ として $\boldsymbol{a}_i = D_r^{-1/2}\boldsymbol{u}_i$，$\boldsymbol{b}_i = D_c^{-1/2}\boldsymbol{v}_i$ である．

************　11.4 節まとめ　*************

項目 1 と項目 2 の正準相関係数

$$
\frac{\boldsymbol{a}^t P \boldsymbol{b}}{\sqrt{\boldsymbol{a}^t D_r \boldsymbol{a}}\sqrt{\boldsymbol{b}^t D_c \boldsymbol{b}}} \tag{11.30}
$$

を最大にする $\boldsymbol{a}, \boldsymbol{b}$ をもとめるためラグランジュ未定乗数法をもちいると，

$$
Z_* = D_r^{-\frac{1}{2}} P D_c^{-\frac{1}{2}}, \qquad \boldsymbol{d} = D_r^{\frac{1}{2}}\boldsymbol{a}, \qquad \boldsymbol{f} = D_c^{\frac{1}{2}}\boldsymbol{b}
$$

として

$$Z_* Z_*^t \boldsymbol{d} = \lambda^2 \boldsymbol{d} \tag{11.41}$$

$$Z_*^t Z_* \boldsymbol{f} = \lambda^2 \boldsymbol{f} \tag{11.42}$$

が得られる．λ は項目 1 と項目 2 の相関係数，λ^2 は $Z_* Z_*^t$ と $Z_*^t Z_*$ の固有値，$\boldsymbol{d}, \boldsymbol{f}$ は固有ベクトルである．

Z_* の特異値分解

$$Z_* = \lambda_0 \boldsymbol{u}_0 \boldsymbol{v}_0^t + \lambda_1 \boldsymbol{u}_1 \boldsymbol{v}_1^t + \cdots + \lambda_{m-1} \boldsymbol{u}_{m-1} \boldsymbol{v}_{m-1}^t \qquad m < n \text{とする} \tag{11.43}$$

において $\lambda_0 = 1$ であり，正規化した $\boldsymbol{d}, \boldsymbol{f}$ では $\boldsymbol{u} = \boldsymbol{d}$，$\boldsymbol{v} = \boldsymbol{f}$ となる．Z_* から相関 1 に対する $\lambda_0, \boldsymbol{u}_0, \boldsymbol{v}_0$ の成分 $\lambda_0 \boldsymbol{u}_0 \boldsymbol{v}_0^t$ を除いて，(11.41)，(11.42) の固有ベクトルは $\boldsymbol{d}_i = \boldsymbol{u}_i$，$\boldsymbol{f}_i = \boldsymbol{v}_i$ $(i = 1, \ldots, m-1)$ として得られる．また Z_* から相関 1 に対する $\lambda_0 \boldsymbol{u}_0 \boldsymbol{v}_0^t$ を除くと，比率表全体のカイ二乗統計量

$$\Phi^2 = \mathrm{tr}\, Z Z^t = \mathrm{tr}\, Z^t Z \tag{11.15}$$

を構成する行列 Z が得られる．Z の特異値分解は Z_* の特異値分解 (11.43) から $\lambda_0 \boldsymbol{u}_0 \boldsymbol{v}_o^t$ を除いた

$$Z = \lambda_1 \boldsymbol{u}_1 \boldsymbol{v}_1^t + \cdots + \lambda_{m-1} \boldsymbol{u}_{m-1} \boldsymbol{v}_{m-1}^t \tag{11.47}$$

である [4].

ラグランジュ未定乗数法の解

$$Z_* Z_*^t \boldsymbol{d} = \lambda^2 \boldsymbol{d},\ Z_*^t Z_* \boldsymbol{f} = \lambda^2 \boldsymbol{f} \qquad \boldsymbol{d} \to \boldsymbol{a},\ \boldsymbol{f} \to \boldsymbol{b}$$

Z_* の特異値分解　($m < n$ とする)

$$Z_* = \boxed{\lambda_0 \boldsymbol{u}_0 \boldsymbol{v}_0^t} + \lambda_1 \boldsymbol{u}_1 \boldsymbol{v}_1^t + \cdots + \lambda_{m-1} \boldsymbol{u}_{m-1} \boldsymbol{v}_{m-1}^t$$

行と列の
相関 1 に対応

$\lambda_0 \boldsymbol{u}_0 \boldsymbol{v}_0^t$ を除く

$\boldsymbol{d}_0$ を除いた $Z_* Z_*^t$ の正規化固有ベクトルは

$$\boldsymbol{d}_1 = \boldsymbol{u}_1, \cdots, \boldsymbol{d}_{m-1} = \boldsymbol{u}_{m-1}$$

したがって $\boldsymbol{a}_1 = D_r^{-\frac{1}{2}} \boldsymbol{u}_1, \cdots,$

$$\boldsymbol{a}_{m-1} = D_r^{-\frac{1}{2}} \boldsymbol{u}_{m-1}$$

$\boldsymbol{f}_0$ を除いた $Z_*^t Z_*$ の正規化固有ベクトルは

$$\boldsymbol{f}_1 = \boldsymbol{v}_1, \cdots, \boldsymbol{f}_{m-1} = \boldsymbol{v}_{m-1}$$

したがって $\boldsymbol{b}_1 = D_c^{-\frac{1}{2}} \boldsymbol{v}_1, \cdots,$

$$\boldsymbol{b}_{m-1} = D_c^{-\frac{1}{2}} \boldsymbol{v}_{m-1}$$

$$Z = \begin{bmatrix} (p_{11} - p_{1\cdot} p_{\cdot 1}) / \sqrt{p_{1\cdot} p_{\cdot 1}} & \cdots & (p_{1n} - p_{1\cdot} p_{\cdot n}) / \sqrt{p_{1\cdot} p_{\cdot n}} \\ \vdots & & \vdots \\ (p_{m1} - p_{m\cdot} p_{\cdot 1}) / \sqrt{p_{m\cdot} p_{\cdot 1}} & \cdots & (p_{mn} - p_{m\cdot} p_{\cdot n}) / \sqrt{p_{m\cdot} p_{\cdot n}} \end{bmatrix}$$

Z の特異値分解は Z_* の特異値分解から $\lambda_0 \boldsymbol{u}_0 \boldsymbol{v}_0^t$ を除いた

$$Z = \lambda_1 \boldsymbol{u}_1 \boldsymbol{v}_1^t + \cdots + \lambda_{m-1} \boldsymbol{u}_{m-1} \boldsymbol{v}_{m-1}^t$$

となる，$\boldsymbol{u}_1, \cdots, \boldsymbol{u}_{m-1}$ は ZZ^t の正規化固有ベクトル

$\boldsymbol{v}_1, \cdots, \boldsymbol{v}_{m-1}$ は $Z^t Z$ の正規化固有ベクトル

図 11.1　Z_* と Z の特異値分解

11.5　慣性の分解

対応分析は行，列それぞれでカイ二乗統計量を分解し，選択肢間の距離をカイ二乗距離で表す．m 本の行のカイ二乗統計量の和 (11.7')，n 本の列のカイ二乗統計量の和 (11.8') はともに比率表の分散であり，主成分分析での分散共分散行列 S の固有値分解に対比させて，$ZZ^t, Z^t Z$ それぞれの固有ベクトルの

上にカイ二乗統計量を分解する．(図 11.2)

主成分分析では p 個の変数の分散の合計 $s_{11} + \cdots + s_{pp}$ を分散共分散行列 S の p 本の固有ベクトルの方向に直交分解した．固有ベクトルの方向の分散の値は S の固有値 $\lambda_1, \ldots, \lambda_p$ であった．

$$\mathrm{tr}(S) = \mathrm{tr}(\Lambda) \qquad \Lambda \text{は} S \text{の固有値} \lambda_1, \ldots, \lambda_p \text{を要素とする対角行列} \tag{9.36}$$

$$s_{11} + \cdots + s_{pp} = \lambda_1 + \cdots + \lambda_p \tag{9.37}$$

対応分析では比率表全体の分散 Φ^2 は

$$\mathrm{tr}(ZZ^t) = \boldsymbol{z}^{(1)}{\boldsymbol{z}^{(1)}}^t + \cdots + \boldsymbol{z}^{(m)}{\boldsymbol{z}^{(m)}}^t \tag{11.16}$$

および

$$\mathrm{tr}(Z^tZ) = \boldsymbol{z}_1^t\boldsymbol{z}_1 + \cdots + \boldsymbol{z}_n^t\boldsymbol{z}_n \tag{11.17}$$

に等しい．ZZ^t のトレース (11.16) を Z の行ベクトル $\boldsymbol{z}^{(1)}, \ldots, \boldsymbol{z}^{(m)}$ の分散の和，Z^tZ のトレース (11.17) を Z の列ベクトル $\boldsymbol{z}_1, \ldots, \boldsymbol{z}_n$ の分散の和とみなすと[3)]，この 2 つは (9.36) の $\mathrm{tr}(S)$ に相当する．これを ZZ^t および Z^tZ それぞれで固有ベクトルの方向に直交分解する．(9.36) の $\mathrm{tr}(\Lambda)$ に相当するのは ZZ^t および Z^tZ の固有値の和である．

$m \times n$ 行列 Z ($m < n$とする) は (11.40) の Z_* から λ_0 の成分を除いたものなので，$\mathrm{rank}\, Z = m - 1$ であり，Z の特異値分解

$$Z = \lambda_1\boldsymbol{u}_1\boldsymbol{v}_1^t + \cdots + \lambda_{m-1}\boldsymbol{u}_{m-1}\boldsymbol{v}_{m-1}^t \tag{11.48}$$

より，6.4 節から ZZ^t と Z^tZ の固有値はともに $\lambda_1^2, \ldots, \lambda_{m-1}^2$ であり，$\lambda_1^2 + \cdots + \lambda_{m-1}^2$ が (9.36) の $\mathrm{tr}(\Lambda)$ に相当する．ZZ^t と Z^tZ の固有ベクトル (正規化固有ベクトル) は Z の左特異ベクトル $\boldsymbol{u}_1, \ldots, \boldsymbol{u}_{m-1}$ と Z の右特異ベクトル $\boldsymbol{v}_1, \ldots, \boldsymbol{v}_{m-1}$ である．ZZ^t の固有ベクトル $\boldsymbol{u}_1, \ldots, \boldsymbol{u}_{m-1}$ の上に $\boldsymbol{z}^{(1)}{\boldsymbol{z}^{(1)}}^t + \cdots + \boldsymbol{z}^{(m)}{\boldsymbol{z}^{(m)}}^t$ を分解した値が $\lambda_1^2, \ldots, \lambda_{m-1}^2$ であり，同様に Z^tZ の固有ベクトル $\boldsymbol{v}_1, \ldots, \boldsymbol{v}_{m-1}$ の上に ${\boldsymbol{z}_1}^t\boldsymbol{z}_1 + \cdots + {\boldsymbol{z}_n}^t\boldsymbol{z}_n$ を分解した値も $\lambda_1^2, \ldots, \lambda_{m-1}^2$ である．

---

3) 行ベクトル $\boldsymbol{z}^{(i)}$ の分散は $V(\boldsymbol{z}^{(i)}) = \dfrac{\boldsymbol{z}^{(i)}{\boldsymbol{z}^{(i)}}^t}{n}$，列ベクトル $\boldsymbol{z}_j$ の分散は $V(\boldsymbol{z}_j) = \dfrac{\boldsymbol{z}_j^t\boldsymbol{z}_j}{m}$

以上，比率表の分散，すなわちカイ二乗統計量

$$\mathrm{tr}(ZZ^t) = \mathrm{tr}(Z^tZ) = \Phi^2 \tag{11.15}$$

は $\lambda_1^2, \dots, \lambda_{m-1}^2$ に分解されるので

$$\Phi^2 = \sum_{i=1}^{m-1} \lambda_i^2 \tag{11.49}$$

となる．Φ^2 は行，列それぞれのカイ二乗統計量であり，2 つの固有ベクトルの組で図 11.2 のように分解される．

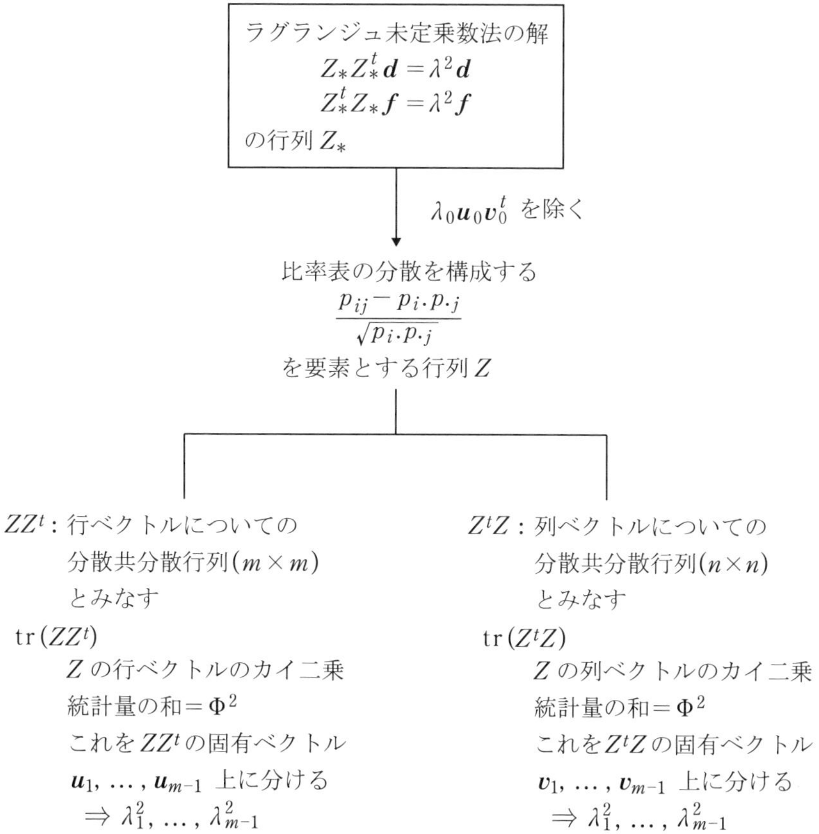

図 11.2 慣性の分解

i 番目の方向 (固有ベクトル $\boldsymbol{u}_i$ および $\boldsymbol{v}_i$ の方向) の慣性の全体に対する割合を寄与率とし，$m-1$ 個の固有値の和に対する i 番目の固有値の割合として表す．

$$i\text{番目の方向の慣性の寄与率} = \frac{\lambda_i^2}{\sum_{k=1}^{m-1}\lambda_k^2} \qquad (\text{ただし } m < n \text{ とする}) \quad (11.50)$$

以上，比率表全体のカイ二乗統計量を行，列それぞれで固有値分解し，その最大の方向 $\boldsymbol{u}_1, \boldsymbol{v}_1$ から順次固有ベクトル上に分配する．グラフではカイ二乗距離を表示する．

11.6 グラフ表示

11.5 節から比率表全体のカイ二乗統計量 Φ^2 は, 項目 1(行) の ZZ^t の固有ベクトル $\boldsymbol{u}_1, \ldots, \boldsymbol{u}_{m-1}$ と項目 2(列) の Z^tZ の固有ベクトル $\boldsymbol{v}_1, \ldots, \boldsymbol{v}_{m-1}$ の上にそれぞれ $\lambda_1^2, \ldots, \lambda_{m-1}^2$ として分配される．$\boldsymbol{u}_1, \ldots, \boldsymbol{u}_{m-1}$ は m 次元ベクトル, $\boldsymbol{v}_1, \ldots, \boldsymbol{v}_{m-1}$ は n 次元ベクトルで[4)], $\boldsymbol{u}_1 = [u_{11}, \cdots, u_{m1}]^t, \ldots, \boldsymbol{u}_{m-1} = [u_{1\ m-1}, \cdots, u_{m\ m-1}]^t$, $\boldsymbol{v}_1 = [v_{11}, \cdots, v_{n1}]^t, \ldots, \boldsymbol{v}_{m-1} = [v_{1\ m-1}, \cdots, v_{n\ m-1}]^t$ である．$\boldsymbol{u}_i$ の m 個の要素は m 本の行に対応し，$\boldsymbol{v}_j$ の n 個の要素は n 本の列に対応している．$\boldsymbol{u}_i$，$\boldsymbol{v}_j$ は Z の特異値分解から得られるので長さは 1 で，それぞれの $m-1$ 本は直交している．

上記から $\boldsymbol{u}_1$ の上には λ_1^2 が分配され

$$\lambda_1^2 \boldsymbol{u}_1 = [\lambda_1^2 u_{11}, \cdots, \lambda_1^2 u_{m1}]^t \quad (11.51)$$

となる．一方，(11.7') から

$$\Phi^2 = (\text{第 1 行のカイ二乗統計量} \times p_{1\cdot}) + \cdots + (\text{第 } m \text{ 行のカイ二乗統計量} \times p_{m\cdot})$$

であり，各行のカイ二乗統計量に行の重み $p_{i\cdot}$ を掛けて合計したものが Φ^2 なので，それぞれの行に対応する $\boldsymbol{u}_1$ の m 個の要素では Φ^2 を分けた λ_1^2 から $p_{i\cdot}$ の分を除いたものがその行のカイ二乗統計量になる．グラフではカイ二乗距離をプロットするので，$\boldsymbol{u}_1$ の m 個の要素は

$$\sqrt{\frac{\lambda_1^2}{p_{1\cdot}}}u_{11}, \ldots, \sqrt{\frac{\lambda_1^2}{p_{m\cdot}}}u_{m1}$$

---

4) $m \times n$ 行列 Z の特異値分解から，$\boldsymbol{u}$ は m 次元ベクトル，$\boldsymbol{v}$ は n 次元ベクトル．

となる．$\boldsymbol{u}_2, \dots, \boldsymbol{u}_{m-1}, \boldsymbol{v}_1, \boldsymbol{v}_2, \dots, \boldsymbol{v}_{m-1}$ についても同様にして各要素がもとめられる．

グラフは通常は 2 次元平面で表示し[5)]
項目 1 について

$$\text{第 1 次元 (横軸)} \quad \sqrt{\frac{\lambda_1^2}{p_{1\cdot}}}u_{11}, \dots, \sqrt{\frac{\lambda_1^2}{p_{m\cdot}}}u_{m1} \tag{11.52}$$

$$\text{第 2 次元 (縦軸)} \quad \sqrt{\frac{\lambda_2^2}{p_{1\cdot}}}u_{12}, \dots, \sqrt{\frac{\lambda_2^2}{p_{m\cdot}}}u_{m2} \tag{11.53}$$

の m 個の点をプロットする．

項目 2 についても

$$\text{第 1 次元 (横軸)} \quad \sqrt{\frac{\lambda_1^2}{p_{\cdot 1}}}v_{11}, \dots, \sqrt{\frac{\lambda_1^2}{p_{\cdot n}}}v_{n1} \tag{11.54}$$

$$\text{第 2 次元 (縦軸)} \quad \sqrt{\frac{\lambda_2^2}{p_{\cdot 1}}}v_{12}, \dots, \sqrt{\frac{\lambda_2^2}{p_{\cdot n}}}v_{n2} \tag{11.55}$$

の n 個の点をプロットする．これらは行列をもちいて

$$\text{項目 1} \quad D_r^{-\frac{1}{2}}U\Lambda \tag{11.56}$$

$$\text{項目 2} \quad D_c^{-\frac{1}{2}}V\Lambda \tag{11.57}$$

と表される[6)]．

これらのカイ二乗距離を同一平面上にプロットすれば，項目 1 の選択肢と項目 2 の選択肢の位置関係が図示されるが，11.2 節のカイ二乗距離は異なる項目の選択肢の間では定義されていない．冒頭の例で，もし「10 歳台」と「ハンバーグ」が近い位置にあったとしても，これは厳密な距離を表しているのではなく，異なる項目の選択肢については遠近の関係程度に判断する [2]．

---

5) 第 2 次元までの寄与率で十分な場合．
6) 11.4 節から $D_r^{-1/2}\boldsymbol{u}$，$D_c^{-1/2}\boldsymbol{v}$ はラグランジュ未定乗数法の固有ベクトル $\boldsymbol{a}$，$\boldsymbol{b}$ である．

例 11

健康診断で何らかの異常を指摘された 150 人にアンケートをとり，最も注意するように言われた項目と，最も好きな主菜を 1 つずつ記入してもらった．

(データは架空の値)

主菜＼検査	血圧	血糖値	コレステロール	計
トンカツ	8	8	17	33
ハンバーグ	7	5	15	27
チキン照焼き	12	5	9	26
天ぷら	6	7	11	24
煮魚	9	8	4	21
焼き魚	10	7	2	19
計	52	40	58	150

独立性の検定のカイ二乗検定は $p = 0.049$ であり，主菜と検査項目には関連がある．

分割表の行数 6，列数 3 より，3−1 = 2 次元まで考える．$(p_{ij} - p_{i\cdot}p_{\cdot j})/\sqrt{p_{i\cdot}p_{\cdot j}}$ を要素とする行列 Z の特異値分解により，特異ベクトル $\boldsymbol{u}_1, \boldsymbol{u}_2, \boldsymbol{v}_1, \boldsymbol{v}_2$ は

$$\boldsymbol{u}_1 = [-0.3877\ \ -0.4432\ \ 0.1372\ \ -0.1973\ \ 0.4478\ \ 0.6296]^t$$

$$\boldsymbol{u}_2 = [-0.2041\ \ 0.2028\ \ 0.7796\ \ -0.4231\ \ -0.3634\ \ -0.0274]^t$$

$$\boldsymbol{v}_1 = [0.5358\ \ 0.3271\ \ -0.7791]^t$$

$$\boldsymbol{v}_2 = [0.6063\ \ -0.7925\ \ 0.0843]^t$$

特異値は $\lambda_1 = 0.328$, $\lambda_2 = 0.121$ である．ZZ^t および Z^tZ の固有値は $\lambda_1^2 = 0.108$, $\lambda_2^2 = 0.015$ となる．

慣性の分配は $\boldsymbol{u}_1$ と $\boldsymbol{v}_1$ の上に $\lambda_1^2 = 0.108$，$\boldsymbol{u}_2$ と $\boldsymbol{v}_2$ の上に $\lambda_2^2 = 0.015$ を分配し，行および列につけた重みを除いてカイ二乗距離をもとめる．

行 (主菜)

第 1 軸

トンカツ　$\sqrt{\dfrac{\lambda_1^2}{p_{1\cdot}}}u_{11} = \sqrt{\dfrac{0.108}{0.22}} \times (-0.3877) = -0.271$

ハンバーグ　$\sqrt{\dfrac{\lambda_1^2}{p_{2\cdot}}}u_{21} = \sqrt{\dfrac{0.108}{0.18}} \times (-0.4432) = -0.343$

チキン照り焼き　$\sqrt{\dfrac{\lambda_1^2}{p_{3\cdot}}}u_{31} = \sqrt{\dfrac{0.108}{0.173}} \times 0.1372 = 0.108$

天ぷら　$\sqrt{\dfrac{\lambda_1^2}{p_{4\cdot}}}u_{41} = \sqrt{\dfrac{0.108}{0.16}} \times (-0.1973) = -0.162$

煮魚　$\sqrt{\dfrac{\lambda_1^2}{p_{5\cdot}}}u_{51} = \sqrt{\dfrac{0.108}{0.14}} \times 0.4478 = 0.393$

焼き魚　$\sqrt{\dfrac{\lambda_1^2}{p_{6\cdot}}}u_{61} = \sqrt{\dfrac{0.108}{0.127}} \times 0.6296 = 0.580$

第 2 軸　$\sqrt{\dfrac{\lambda_2^2}{p_{i\cdot}}}u_{i2}$ により

トンカツ -0.053　ハンバーグ 0.058　チキン照り焼き 0.227

天ぷら -0.128　煮魚 -0.117　焼き魚 -0.0093

列 (検査項目)

第 1 軸

$$\text{血圧}\quad \sqrt{\frac{\lambda_1^2}{p_{\cdot 1}}}v_{11} = \sqrt{\frac{0.108}{0.347}} \times 0.5358 = 0.299$$

$$\text{血糖値}\quad \sqrt{\frac{\lambda_1^2}{p_{\cdot 2}}}v_{21} = \sqrt{\frac{0.108}{0.267}} \times 0.3271 = 0.208$$

$$\text{コレステロール}\quad \sqrt{\frac{\lambda_1^2}{p_{\cdot 3}}}v_{31} = \sqrt{\frac{0.108}{0.387}} \times (-0.7791) = -0.411$$

第 2 軸　$\sqrt{\dfrac{\lambda_2^2}{p_{\cdot j}}}v_{j2}$ により

血圧　0.125　　血糖値　−0.186　　コレステロール　0.016

横軸に第 1 軸，縦軸に第 2 軸をとってこれらの値をプロットするが，それぞれの軸で行と列に関連があるかどうかカイ二乗検定を行うと，第 1 軸では行と列に関連があるが (p ＝ 0.011)，第 2 軸では関連がないという仮説は棄却できない (p = 0.709)．したがって第 2 軸の値は考慮せず，第 1 軸の値で考える．

第 1 軸の寄与率は 0.108/(0.108+0.015) = 0.88 であり，第 1 軸で比率表のカイ二乗統計量全体の 88%が説明される．

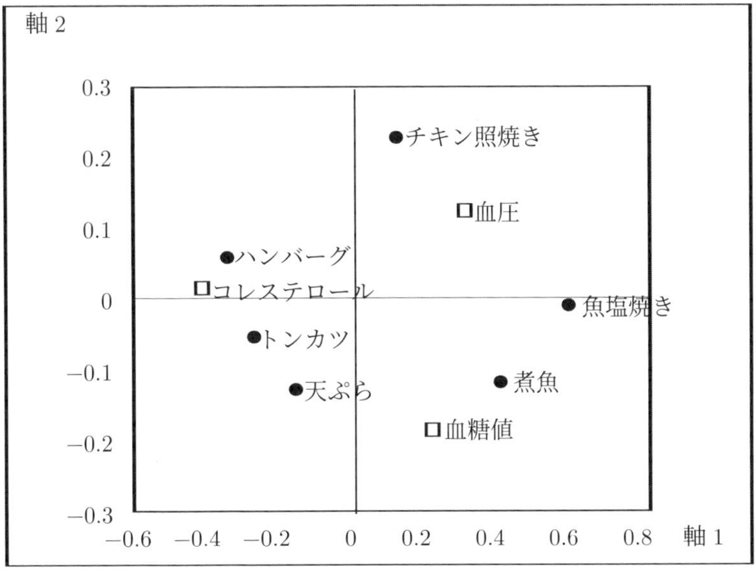

散布図

主菜と検査項目の間で厳密な距離は考察できないが，グラフの 1 軸から，天ぷら，トンカツ，ハンバーグとコレステロールが近い位置にあり，煮魚，焼き魚，チキン照焼きは血糖値と特に血圧に近い．コレステロール値が高い人には脂肪分の多い食事を好む人が多く，血圧，血糖値が高い人には味の濃い食事を好む人が多い傾向が見られる．(データは架空のものです)

参考文献

[1] 中山慶一郎 2009　対応分析によるデータ解析
関西学院大学社会学部紀要第 108 号

[2] 林拓也 2015　社会調査データを用いたポジショニング分析の基礎
奈良女子大学文学部人文社会学科講義テキスト

[3] 山田秀，松浦峻 2019　統計的データ解析の基本　サイエンス社

[4] 宮川雅巳，青木敏 2018　分割表の統計解析　－二元表から多元表まで－
朝倉書店

[5] 柳井晴夫，高木廣文編著 1986　多変量解析ハンドブック　現代数学社

[6] 大隅昇 2013　対応分析法の基本的な考え方 (数理の要点　暫定版)
Wordminer テキストマイニング研究会

[7] 藤本一男 2015　対応分析入門－原理から応用まで－　オーム社

索　引

あ行

か行

さ行

た行

な行

は行

ま行

や行

ら行

わ行

英字

◉著者略歴

高橋 敬子（たかはし けいこ）

1952年生まれ.
1975年立教大学理学部化学科卒業，藤倉電線㈱研究所勤務，
防衛医科大学校非常勤勤務を経て1994年東京理科大学工学部
２部経営工学科卒業.

著書 『分散分析の基礎』（プレアデス出版）
『理工系の統計学入門』（プレアデス出版）

線形代数から始める多変量解析
直交射影と固有値分解によるデータの分解

2022年５月10日　第１版第１刷発行

著　者　高橋　敬子
発行者　麻畑　　仁
発行所　㈲プレアデス出版
〒399-8301　長野県安曇野市穂高有明7345-187
TEL 0263-31-5023　FAX 0263-31-5024
http://www.pleiades-publishing.co.jp
装　丁　松岡　　徹
印刷所　亜細亜印刷株式会社
製本所　株式会社渋谷文泉閣

落丁・乱丁本はお取り替えいたします。定価はカバーに表示してあります。
ISBNISBN978-4-910612-02-7　C3041
Printed in Japan